Le peuple des humains

Lluís Quintana-Murci

Le peuple des humains

Sur les traces génétiques des migrations, métissages et adaptations

Odile Jacob

15, rue Soufflot, 75005 Paris

www.odilejacob.fr

ISBN : 978-2-7381-5513-9

PRÉAMBULE

D'où venons-nous ? Que sommes-nous ? Où allons-nous ?

Trois questions qui hantent l'homme depuis son apparition sur Terre. Il a cherché des réponses dans la religion, la philosophie, l'art, l'histoire et aussi dans la science. Trois questions qui forment le titre du chef-d'œuvre de Paul Gauguin, réalisé en 1897 et conservé au musée des Beaux-Arts de Boston. Le peintre était parti pour Tahiti à la recherche d'autres valeurs que celles de la société occidentale. Son œuvre se lit de droite à gauche, à l'opposé du sens de lecture familier aux Européens. À droite, pour illustrer l'interrogation « D'où venons-nous ? », figure un groupe de femmes avec un nouveau-né ; au centre, la question « Que sommes-nous ? » se traduit dans l'existence quotidienne de jeunes adultes et dans leur relation à la nature ; à gauche, la question de l'avenir, « Où allons-nous ? », reçoit une réponse où sont symbolisés la vieillesse et l'au-delà.

Ce tableau est une ode au voyage, à la différence, à la diversité humaine – diversité des gens, des sexes, des générations, diversité des lieux et des temps de la vie. À ce titre, il résonne profondément avec l'image que donne du monde humain la génétique des populations. Cette discipline a pour objet l'étude de la diversité génétique de notre espèce, les humains – elle nous parle aussi de ses voyages. Les progrès de la génétique, au cours des dernières décennies, ont permis la mise au point d'un outil d'exploration extrêmement puissant : appliqué à notre espèce, il révèle l'étendue de la diversité des individus et des peuples, la variété chatoyante du tissu humain qui recouvre la planète. Il pénètre dans le secret moléculaire des organismes pour mettre en lumière les différences nées des contraintes de l'environnement géographique et écologique avec un degré de précision qui ouvre une dimension nouvelle de la connaissance de l'humain. Car il ne se contente pas de donner un instantané de la situation présente, mais il permet aussi de remonter le temps et d'en donner une image en mouvement, restituant en détail la manière dont s'est constituée la diversité humaine au fil du temps et de la longue conquête par nos semblables de toute la surface de la Terre.

Comme nous le verrons tout au long de ce livre, cette quête de la diversité peut être mise au service de la connaissance de notre histoire, de notre évolution, de notre adaptation au milieu changeant. Elle ouvre aussi des perspectives pour la médecine qui peut mettre à profit ce savoir pour prévenir et soigner nos maladies.

Cet ouvrage se veut une allégorie de la diversité humaine : nous sommes une espèce composée de bien des peuples, et riche de sa diversité. Nous nous focaliserons surtout sur la diversité génétique, mais pas uniquement. En effet, pour découvrir, analyser et interpréter la diversité humaine, la génétique des populations fait appel à d'autres sources de différences, telles que la diversité géographique des individus, leurs affiliations linguistiques, leurs modes de vie et de subsistance, ainsi que toute la gamme de leurs coutumes et de leurs organisations socioculturelles.

La génétique déborde aujourd'hui largement le cadre de la biologie. Elle est également un outil pour écrire l'histoire : c'est fondamental puisque, selon la formule célèbre de Theodosius Dobzhansky, « rien n'a de sens en biologie si ce n'est à la lumière de l'évolution ». Il entendait par là que le cadre commun de tout le travail scientifique de la biologie est celui de l'évolution : les êtres vivants sont ce qu'ils sont *devenus*. Les connaître suppose donc aussi de retracer leur histoire.

L'histoire des humains remonte à des temps très lointains dont nous sont parvenus des vestiges qui se résument, pour les plus anciens, à quelques ossements. Certes, c'est peu de chose que ce qui reste de nous : « Hélas, pauvre Yorick ! », s'exclame Hamlet devant le crâne qu'on lui tend… En vérité, une fois qu'on a payé son tribut tragique à la finitude de l'existence humaine, ce n'est pas si peu, car, en exhumant les restes des morts, nous retrouvons aussi, à travers les siècles et quelquefois les milliers de siècles qui nous séparent du temps de leur vie, quelque chose des vivants qu'ils ont été. Ces ossements nous permettent, grâce à la génétique, de reconstituer un peu de leur histoire et de l'histoire de l'espèce à laquelle ils appartiennent, et ainsi de nous les réapproprier : de les réintégrer dans la grande famille biologique qu'est l'espèce humaine. Car les os parlent – du moins aux scientifiques.

Ils sont une archive fossile, il faut la décrypter. Nous avons appris, au fil des siècles, à reconnaître les vestiges enfouis sous la terre et à les dater : la planète est devenue un formidable puzzle spatio-temporel où nous pouvons retrouver des myriades d'indices témoignant de l'histoire du vivant et de notre espèce. Reste à les remettre en ordre : c'est là que la science des gènes apporte des données nouvelles. En 1953, la découverte de la structure de l'ADN inaugure l'ère de la biologie moléculaire et de la génétique, qui vont révolutionner la connaissance du vivant. Et la médecine : sans cela, pas de vaccins à ARN messager contre le COVID-19. La connaissance du vivant : mais aussi, paradoxalement, celle des morts, et donc de notre histoire. Michael Crichton, avec *Jurassic Park*, s'il a créé un imaginaire de fiction improbable, a eu du moins le mérite de rendre populaire un fait scientifique fondamental : l'ADN d'êtres qui ont vécu il y a plusieurs millions d'années peut être retrouvé et reconstitué. La génétique nous informe sur les vivants ; elle peut aussi nous informer sur les fossiles, d'une manière extraordinairement précise.

Il y a plus. Les progrès fulgurants des techniques génétiques et de la connaissance des gènes nous ont donné la capacité de travailler à l'échelle de génomes entiers et cela, non plus seulement au niveau des individus, mais au niveau des populations. Le siècle actuel a commencé, en 2001, avec le séquençage du génome humain : ses 3 milliards de lettres, ou nucléotides, portent toute l'information biologique qui fait de nous ce que nous sommes, des êtres humains. Le passage du XXe au XXIe siècle a été également pour la génétique des populations celui de la génétique à la génomique. On a pu déchiffrer le génome, comparer les génomes : c'est un saut qualitatif dans la connaissance du vivant. Raisonner génétiquement à l'échelle des populations : du *siècle du gène* (selon le titre d'Evelyn Fox Keller), on passe au *siècle des génomes*. La génomique embrasse l'étendue la plus totale de la diversité : elle se veut inclusive, large, plurielle. Elle ne cesse de nous surprendre, car notre espèce ne se réduit pas à *un* génome mais elle est faite d'innombrables génomes. Même à l'échelle individuelle, le génome de chacun de nous est en effet une mosaïque de multiples génomes qui témoigne d'une histoire longue d'au moins 200 000 ans.

Voilà donc le point de départ de ce livre. Il propose de rendre compte de la connaissance nouvelle du vivant que nous procure la génomique : elle nous permet de séquencer et d'analyser les milliards de paires de bases du génome d'un individu, de mettre ce génome en rapport avec les caractéristiques des populations contemporaines sur la planète entière, puis de le replacer dans le contexte d'une histoire – celle des individus et celle des populations et de leurs mouvements. Cette histoire embrasse jusqu'à l'évolution de l'espèce, et même des espèces aujourd'hui disparues dont elle descend. Absolument inimaginable il y a seulement deux décennies – et nous n'en sommes qu'au commencement.

En même temps nous faisons connaissance de ce qui reste d'une humanité éteinte, dont souvent ne nous sont parvenus que les os. Or, si vieux soient-ils, ces os sont encore porteurs de traces de vie que nous savons de mieux en mieux exploiter. Ainsi, d'une jeune fille qui a vécu il y a plus de 50 000 ans dans le sud de la Sibérie, on sait dire aujourd'hui, en analysant un simple fragment d'os comme l'a fait l'équipe de Svante Pääbo en 2018, qu'elle est née d'une mère néandertalienne et d'un père dénisovien – deux lignées d'humains aujourd'hui disparues. Pour Galilée physicien et astronome, le « grand livre de la nature » était écrit en langage mathématique. Pour les biologistes d'aujourd'hui qui veulent percer les secrets du vivant, il est écrit dans la langue de l'ADN. À mesure que nous la déchiffrons, ces morceaux d'os nous livrent des trésors : ils nous parlent des humains qu'ils ont été, de leur vie, de leur monde, et ils retrouvent leur place dans une histoire humaine que nous reconstituons pièce à pièce.

En découvrant d'où nous venons, nous comprenons mieux qui nous sommes. L'image qui prend forme sous nos yeux, révélée par cet outil d'investigation formidablement puissant qu'est la génomique, est celle de la diversité humaine. Il ne s'agit pas d'un mot d'ordre idéologique ou d'un mantra bien intentionné, mais d'un constat scientifique. C'est cette diversité, les mécanismes biologiques qui la produisent, l'histoire qui la réalise, et la science et la médecine qui peuvent en découler, que nous allons explorer.

Si nos origines éclairent ce qu'est notre espèce, en retour, la question « que sommes-nous ? » éclaire celle des origines. Car c'est précisément la diversité des génomes humains actuels qui nous a montré non seulement que le berceau de l'humanité est en Afrique, confirmant ce que nous savions déjà, mais qu'il y a parmi nos ancêtres africains une variété bien plus grande que ce que l'on pensait. Dans les années 1980, les chercheurs en génétique des populations avaient montré, sur la base de l'ADN mitochondrial, hérité par la mère, et du chromosome Y, hérité par le père, que l'on pouvait retracer l'histoire de nos ancêtres en Afrique. On se mit à parler de la découverte « de l'Ève et de l'Adam génétiques » de tous les humains, suscitant une certaine crispation dans la communauté scientifique. En réalité, dans les années 2000, la génomique a montré que nos ancêtres génétiques sont multiples. Certes, ils sont tous en Afrique, mais nous ne pouvons retrouver la trace que de ceux dont le patrimoine génétique a survécu jusqu'à aujourd'hui, or la piste de la lignée féminine et celle de la lignée masculine sont bien distinctes. Il est donc tout à fait possible que celles des ancêtres maternels dont le patrimoine génétique est toujours présent dans nos génomes, les supposées « Ève », aient vécu en Afrique de l'Est, tandis que nos ancêtres paternels, les « Adam », auraient pu habiter, par exemple, l'Afrique du Sud.

L'étude des génomes des populations humaines d'aujourd'hui montre également que nos ancêtres auraient quitté l'Afrique il y a environ 60 000 ans pour peupler le reste de la planète. Il s'agit de la première grande migration de l'histoire humaine : tous les individus d'origine non africaine sont donc les descendants de ces premiers « migrants ». Mais cette première sortie d'Afrique n'a été que le début d'une longue épopée de migrations pour coloniser l'Europe, l'Asie et l'Australie il y a environ 50 000 ans, puis les Amériques il y a moins de 30 000 ans, et bien plus tard les îles de l'Océanie lointaine, qui a été peuplée pour la première fois il y a seulement 1 000 ans. Outre ces grandes migrations à travers les continents, la génétique des populations moderne nous a permis d'aller bien au-delà, et de découvrir et de dater des événements migratoires et autres processus démographiques à un niveau de résolution sans précédent. C'est également grâce à ces études que l'on sait aujourd'hui que le métissage a été un processus continu tout au long de l'histoire de l'homme et que nous sommes tous, à différents degrés, des métis, puisque nos génomes sont faits de multitudes de segments d'ADN provenant de sources extrêmement variées. Un patchwork historique et géographique, où se mêlent les peuples et les générations.

Mais les découvertes associées à l'étude de nos génomes nous ont réservé encore d'autres surprises. L'homme dit « moderne », c'est-à-dire nous, Sapiens, et l'homme de Neandertal ont été longtemps considérés comme des espèces différentes qui, par définition, ne s'étaient jamais métissées et n'avaient pas donné de descendance. Le XXIe siècle a montré le contraire : Sapiens et Neandertal se sont métissés et ont eu une descendance commune. En effet, nous portons tous aujourd'hui dans nos génomes, du moins tous ceux d'entre nous qui ne sont pas d'origine africaine, entre 1 et 3 % de matériel génétique provenant de l'homme de Neandertal. Et les surprises ne s'arrêtent pas là. Grâce à la génétique, et à elle seule, une phalange retrouvée dans une grotte en

Sibérie, que l'on pensait être d'origine néandertalienne, a permis, au moyen du séquençage de l'ADN, d'identifier une nouvelle forme d'humanité ancienne : l'homme de Denisova. Mieux encore : les ancêtres des Asiatiques d'aujourd'hui se seraient métissés avec l'homme de Denisova, et certaines populations actuelles, par exemple celles habitant la Papouasie-Nouvelle-Guinée, portent dans leurs génomes un héritage dénisovien estimé entre 3,5 et 5 %, selon les méthodes employées. Non seulement les humains se sont métissés entre populations d'*Homo sapiens*, mais ils se sont mêlés aussi à d'autres formes d'humains archaïques dont les gènes survivent en nous.

Cette diversité a eu des effets bénéfiques. En effet, *Homo sapiens* est une espèce omniprésente et colonisatrice. Les femmes et les hommes sont présents partout sur le globe : des savanes sèches et chaudes jusqu'au Grand Nord aux climats froids et au soleil rare, des forêts humides des tropiques aux conditions extrêmes et inhospitalières de la vie en haute altitude, où la concentration en oxygène est faible, comme dans l'Himalaya ou la cordillère des Andes. Au cours des vingt dernières années, l'étude des génomes de populations humaines exposées à de telles conditions environnementales nous a beaucoup appris sur la façon dont l'homme est capable de s'adapter génétiquement au climat, aux ressources nutritionnelles et aux pathogènes, entre autres. Elle a montré, en particulier, et c'est une découverte majeure, que le métissage était un facteur primordial qui a permis à nos ancêtres de mieux s'adapter aux nouveaux environnements qu'ils ont rencontrés durant leur périple à travers la planète. Par exemple, c'est de leur métissage avec l'homme de Denisova que les Tibétains ont acquis leur capacité génétique à vivre en altitude dans des conditions extrêmes de manque d'oxygène ; et de leur métissage avec Neandertal, les premiers

Européens ont acquis leur capacité à résister au froid et à survivre aux pathogènes, notamment les virus.

Les pathogènes méritent une attention toute particulière dans cet ouvrage, puisqu'ils nous ont accompagnés depuis notre apparition sur Terre. Leur présence a probablement été le premier facteur de mortalité de notre espèce jusqu'à l'amélioration des conditions d'hygiène et à la découverte, entre la fin du XIXe et le début du XXe siècle, des premiers vaccins et des antibiotiques. Mais la diminution des taux de mortalité infligés par les maladies infectieuses est visible uniquement dans les pays ayant accès aux progrès de la médecine, ce qui hélas n'est pas le cas pour de nombreux pays. Même dans les pays industrialisés, on peut voir les dégâts qu'un simple agent pathogène peut engendrer : en décembre 2019, l'émergence du coronavirus SARS-CoV-2, causant le COVID-19, a forcé un tiers de l'humanité à se confiner ! C'est un rappel saisissant de la vulnérabilité de notre espèce face aux changements soudains et imprévisibles de l'environnement.

Imaginons donc la crise sanitaire du COVID-19 sans hôpitaux, sans respirateurs, sans antibiotiques, sans hygiène et sans aucune possibilité de développer un vaccin. Telles sont précisément les conditions dans lesquelles ont vécu les humains pendant plus de 99 % de leur histoire. Les effets en termes de mortalité humaine ont été tels que nous pouvons aujourd'hui en détecter l'empreinte dans nos génomes. Et c'est grâce à l'étude de cette empreinte de la sélection naturelle exercée par les pathogènes dans le passé que nous pouvons aujourd'hui identifier les gènes humains qui ont joué, et jouent encore, un rôle clé pour gagner la course à l'armement perpétuelle que représente la lutte contre les maladies infectieuses.

Toutefois, en raison de la nature changeante de l'environnement au cours du temps, il peut y avoir des dommages collatéraux à l'adaptation de l'homme à son milieu. En effet, ce qui a pu conduire par le passé à une *adaptation* peut se transformer, après un changement environnemental ou de mode de vie, en une *maladaptation* et conduire à l'émergence de certaines maladies actuelles telles que les maladies auto-immunes, les allergies, l'hypertension ou l'obésité.

L'étude de l'évolution de nos gènes – ceux en particulier qui sont associés à la réponse immunitaire – s'est révélée être une approche extraordinairement féconde et complémentaire de l'immunologie, de la génétique clinique et de l'épidémiologie. Elle nous permet de mieux comprendre les facteurs, génétiques ou non génétiques, qui sont associés à nos manières différentes de réagir face aux infections. Avec les progrès accomplis ces vingt dernières années dans la génomique humaine et les méthodes d'analyse des big data, l'adage de Theodosius Dobzhansky, selon lequel « rien n'a de sens en biologie si ce n'est à la lumière de l'évolution », prend plus de sens que jamais. Et, dans la mesure où le savoir génétique semble devenir un atout majeur pour améliorer l'efficacité thérapeutique, nous pouvons même aller au-delà et paraphraser Dobzhansky pour affirmer que « rien n'a de sens en *médecine* si ce n'est à la lumière de l'évolution ».

Nous sommes le produit de notre passé, de notre sortie d'Afrique, de notre adaptation au milieu, de nos nombreux métissages, aussi bien avec des formes humaines aujourd'hui disparues qu'avec d'autres populations d'*Homo sapiens*. Pour connaître cette histoire, le cheminement combiné de l'évolution naturelle et de l'action humaine qui a transformé l'environnement en inventant de nouveaux modes de vie, la génomique a développé des moyens nouveaux qui permettent d'en scruter le déroulement et le résultat avec une finesse et une précision inédites. Ce savoir est d'autant plus précieux qu'il contient une promesse : celle de nous donner les clés pour développer une médecine plus adaptée à l'individu, une médecine dite « de précision ». Mieux connaître l'individu, dans le détail génétique de sa constitution, permettra de le soigner avec plus de pertinence et d'acuité. En connaissant mieux la nature et ses mécanismes, on peut les utiliser plus efficacement pour remédier à nos faiblesses ou lutter contre les agents pathogènes causant les maladies infectieuses. Louis Pasteur, le scientifique français le plus connu au monde et père de la microbiologie, l'avait dit avec humour : « Le meilleur médecin est la nature, elle guérit les trois quarts des maladies et ne dit jamais de mal de ses confrères. »

PARTIE I

DE DARWIN À LA GÉNOMIQUE

D'où venons-nous ? À cette question, il y a eu beaucoup de réponses dans l'histoire humaine. Les mythes et les religions ont proposé des représentations de nos origines qui ont frappé l'imagination et marqué durablement les cultures. La science apporte aujourd'hui des réponses d'une nature différente. Elle entend simplement décrire et expliquer ce que nous pouvons savoir de nos origines à partir de la connaissance des processus du vivant que nous avons accumulée et que nous perfectionnons constamment. Le cadre général est donné par la théorie de l'évolution issue de la pensée de Darwin. Ce sera notre point de départ. S'y ajoutent la découverte de l'ADN et des bases de la génétique, puis celle de la génétique des populations, qui conduisent à la connaissance actuelle de la diversité de nos génomes, extraordinaire outil pour connaître l'homme d'aujourd'hui, avec tout ce qu'il doit à son passé.

Pour la génétique des populations, tout commence en 1859, avec la publication de *L'Origine des espèces*, le chef-d'œuvre de Darwin, qui marque le début de l'ère évolutionniste. À peine un siècle et demi plus tard, avec le séquençage du génome humain en 2001, la révolution génomique est lancée. Entre ces deux dates, une série de découvertes et de développements théoriques et technologiques nous ont permis de mieux comprendre l'évolution de l'espèce humaine et d'apporter de nouvelles réponses à la question « Que sommes-nous ? ».

La génétique des populations repose sur deux disciplines : l'évolution et la génétique. Ces deux sciences ont été fondées séparément, au milieu du XIXe siècle, respectivement par Charles Darwin et Gregor Mendel. Mais il faudra bien des décennies pour que les biologistes fassent un lien entre les processus de base de l'évolution et les principes de l'hérédité. Bien sûr, l'idée d'évolution a eu son lot de précurseurs et d'intuitions. Dès l'antiquité, certains penseurs comme Anaximandre de Milet ou Empédocle auraient fait de timides allusions à la notion d'évolution, de changement, et d'une origine de la vie non surnaturelle. Plus tard, à l'époque des Lumières, il y eut des fulgurances, comme celles de Diderot. Mais l'influence durable des représentations qui défendaient l'origine divine des êtres vivants et en particulier le poids de deux mille ans de christianisme empêchèrent l'émergence en Europe d'une pensée évolutionniste avant le début du XIXe siècle.

Cet obstacle levé, les graines semées par Darwin ont rapidement germé. Et le siècle dernier a fait une riche moisson de connaissances : il nous a donné les principes de la génétique des populations, la découverte des bases du patrimoine héréditaire, l'ADN, ainsi que le début de la compréhension de la diversité de notre espèce, de ses migrations, de son adaptation à son environnement. Enfin, le séquençage de l'ADN fossile a permis de révéler qu'au cours de son histoire notre espèce a échangé du matériel génétique avec d'autres espèces humaines aujourd'hui disparues, comme les néandertaliens ou les dénisoviens. Et ce n'est qu'un début.

Natura non facit saltus : *l'évolution graduelle de Darwin*

D'autres penseurs avaient déjà soulevé la question de l'évolution. Jean-Baptiste de Lamarck (dans son livre *Philosophie zoologique*), Buffon (Georges Louis Leclerc de), Benoît de Maillet ou encore Érasme Darwin (le grand-père de Charles) avaient évoqué la possibilité du changement des espèces, remettant donc en cause leur fixité. Mais c'est à Charles Darwin qu'est attribuée la paternité de la théorie de l'évolution, bien que lui-même évite dans son œuvre le mot « évolution » : il préfère parler de « descendance avec modification ».

La théorie de l'évolution de Darwin est fondée sur de nombreuses observations principalement faites lors de son long voyage de cinq ans à bord d'un navire d'exploration, le *Beagle*, entre 1831 et 1836, un événement qu'il a considéré lui-même comme le plus important de sa vie. Sous les ordres du commandant Robert FitzRoy, qui l'avait engagé comme jeune naturaliste volontaire pour une mission cartographique autour du monde, Darwin collecte et observe partout où il va : des îles du Cap-Vert à l'Amazonie, de la Terre de Feu aux Galápagos et au

Pacifique. De retour en Angleterre, d'abord à Cambridge puis dans le Kent, et riche de ces expériences, il mettra treize ans à transformer tous ses carnets de notes en un vrai manuscrit qu'il publiera finalement en novembre 1859, de crainte qu'Alfred Russel Wallace, qui allait publier une théorie assez semblable, ne lui dispute la primauté de ses idées. Ce livre est de ceux qui ont changé le monde. Son titre : *De l'origine des espèces au moyen de la sélection naturelle* (*On the Origin of Species by Means of Natural Selection*).

Le principal postulat de la théorie de l'évolution de Darwin est celui du changement et de la transformation des espèces par sélection naturelle et de façon graduelle, en accord avec les gradients observés dans la nature, d'où l'axiome *Natura non facit saltus* (« la nature ne fait pas de sauts »), ou principe de continuité, de Gottfried Wilhelm Leibniz. Darwin fut ainsi le premier à dire que tous les individus vivant sur Terre ont pour origine un ancêtre commun, et que les différences qui caractérisent chacune des espèces peuplant la Terre ont été acquises sous l'effet de la sélection naturelle, qui est à ses yeux le mécanisme fondamental du changement, de l'adaptation à l'environnement et de la spéciation.

Charles Darwin défendait l'idée selon laquelle les ressources, telles que la nourriture, représentent la principale limitation de la croissance d'une population. Il y aurait de ce fait une compétition entre individus ou espèces pour ces ressources, limitant leur capacité à survivre et à se reproduire. En outre, Darwin postulait que les différences observées entre individus ou espèces sont « transmises » aux générations suivantes, même si le concept de transmission restait vague et lui était inconnu, et qu'il était alors dissocié de la génétique. Ce sont ces différences qui affectent la capacité des individus ou des espèces à survivre et à se reproduire, ce que l'on appelle aujourd'hui la valeur sélective, ou *fitness* en anglais. Au cours du temps, la sélection naturelle conduit la population à des changements graduels, et les individus les plus adaptés seront de plus en plus nombreux.

Cette théorie, qui fut révolutionnaire et très controversée à l'époque, marqua le début de la pensée évolutionniste, même si son contemporain Alfred Russel Wallace en était arrivé aux mêmes conclusions que lui. Les deux savants écrivirent même ensemble un article sur la théorie de la sélection naturelle, paru en 1858. Après la publication de son livre, Charles Darwin mena une vie solitaire dans le Kent, meurtri par les réactions et les polémiques qu'il suscita. Il s'éteignit en 1882, à l'âge de 73 ans.

Contemporain de Darwin, l'abbé autrichien Gregor Mendel est, quant à lui, le père fondateur de la génétique – la deuxième discipline à la base de la génétique des populations. Grâce à ses travaux sur la transmission des caractères héréditaires publiés en 1865, l'héritabilité, évoquée par Darwin, mais qui restait une notion floue, devient un concept scientifique décrivant une réalité observable et manipulable. Il mena des milliers d'expériences sur des petits pois de différentes caractéristiques de couleur, de texture, etc. : il les croisa et observa la façon dont leurs caractères se distribuaient dans la descendance. Mendel montra que des « facteurs », qu'à l'époque on n'appelait pas encore des gènes, se transmettaient de génération en génération de manière prédictible, établissant ainsi trois lois de l'hérédité, qu'on appellera par la suite les « lois de Mendel ». Ces lois, d'abord passées inaperçues, seront redécouvertes en 1900 par Hugo de Vries, Carl Correns et Erich von Tschermak. Elles semblaient s'appliquer uniquement aux caractères discrets, et non pas continus, et allaient par conséquent à l'encontre de la théorie darwinienne, essentiellement continuiste. C'est par ailleurs à Hugo de Vries que l'on doit le terme de « pangène », pour désigner l'unité physique de transmission des caractères, et à Wilhelm Johannsen les termes « génétique » et « gène ».

À la différence de Darwin, dont l'œuvre connut un immense retentissement, l'œuvre de Mendel ne fut pas vraiment appréciée par ses contemporains : durant trois décennies, elle fut à peine remarquée, et Charles Darwin ne lut jamais ses travaux. Le lien entre hérédité et évolution restait donc à faire.

Naissance de la génétique des populations

La réconciliation entre darwinisme et mendélisme débute, entre les deux guerres mondiales, avec des jeunes chercheurs de l'école biométricienne britannique de Francis Galton, comme Ronald Fisher (1890-1962), Sewall Wright (1889-1988) et John Burdon Sanderson Haldane (1892-1964). Tous les trois fondent la génétique des populations, une discipline où la biologie de l'évolution et la génétique forment un tout cohérent modélisé mathématiquement.

Ronald Fisher a posé les bases de la génétique quantitative, une discipline en plein essor aujourd'hui, avec l'étude des bases génétiques des maladies complexes. La génétique quantitative s'occupe de l'étude statistique des phénotypes continus, comme la taille. Elle fait l'hypothèse que de nombreux gènes participent à la variabilité du phénotype. Une des contributions les plus importantes de Ronald Fisher a été de montrer que la variabilité d'un phénotype continu est compatible avec l'héritabilité mendélienne. Dans son livre, *The Genetical Theory of Natural Selection*, il développe son théorème fondamental et soutient que l'évolution s'effectue par sélection naturelle des mutations génétiques. Il suggère que les mutations qui ont un fort impact sur le phénotype ont plus de chances de diminuer la *fitness* des individus, tandis que les mutations à faible effet ont 50 % de chances de l'améliorer et d'être ainsi favorisées par la sélection naturelle. L'évolution et la transformation des phénotypes se feraient donc d'une façon graduelle à travers l'action de plusieurs mutations à faible effet – comme l'avait prédit Darwin… *Natura non facit saltus !*

Sewall Wright, pour sa part, est surtout connu pour deux concepts : la *dérive génétique* et le *paysage adaptatif*. La dérive génétique désigne la fluctuation aléatoire, au fil des générations, des fréquences des mutations au sein d'une population. C'est l'une des forces majeures qui façonnent la diversité génétique. Quant au paysage adaptatif, il s'agit d'un outil utilisé en biologie évolutive pour visualiser les relations entre les mutations génétiques et le succès reproductif d'une population ou d'une espèce, c'est-à-dire une représentation de la *fitness* sous forme de carte topographique. Les organismes peuvent bouger à travers ce paysage adaptatif et se diriger vers des « pics » grâce à l'acquisition de mutations qui les rendent plus adaptés à leur environnement. Prenons l'exemple de la résistance au paludisme. La dérive génétique peut conduire une espèce déjà adaptée soit au sommet d'un pic – elle sera alors relativement résistante au paludisme –, soit au fond d'une vallée – ce qui signifie qu'elle sera mal adaptée et vulnérable à l'infection palustre. Ce paysage n'est pas fixé définitivement : une population qui serait « descendue » d'un pic de *fitness* et se trouverait dans une « vallée », avec une valeur adaptative faible, pourrait se diriger à nouveau vers le sommet d'un pic plus élevé que le précédent. En effet, si elle bénéficie de nouvelles mutations favorables, sous l'effet de la sélection naturelle, elle peut devenir encore plus résistante au paludisme qu'elle ne l'était auparavant.

Enfin, John Burdon Sanderson Haldane est le troisième des pères fondateurs de la génétique des populations. Il a développé une approche mathématique pour comprendre comment la sélection naturelle affecte la fréquence des mutations, et comment la sélection, la mutation et la migration interagissent entre elles. Il est également connu pour avoir avancé l'hypothèse d'un lien entre sélection naturelle et résistance au paludisme, bien que la vraie paternité de cette observation de 1949 soit due au généticien italien Giuseppe Montalenti. En effet, celui-ci avait observé que les troubles des globules rouges, comme les thalassémies ou la drépanocytose, étaient principalement observés dans des régions où le paludisme était endémique. Ce n'est qu'en 1954 qu'Anthony Allison confirmera l'hypothèse, devenue aujourd'hui un exemple emblématique de la sélection naturelle, que les troubles érythrocytaires peuvent protéger contre le paludisme, ce qui expliquerait leur incidence accrue dans des régions où le paludisme est très présent.

Découverte du matériel héréditaire : l'ADN

Bien que Ronald Fisher, Sewall Wright et John B. S. Haldane aient posé les fondements de la génétique des populations, le vrai consensus interdisciplinaire n'arriva que plus tard, entre les années 1930 et 1960, avec la rencontre des naturalistes, paléontologues, mathématiciens et généticiens qui allaient constituer la « théorie synthétique de l'évolution ». Qualifiée de néodarwiniste, la théorie synthétique de l'évolution marqua l'apogée des théories de Darwin. Les trois acteurs majeurs furent Ernst Mayr (1904-2005), Theodosius Dobzhansky (1900-1975) et Julian Huxley (1887-1975). Selon leurs travaux, l'évolution est un processus graduel, comme l'avait suggéré Darwin, compatible à la fois avec les mécanismes génétiques connus et avec les observations des naturalistes. La variabilité entre les individus au sein d'une population est générée par les mutations, la recombinaison et le flux génétique. L'évolution résulte de la combinaison de deux mécanismes : d'une part, l'apparition, au sein d'une population, de nouvelles mutations sur lesquelles pourront ensuite agir, d'autre part, la sélection naturelle ou la dérive génétique, qui changeront leur fréquence dans la population. Cette théorie défend surtout l'idée que la sélection naturelle est la force dominante de l'évolution : elle agit sur le phénotype des individus en fonction des conditions environnementales existantes, entraînant des changements de fréquence des mutations qui affectent ces phénotypes.

Pourtant, même si les connaissances théoriques en génétique des populations étaient de plus en plus nombreuses, consolidant ainsi la discipline, les données empiriques restaient clairsemées et la nature du matériel héréditaire demeurait inconnue. La découverte de la structure en double hélice de l'ADN en 1953 changea à jamais le devenir de la génétique des populations. Francis Crick (1916-2004), Rosalind Franklin (1920-1958) et James Watson (1928-) montrèrent que l'ADN est composé de séquences de quatre nucléotides différents, chacun constitué d'un sucre lié à un groupe phosphate et d'une base contenant de l'azote, qu'on note A, T, G ou C. Ces nucléotides sont disposés en double hélice dont les sucres et les phosphates constituent le squelette. Les bases pointent vers l'intérieur et chacune d'entre elles est reliée à une base complémentaire sur l'autre brin par des liaisons hydrogène.

C'est grâce à ces découvertes en biologie moléculaire et plus généralement en génétique que le Japonais Motoo Kimura (1924-1994) put combiner des approches théoriques avec des données empiriques, développant ainsi la théorie neutraliste de l'évolution en 1968. Cette théorie postule que la plupart des changements évolutifs sont dus à la dérive génétique, à la différence de la théorie synthétique de l'évolution qui mettait plutôt en avant l'action de la sélection naturelle. Toutefois, la théorie neutraliste fait référence à l'évolution à l'échelle moléculaire, et Kimura lui-même reconnut que l'évolution phénotypique ne peut se faire sans l'action de la sélection naturelle.

Mais le *Natura non facit saltus* de la génétique des populations n'a pas cessé de nous fournir de nouvelles découvertes, souvent couplées aux développements technologiques ou méthodologiques. Au cours des cinquante dernières années, d'autres événements marquants sont intervenus, certains seront développés en profondeur tout au long de cet ouvrage. Mentionnons notamment :

- 1977 : la publication des premières méthodes de séquençage de l'ADN, permettant de décrypter l'information contenue dans l'ADN.
- 1984 : la découverte, basée sur l'ADN, que l'homme et le chimpanzé partagent un ancêtre commun.
- 1987 : première preuve génétique soutenant l'origine africaine de notre espèce.
- 1997 : première séquence d'un segment d'ADN fossile provenant de l'homme de Neandertal.
- 2001 : publication de la séquence du génome humain.
- 2010 : découverte d'une nouvelle espèce humaine, l'homme de Denisova, sur la seule base du séquençage de son ADN (à partir d'un petit vestige de phalange).
- 2010 : première publication du projet 1 000 Génomes, ouvrant la porte à l'étude de la diversité génétique humaine à une échelle sans précédent.

- 2018 : aboutissement du projet UK Biobank, grande étude de biobanque lancée en 2006 au Royaume-Uni, qui à travers l'étude des génomes de 500 000 individus cherche à éclaircir les contributions respectives de la génétique et de l'exposition environnementale à la variabilité des phénotypes humains, y compris les maladies.

Reconstruire les sources de la diversité génétique

À quoi servent les modèles théoriques et mathématiques de la génétique des populations pour répondre à la question « Que sommes-nous ? » ? La génétique des populations existe parce que nous sommes devenus capables de comprendre les effets, à l'échelle *macroscopique* des populations au cours de l'histoire du vivant, de changements *microscopiques* à l'échelle des gènes et des objets moléculaires qui les sous-tendent : il y a un grand écart dans les échelles de temps, de taille, de nombre, etc. C'est la théorie de l'évolution qui a rendu possible cette extraordinaire synthèse qui relie dans une explication unifiée toutes les échelles des phénomènes de la vie.

En effet, la théorie synthétique de l'évolution permet de mieux comprendre les processus évolutifs responsables des changements de fréquence des mutations, dans le temps et dans l'espace, au sein d'une population donnée. En comprenant leurs mécanismes, nous pouvons produire des modèles mathématiques qui sont une approximation de la réalité. Ainsi, déchiffrer les interactions théoriques entre des processus tels que la sélection naturelle et la dérive génétique nous permet de déduire, à partir de données génétiques actuelles, la façon dont ces processus ont façonné la diversité génétique d'une population. Une fois qu'on dispose de modèles adéquats, il reste à fournir les bonnes données. Autrement dit, si l'on parvient à bien modéliser le passé à partir de données *théoriques*, on devient capable de déduire le passé d'une population à partir des données génétiques *réelles* d'aujourd'hui. C'est le principe de base des études en génétique des populations.

Mais quels sont les processus évolutifs qui affectent la diversité génétique d'une population ? Des décennies de recherche théorique en génétique des populations durant le XXe siècle ont montré que ces mécanismes évolutifs peuvent être classés en trois grandes catégories : des *facteurs génomiques*, tels que la mutation ou la recombinaison, des *facteurs démographiques*, tels que la dérive génétique ou la migration, et des *facteurs sélectifs*, qui incluent les différentes formes que la sélection naturelle peut prendre.

FACTEURS GÉNOMIQUES

La *mutation* est le seul processus qui « crée » la diversité en produisant des changements moléculaires dans l'ADN : elle génère de nouveaux allèles*. On pourrait dire que la mutation est la matière première de l'évolution, sur laquelle les mécanismes évolutifs peuvent agir. Lorsqu'une cellule se divise, elle doit répliquer l'ADN portant son génome afin que les deux cellules filles héritent de la même information génétique que la cellule mère. La double hélice de l'ADN fournit un mécanisme de réplication simple : les deux brins sont déroulés pour être séparés, et chacun des deux brins sert de modèle pour recréer un brin à la séquence complémentaire par appariement entre bases

* Un allèle est une variante d'un gène donné : chaque gène peut avoir en effet plusieurs « versions » qui produisent des effets différents, comme dans le cas de la couleur des yeux, par exemple.

nucléiques, ce qui permet de reconstituer deux hélices d'ADN bicaténaires identiques l'une à l'autre. Cependant, au cours de la réplication de l'ADN, il peut y avoir des « erreurs », la base d'origine étant remplacée par une autre. Même si la plupart de ces erreurs sont corrigées ensuite par un mécanisme de relecture et de réparation, elles échappent parfois à la relecture et deviennent ainsi des mutations.

On peut distinguer deux grandes classes de mutations en fonction du type de cellules touchées. Il y a d'une part les mutations dites *somatiques* : elles ne touchent pas les cellules destinées à la reproduction et ne sont donc jamais transmises. Ces mutations peuvent apparaître tout au long de la vie d'un individu sur l'ADN de n'importe quelle cellule. Dans certains cas, ces dernières peuvent alors devenir des cellules tumorales. D'autre part, quand les mutations affectent l'ADN des cellules souches d'un gamète (spermatozoïdes et ovocytes), on parle de mutations *germinales*. Dans ce cas, l'embryon sera porteur de la mutation alors qu'aucun de ses parents ne la possédait dans son patrimoine génétique. Dans le cas des mutations germinales, il semblerait qu'environ 80 % des mutations des descendants proviendraient du matériel chromosomique apporté par le père (le spermatozoïde) et que la proportion de spermatozoïdes mutés serait corrélée à l'âge du père. Toutefois, les anomalies apportées par la mère restent fréquentes et tendent également à augmenter avec l'âge, mais dans une moindre mesure. Nous savons aujourd'hui qu'en moyenne chacun de nous naît avec 70 nouvelles mutations, par rapport à nos parents, 55 provenant du père et 15 de la mère.

Une autre source de diversité génétique vient de la *recombinaison*, un processus qui, même s'il ne crée pas de nouveaux variants génétiques, produit de nouvelles combinaisons génétiques, donc de nouveaux génomes. Chez les eucaryotes, elle se produit lors de la reproduction sexuée grâce à la méiose, le processus qui donne naissance aux gamètes. La formation de nouvelles combinaisons génétiques assure le brassage génétique et le maintien de la diversité génétique dans une population, ce qui augmente la possibilité pour une espèce de s'adapter à une modification de l'environnement. La mutation et la recombinaison sont ainsi des processus évolutifs qui à la fois accroissent la diversité génétique au sein d'une population et augmentent les différences entre populations.

FACTEURS DÉMOGRAPHIQUES

Autre facteur affectant la diversité génétique des populations : les processus démographiques. Évoquons d'abord la *dérive génétique* telle qu'elle est définie par Sewall Wright. Il s'agit de la modification de la fréquence d'un allèle au sein d'une population, indépendamment des mutations, de la sélection naturelle et des migrations. La dérive génétique est causée par des événements purement aléatoires et imprévisibles associés aux rencontres des spermatozoïdes et des ovules, dans le cas d'une reproduction sexuée. L'ampleur de la dérive génétique est liée à la « taille efficace » de la population, qui représente le nombre d'individus d'une population donnée dont la diversité génétique contribue à la génération suivante, un paramètre noté *Ne*. Dans les grandes populations, la fréquence des mutations restera relativement stable au cours des générations, puisque les effets de la dérive génétique sont souvent négligeables. En revanche, dans les petites populations, les impacts de la dérive seront très marqués avec des fluctuations de fréquences alléliques très importantes dans le temps ; un allèle favorable pouvant même disparaître ou, au contraire, un allèle défavorable pouvant se fixer dans une population par dérive.

Certains événements démographiques sont associés à une diminution de la taille de la population et à des effets plus sévères de la dérive. Il s'agit notamment de l'isolement géographique ou culturel d'une population, les *goulets d'étranglement*, caractérisés par la réduction sévère de la taille d'une population à la suite d'un changement environnemental, d'une guerre ou d'une épidémie, ou encore les *effets fondateurs*, c'est-à-dire l'établissement d'une nouvelle population par un très petit nombre d'individus appartenant à une population plus grande. Dans ces conditions, la dérive génétique tend à diminuer la diversité génétique au sein de la population, tandis qu'elle va exacerber les différences entre populations.

La *migration*, ou flux de gènes, est un autre mécanisme démographique qui permet les échanges génétiques entre populations. L'arrivée de migrants peut modifier la distribution de la diversité génétique de la population receveuse en modifiant la fréquence de ses mutations. La migration et le métissage empêchent ainsi le développement, entre les groupes de populations, de différences de variabilité génétique importantes qui pourraient conduire à une spéciation complète. Dans le cas d'une population à faible diversité génétique suite à un effet fondateur ou à un goulet d'étranglement, l'arrivée de migrants et le brassage qui s'ensuit avec eux permettent de rétablir les niveaux de diversité génétique, et cela d'une façon plus rapide que la mutation. Ainsi, la migration et la mutation sont des forces antagonistes à la dérive génétique : la dérive érode la diversité, mais les migrations et les mutations la rétablissent : on appelle ce phénomène l'équilibre mutation-dérive. La migration augmente la diversité génétique au sein d'une population donnée, tandis qu'elle réduit la différenciation génétique entre les populations.

FACTEURS SÉLECTIFS

Enfin, nous arrivons aux facteurs qui modifient la diversité génétique d'une population selon la façon dont la *sélection naturelle* va se manifester. La sélection naturelle constitue la base de l'adaptation biologique de l'homme à son environnement. Elle se produit lorsqu'il existe des différences de *fitness* entre individus. Puisque les caractéristiques phénotypiques sont dues en partie aux variations génétiques, améliorant les chances de survie et de reproduction des individus, elles sont transmises au cours des générations. L'influence de la sélection naturelle sur la variabilité génétique est complexe car elle dépend du type de sélection mis en place. Elle peut augmenter, diminuer ou maintenir la diversité génétique.

Dans le cas de la sélection positive, une mutation avantageuse va augmenter rapidement en fréquence dans la population et améliorer son adaptation, c'est-à-dire augmenter sa *fitness*. En se diffusant largement et en réduisant par conséquent la fréquence d'autres variants, cette mutation avantageuse entraîne une diminution de la diversité génétique au sein de la population, tandis qu'elle augmente les différences entre populations humaines – en admettant que la pression environnementale conduisant à un tel événement soit différente entre les populations. Mais les choses ne s'arrêtent pas là, car il existe d'autres formes de sélection naturelle – comme celle qui repose sur l'avantage sélectif de la diversité génétique accrue, la « sélection balancée » –, qui peuvent accroître la diversité au sein d'une population et réduire les différences entre populations. Nous examinerons dans le chapitre dédié à ce sujet les différentes formes de sélection naturelle et la façon dont celles-ci affectent la diversité de nos génomes et notre capacité d'adaptation à l'environnement.

RECONSTITUER LE PASSÉ DES POPULATIONS

Les modèles théoriques développés dans la seconde partie du XXe siècle nous ont permis de comprendre la contribution relative de chacun de ces différents facteurs à la diversité génétique des populations, et d'établir des prévisions pour différents scénarios démographiques sur la diversité du génome. Ce faisant, les chercheurs en génétique des populations ont développé un savoir qui, cumulé avec l'abondance de données génomiques de populations humaines disponibles aujourd'hui, leur permet désormais d'entreprendre également la démarche inverse : non plus expliquer le présent à partir du passé évolutif, mais partir de l'état présent des populations pour reconstituer leur évolution passée. On peut en effet reconstituer le passé à partir de données génomiques actuelles, et estimer des paramètres évolutifs importants tels que le taux de croissance d'une population, l'âge d'une mutation ou le taux de migration entre deux populations.

Une histoire à 3 milliards : le projet Génome humain

Les études en génétique se sont particulièrement développées avec l'arrivée des techniques de séquençage de l'ADN en 1977, mais surtout grâce au projet Génome humain, un programme de science collaborative lancé fin 1988 dont la mission était d'établir la séquence complète de l'ADN du génome humain.

La première version du génome correspondait à une séquence complète à 90 % qui fut achevée en 2001, suivie d'une version quasi finale publiée en 2004. La différence entre le premier « brouillon » et la version finale est définie par la couverture de l'ADN séquencé, c'est-à-dire le nombre de lacunes non séquencées et le taux d'erreur. Dans la version de 2004, il y a moins de 400 lacunes, et 99 % du génome est déterminé avec un taux de précision de moins d'une erreur toutes les 10 000 paires de bases. Ce travail se poursuit et la séquence de référence du génome est continuellement améliorée : en 2020, on estime que le nombre de lacunes non séquencées est inférieur à 100.

Le projet Génome humain lança l'ère de la génétique humaine moderne puisqu'il permit à la communauté scientifique d'utiliser cette séquence pour effectuer des recherches aussi bien en génétique médicale qu'en génétique des populations. Le coût de l'opération fut astronomique ; ce sont 3 milliards de dollars environ (2,7 pour être précis) qui furent dépensés pour séquencer les 3 milliards de nucléotides environ (3,2 pour être précis) qui constituent notre génome. En 2021, vingt ans après, les techniques ont tellement progressé qu'on peut désormais séquencer un génome entier à haute résolution pour moins de 500 dollars. Quoi qu'il en soit, ce séquençage permit d'accéder à des connaissances clés sur la structure ainsi que sur le contenu du génome. Si nous savons aujourd'hui que le génome humain est composé d'environ 3,2 milliards de nucléotides, nous savons également que seulement 2 % du génome est « codant », c'est-à-dire contient de l'information génétique qui va se traduire en protéines, unités essentielles pour faire un être vivant ; qu'il héberge environ 20 000 gènes codant des protéines ; et enfin que le reste du génome, soit 98 %, est non codant et impliqué en grande partie dans des fonctions régulatrices.

La séquence de notre génome comprend l'ADN dit nucléaire, réparti tout au long des 23 paires de chromosomes situées dans le noyau de chaque cellule. Néanmoins, nous possédons également un autre petit génome circulaire : l'ADN mitochondrial. Celui-ci se trouve, comme son nom l'indique, dans les mitochondries – petits organites chargés dans la cellule de la production de l'énergie nécessaire à la vie de celle-ci. Son volume est sans comparaison avec celui de l'ADN nucléaire puisqu'il contient seulement 16 569 nucléotides et 37 gènes – c'est pourquoi il fut le premier génome à être séquencé, dès 1981. Néanmoins, comme nous le verrons, en dépit de sa petite taille, il a livré sur l'histoire de l'homme des informations clés.

La génomique, révélateur de la diversité : chaque individu est unique

En ce qui concerne l'ampleur de la diversité génétique entre individus ou populations, le séquençage du génome humain n'a donné que très peu d'informations dans un premier temps. Il s'agissait en effet d'une seule séquence : or chaque individu, à l'exception des jumeaux monozygotes, possède un génome qui lui est propre. Ce n'est qu'avec l'arrivée de nouvelles technologies génomiques, telles que les puces à ADN et les séquenceurs de nouvelle génération, combinées à la diminution des coûts de séquençage, que l'étude de la diversité du génome humain est entrée dans son âge d'or. Plusieurs consortiums internationaux se sont ainsi organisés, comme le projet HapMap ou le projet 1 000 Génomes, dans la perspective de caractériser la diversité génétique humaine dans son ensemble, facilitant ainsi les études en génétique des populations et en génétique médicale.

Grâce à eux, nous savons aujourd'hui que les différences entre les génomes des individus reposent sur plusieurs catégories de variants génétiques. Ces variants se distinguent par leur taille – qui peut aller d'un seul nucléotide à plusieurs centaines de milliers – et leur taux de mutation. Pour les variants les plus étudiés et les plus répandus dans nos génomes, les changements concernent un seul nucléotide. Un exemple bien connu est le *single nucleotide polymorphism* ou SNP (prononcer « snip »), qui se caractérise par la substitution d'un nucléotide à un autre dans la séquence d'ADN (par exemple, C est remplacé par T). Si l'on compare le génome de chacun d'entre nous par rapport à la séquence de référence, ou si l'on compare deux individus pris au hasard dans la population, on trouvera en moyenne environ 3 à 4 millions de différences de type SNP. Dans l'immense majorité des cas, ces changements n'ont aucun effet fonctionnel : ou bien ils sont localisés en dehors des régions codant un gène, et on parle alors de SNP silencieux, ou bien ils sont dans les exons d'un gène (*i.e.* la partie codante du gène qui détermine une protéine) mais n'entraînent pas la substitution d'un acide aminé, et on dit alors que le SNP est synonyme. Les SNP sont pour la plupart neutres, en ce sens qu'ils n'affectent pas la *fitness* des individus. Ces SNP neutres se sont révélés extrêmement informatifs pour l'étude de l'histoire du peuplement humain puisqu'ils nous permettent de retracer l'histoire démographique des populations humaines en termes de migrations, de métissage et de changements démographiques.

Dans certains cas, néanmoins, les SNP peuvent modifier la protéine correspondante et entraîner une variation du phénotype, qu'il soit bénin, comme la pigmentation de la peau, ou associé à une maladie, comme la mucoviscidose. On parle alors de SNP faux-sens (ou non-synonymes), quand ils changent la séquence d'acides aminés de la protéine correspondante, ou de SNP *non-sens*, quand ils induisent le remplacement d'un codon codant pour un acide aminé par un codon-stop, générant une protéine tronquée, généralement non fonctionnelle. Qu'un SNP ne soit pas localisé dans une région codante ne veut pas dire qu'il n'a pas d'effet fonctionnel. En effet, des variants localisés dans des régions régulatrices, comme les *enhancers* ou les promoteurs (*i.e.* fragments d'ADN qui contrôlent l'expression d'un gène), peuvent modifier l'expression génique et altérer ainsi le phénotype final.

Mais la variabilité que l'on peut observer entre les génomes de différents individus ne se réduit pas qu'aux SNP. Chacun d'entre nous diffère également de la séquence de référence par environ 450 000 petites insertions ou délétions (les « indels »), c'est-à-dire des segments d'ADN de moins de 50 nucléotides qui ont été insérés ou supprimés de la séquence d'ADN. S'y ajoute une forme particulière de variabilité génétique dont l'importance est apparue de plus en plus clairement au cours de ces dernières années : les variations « structurales » du génome. Elles comprennent des délétions ou duplications : on parle de « variabilité du nombre de copies » (en anglais *copy number variation*, CNV). Elles sont différentes selon les individus et affectent le nombre de copies d'un même gène ou d'un segment chromosomique dans le génome.

Les CNV contribuent dans une large mesure à la diversité du génome humain et sont donc d'une grande pertinence dans le cadre de la génétique médicale et de la génétique des populations. Des études récentes ont montré qu'elles peuvent non seulement affecter le dosage des gènes, mais aussi moduler les mécanismes de régulation de l'expression génique en altérant le nombre de copies des éléments régulateurs ou en modifiant la structure tridimensionnelle du génome. D'autres formes de variations structurales existent dans le génome, mais dans une moindre mesure, comme des grandes insertions, des réarrangements génomiques ou des insertions d'éléments mobiles.

Enfin, une dernière forme de variabilité implique des séquences du génome répétées en tandem. On parle alors de microsatellites si la taille du motif unitaire est comprise entre 1 et 6 nucléotides, ou de minisatellites si elle est comprise entre 7 et 49 nucléotides. Les microsatellites sont particulièrement abondants dans le génome humain : on en dénombre plusieurs centaines de milliers. Du fait de leur taux élevé de mutation, ils sont surtout utilisés pour comparer des populations humaines très proches ou dans le cadre de la médecine légale. Les microsatellites localisés dans des régions codantes ont été associés à plus de 40 maladies monogéniques, comme les maladies neurodégénératives – la maladie de Huntington ou de Kennedy, par exemple –, alors que ceux localisés dans des régions non codantes peuvent affecter également les niveaux d'expression génique.

Aujourd'hui, grâce à l'ensemble de ces études en génomique et aux consortiums internationaux, nous savons que chaque être humain est porteur, par rapport à la séquence de référence, d'environ 10 000 mutations faux-sens, de 250 à 300 variants qui conduisent à la perte de gènes, et de 50 à 100 mutations qui ont déjà été associées à des maladies génétiques. Heureusement, dans la plupart des cas, nous portons ces mutations délétères à l'état hétérozygote et, par conséquent, la maladie ne se déclare pas. Nous savons également que, dans les différentes populations humaines, le fardeau des mutations délétères est variable en fonction de leur histoire démographique.

L'homme ne descend pas du singe… il est un singe !

Une autre question hante l'homme, au moins dans les temps modernes et depuis Darwin : son affiliation avec les singes. Cette question a souvent été déformée par les adversaires de Darwin – et accompagnée d'une longue tradition de caricature de Darwin en singe – pour des raisons idéologiques, afin de discréditer les théories évolutionnistes, en argumentant que les singes, êtres *inférieurs*, ne pouvaient pas rivaliser avec l'homme, que *Dieu a mis au centre de sa Création*. Darwin, d'ailleurs, ne dit jamais que l'homme « descend » du singe, mais simplement que l'homme « ressemble » aux singes. Même si l'allusion aux singes dans ses premiers travaux reste discrète, dans un livre plus tardif, *The Descent of Man and Selection in Relation to Sex*, de 1871, Darwin énonce son hypothèse phylogénétique concernant l'espèce humaine, qui est essentiellement basée sur l'anatomie comparée, soulignant la grande proximité entre l'homme et les singes de l'Ancien Monde, les catarhiniens. Néanmoins, il insiste sur le fait que « nous ne devons pas tomber dans l'erreur de supposer que le premier ancêtre de toute la souche simienne, y compris l'homme, était identique à quelque singe actuel, ou même lui ressemblait étroitement ». Dès cette époque, pour Darwin, l'homme est donc un singe qui appartient aux catarhiniens, comme les chimpanzés, les gorilles ou les orangs-outans.

La génétique et ensuite la génomique n'ont pas seulement confirmé les hypothèses de Darwin et de beaucoup d'autres sur l'ancêtre commun partagé entre l'homme et les singes, elles ont aussi permis d'approfondir nos connaissances. Elles ont fourni des données précieuses permettant de déterminer le calendrier de séparation des espèces, la possible hybridation de certaines d'entre elles, et le degré de ressemblance de leurs génomes : elles autorisent une plongée extraordinairement précise dans le passé et dans les secrets intimes de la vie des organismes et des espèces. De la même façon que l'étude des caractéristiques morphologiques des animaux eux-mêmes – vivants ou fossiles –, la morphologie de leurs chromosomes a fourni des informations sur les relations entre les espèces de primates. Les caryotypes humains et ceux des grands singes sont très similaires, mais différents à bien des égards, l'exemple le plus notable étant la réduction du nombre chromosomique de 48 à 46 dans la lignée humaine. Bien avant l'ère de la génomique ou de la biologie moléculaire, l'anatomie comparée avait livré beaucoup d'informations sur les relations entre l'homme et les singes. Elle avait permis notamment de proposer une estimation de l'âge de séparation entre les ancêtres des humains et ceux des singes africains et asiatiques : on la situait entre 15 et 30 millions d'années. Les techniques de biologie moléculaire, qui se sont développées de façon spectaculaire depuis quelques décennies, ont apporté des outils nouveaux qui se révèlent remarquablement féconds quand on les applique à l'étude du passé du vivant. Les premières analyses moléculaires concernant notre ascendance simienne furent d'ordre immunologique. Elles changèrent notre vision des relations homme/singe. En 1963, ces travaux montrèrent que l'homme était bien plus proche des singes africains que ceux-ci l'étaient des singes asiatiques. En 1967, ils datèrent la divergence entre l'homme, le chimpanzé et le gorille à seulement 5 millions d'années. Ces résultats produisirent une grande surprise – et quelques controverses – dans la communauté scientifique.

Dater la séparation entre primates humains et primates non humains

À partir des années 1980, les chercheurs ont commencé à utiliser l'ADN pour comprendre les relations entre hommes, chimpanzés et gorilles, car, jusque-là, l'ordre de séparation entre ces trois espèces demeurait incertain. Pour déterminer l'ordre de ramification de l'arbre, les expériences d'hybridation de l'ADN, technique qui compare l'ADN de deux espèces par hybridation afin d'identifier des différences dans leur séquence, ont apporté les premières preuves génétiques révélant que, dans les deux tiers de leur séquence d'ADN, les humains et les chimpanzés sont plus étroitement liés les uns aux autres qu'ils ne le sont chacun respectivement vis-à-vis des gorilles. Ainsi, dans l'arbre phylogénétique, la divergence entre l'homme et le chimpanzé est plus récente que celle entre leur ancêtre commun et le gorille. À la fin des années 1990, des études ultérieures ont confirmé ces observations par le biais de l'ADN mitochondrial ou des séquences des autosomes (ou chromosomes non sexuels). Elles ont conduit à regrouper les hommes avec les chimpanzés et les bonobos, alors que les gorilles ont divergé de l'ancêtre commun avant ces trois espèces. L'orang-outan, autre cousin souvent mentionné, est par rapport aux membres de la famille évoqués ici l'espèce la plus éloignée de l'homme.

L'année 2005 marqua le début de la révolution génomique pour l'étude des grands singes, avec la publication du génome du chimpanzé. Aujourd'hui, disposant des génomes des différentes espèces de grands singes, nous pouvons entreprendre d'explorer nos similitudes et nos différences, le calendrier de la séparation entre les grands singes et le degré de diversité de chaque espèce. Sur la base des génomes complets, nous savons que les chimpanzés et les bonobos sont les espèces les plus proches des humains, avec environ 1,4 % de différences nucléotidiques par rapport à nos génomes. Ce chiffre peut toutefois s'élever à environ 5 ou 6 % si l'on tient compte d'autres types de différences génomiques telles que les insertions, délétions ou variations du nombre de copies. Ces chiffres sont souvent utilisés de façon inexacte et dogmatique, parfois idéologique. Il est important de préciser qu'ils ne représentent que des moyennes portant sur la totalité du génome : en réalité, le taux de divergence entre espèces de primates varie considérablement selon la région du génome étudiée.

Les dernières datations estiment que la divergence entre l'homme et le genre *Pan* (chimpanzé et bonobo) remontent à environ 4 à 5 millions d'années. Cependant, ces datations ont à nouveau été remises en question, car la spéciation de *Homo* et *Pan* se serait faite en plusieurs temps et le taux de mutation utilisé pour convertir le pourcentage de divergence en temps (*i.e.* l'horloge moléculaire) pourrait s'avérer plus faible que ce que l'on pensait, conduisant à des datations probablement plus anciennes (10 à 13 millions d'années). En ce qui concerne le chimpanzé et le bonobo, ils se seraient séparés il y a environ 1 à 2 millions d'années. Nous savons également que la divergence entre les gorilles et le groupe homme-chimpanzé-bonobo se serait produite (selon le taux de mutation et le temps de génération utilisés) entre 8 et 19 millions d'années, alors que celle entre les orangs-outans et le reste des grands singes aurait eu lieu il y a 15 à 21 millions d'années.

Un singe pas comme les autres

L'homme est donc un singe, et il présente de nombreuses similitudes avec celui-ci. Mais l'homme n'est pas un singe comme les autres, à de nombreux égards. Tout d'abord, la diversité génétique au sein de l'espèce humaine est la plus faible de toutes les espèces de singes étudiées, suivie de près par celle des bonobos. Par rapport aux chimpanzés et aux gorilles, les humains présentent entre deux et trois fois moins de diversité, même si les presque 8 milliards d'humains que nous sommes sont dispersés partout sur la planète, tandis que l'aire de répartition des chimpanzés et des gorilles (avec un effectif de seulement 200 000 et 100 000 individus) est restreinte à l'Afrique centrale et de l'Ouest.

Comment alors expliquer que les humains aient une si faible diversité génétique malgré leur grand nombre et leur répartition géographique ? La réponse se trouve dans la jeunesse de notre espèce : elle est apparue en Afrique il y a « seulement » 200 000 à 300 000 ans. Cela paraît beaucoup, mais c'est peu à l'échelle de l'évolution. En tout cas, c'est une durée insuffisante pour permettre l'accumulation des mêmes niveaux de diversité que les autres grands singes. En outre, notre espèce a probablement eu un très faible nombre d'individus pendant son évolution.

Les différences que l'on peut observer entre les génomes de l'homme et ceux des grands singes, qu'elles soient de 2 % ou de 6 % dans le cas des chimpanzés, ne reflètent pas vraiment le degré de différenciation phénotypique des deux espèces. Ce n'est pas un problème de chiffres – un problème « notarial », comme dirait Alain Prochiantz, neurobiologiste au Collège de France. L'homme partage 80 % de son génome avec la souris et pourtant nous sommes assez différents de la souris… L'important est de regarder où se trouvent les différences. Si les différences avec les chimpanzés, si faibles soient-elles en volume, se situent dans des régions génomiques impliquées dans le développement du cortex cérébral, par exemple, ces différences pourraient expliquer la taille très supérieure de notre cerveau, qui est trois ou quatre fois plus grand que celui du chimpanzé, et ainsi être impliquées dans les extraordinaires fonctions cognitives que notre espèce a acquises : petites différences, grands effets…

De plus, les différences de divergence nucléotidique ne sont pas les seules à pouvoir expliquer les différences phénotypiques entre l'homme et les grands singes. Des différences de variation structurelle, l'émergence de nouveaux gènes ou la perte de gènes spécifiques à l'homme, dont une partie importante sont exprimés dans le cortex cérébral et les testicules, la variabilité d'expression génique et des marques épigénétiques comme la méthylation de l'ADN peuvent également expliquer les particularités uniques de l'espèce humaine en matière de morphologie, de fonctions cognitives comme le langage articulé, de relations sociales, de physiologie ou de relations avec les pathogènes, entre autres caractéristiques phénotypiques.

Populations humaines : similitudes et différences

Du point de vue individuel, les différences entre les génomes de deux humains pris au hasard, quelles que soient leurs origines ethniques ou géographiques, sont d'environ 3 millions de nucléotides, soit 0,1 %. Qu'en est-il du point de vue des populations ? Dans quelle mesure les populations humaines diffèrent entre elles ? Les Africains sont-ils très différents des Européens, ou ces derniers des Asiatiques ? Peut-on classifier les différents groupes humains en fonction de leurs caractéristiques génétiques ? Ces questions sur les différences et les « classifications » des populations humaines sont probablement aussi anciennes que l'humanité elle-même, et elles ont malheureusement été presque systématiquement associées à différentes formes de racisme tout au long de notre histoire.

Le recours au concept « biologique » de race pour classer les populations humaines remonte à la tentative d'un médecin français, François Bernier, en 1684, de proposer une classification des humains en quatre races, en se fondant surtout sur la couleur de la peau. Au XVIIIe siècle, le naturaliste suédois Carl von Linné (1707-1778) – autorité en matière de classification – classa les *Homo sapiens* en catégories en les nommant *americanus*, *europeus*, *asiaticus*, *afar* (africains) ou… *monstrosus*, faisant référence aux « nains » ou aux géants de Patagonie. Durant le XIXe siècle, Francis Galton (1822-1911) les distingua par « grades » hiérarchisés (A, B, C, D, etc.) : en haut de la liste, évidemment, les Européens (et tout particulièrement les Grecs), et en bas les Africains suivis des Aborigènes australiens. Comme nous le verrons, les données génétiques réfutent toute base scientifique du racisme et dénient l'existence de groupes humains bien distincts et complètement séparés. Ces données montrent clairement que le racisme est une construction entièrement sociale et idéologique, et non pas biologique.

Les premières études sur la variabilité biologique des populations humaines commencent avec la découverte par Karl Landsteiner en 1900 des premiers polymorphismes génétiques avec les groupes sanguins ABO. Les globules rouges, à leur surface, sont porteurs d'antigènes qui peuvent réagir avec des anticorps spécifiques transportés dans le sérum. Deux antigènes, A et B, forment le système dit ABO et définissent quatre classes d'individus : ceux qui ne portent que l'antigène A, ceux qui ne portent que le B, ceux qui portent les deux (AB), et ceux qui ne portent ni l'un ni l'autre (O). Les premières études populationnelles ont montré qu'il y avait bel et bien des différences dans les fréquences de ces groupes sanguins entre les différentes populations humaines.

Plus tard d'autres groupes sanguins seront découverts (tels que les MN, Lewis ou Rh), et seront largement utilisés dans les études de populations tout au long du XXe siècle. Par exemple, l'antigène A est surtout présent en Europe du Nord et en Europe centrale, mais aussi, dans une moindre mesure, en Afrique et chez les Aborigènes australiens, ainsi que dans certaines populations américaines natives d'Amérique du Nord. Quant à l'antigène B, les plus hautes fréquences sont retrouvées en Asie, puis en Afrique centrale. Enfin, le O est surtout observé en Amérique du Nord, où il cohabite avec le A, ainsi qu'en Amérique du Sud, où il est présent à des fréquences proches de 100 % chez les Amérindiens.

Ces méthodes, fondées sur l'analyse du sang, comme d'autres méthodes immunologiques similaires, ont ensuite été utilisées pour détecter des variants spécifiques des immunoglobulines ainsi que le système HLA (acronyme anglais désignant l'antigène leucocytaire humain, c'est-à-dire le complexe majeur d'histocompatibilité ou ensemble de molécules à la surface des cellules qui permettent l'identification du non-soi par le système immunitaire), qui est extrêmement polymorphe, et donc très utile dans le cadre des études de génétique des populations. On a pu identifier de plus en plus de polymorphismes avec l'introduction des techniques d'électrophorèse des protéines qui permettent de séparer les protéines dans un champ électrique en fonction de leur taille et de leur charge. L'accumulation de toutes ces données de marqueurs dits « classiques » et leur analyse dans le cadre d'études de génétique des populations et d'évolution ont atteint leur apogée dans la seconde partie du XXe siècle, avec la publication en 1994 de *The History and Geography of Human Genes* (*Histoire et géographie des gènes humains*) par Luca Cavalli-Sforza, Paolo Menozzi et Alberto Piazza. Cet ouvrage, véritable bible de la génétique des populations humaines, s'est nourri de toutes les données des marqueurs classiques accumulées jusqu'alors pour mieux comprendre la répartition de la variabilité génétique de notre espèce et l'histoire du peuplement humain, à travers l'étude de centaines de populations dans le monde.

Les années 1980 marquent le début des études populationnelles basées sur l'ADN, notamment l'ADN mitochondrial et le chromosome Y, qui permettent de déduire le passé des populations humaines à travers les recherches sur des lignées maternelles et paternelles. Dans les années 1990, on voit se consolider les études sur ces deux segments d'ADN à hérédité monoparentale, ainsi que l'utilisation des marqueurs microsatellites dans les travaux sur le peuplement humain et les différences entre les populations. Avec le passage au XXIe siècle, les études de l'ADN des populations humaines prennent une autre ampleur : de ce qu'on appelait encore la génétique, on passe alors à la génomique. Des consortiums internationaux sont mis sur pied, tels que les projets HapMap, 1 000 Génomes, Exome Variant Server, GnomAD ou le Simons Genome Diversity Project, afin de caractériser la diversité génétique des différentes populations à travers le monde.

À ce stade, je tiens à signaler l'importance d'un projet d'origine française mené par la Fondation Jean-Dausset-CEPH (Centre d'étude du polymorphisme humain), qui a bouleversé l'étude de la diversité génétique humaine : le HGDP, de l'anglais

Human Genome Diversity Project. Ce projet a été initié par Jean Dausset. Ce médecin et immunologiste visionnaire reçut en 1980 le prix Nobel pour la découverte, en 1958, du complexe majeur d'histocompatibilité, qui permet aujourd'hui de connaître la compatibilité entre donneurs et receveurs dans le cadre d'une greffe d'organe. C'est donc avec le soutien de Jean Dausset que Howard Cann, pédiatre américain et membre de cette Fondation, en collaboration avec Luca Cavalli-Sforza de l'Université de Stanford, a mis en place un panel constitué de plus de 1 000 lignées cellulaires immortalisées, issues d'individus provenant de 54 populations différentes du point de vue de leur localisation géographique, de leur affiliation linguistique et de leurs traits culturels. Au cours des vingt-cinq dernières années, bien que sous-estimé au niveau national, le CEPH a acquis une réputation internationale de premier plan. Son panel multiethnique a permis la caractérisation de la diversité génétique de notre espèce à une échelle sans précédent.

Ces diverses études internationales en génomique nous ont aidés à mieux comprendre l'histoire démographique des populations humaines, la façon dont nos ancêtres se seraient métissés avec d'autres espèces humaines comme les néandertaliens ou les dénisoviens, et l'influence de la sélection naturelle sur notre génome. Ces études ont également fourni des connaissances inestimables pour l'interprétation clinique des variants génétiques identifiés sur des patients, et pour la compréhension des bases génétiques des caractères morphologiques et physiologiques variables chez l'homme, tels que la taille ou la susceptibilité au diabète de type 2. Mais qu'avons-nous appris sur les différences et les similitudes entre populations humaines ?

Ces travaux ont été très utiles. En effet, l'histoire de la population humaine est marquée par d'anciens goulets d'étranglement, mais connaît aussi, dans les périodes récentes, une forte expansion. Grâce à ces études, nous pouvons affirmer que la grande majorité des variants observés dans les populations humaines sont rares. On considère comme fréquents les variants qui ont une fréquence supérieure à 5 %. Les variants « à faible fréquence » sont ceux qui présentent des fréquences entre 5 et 1 %, les « rares » étant définis par une fréquence inférieure à 1 %. Il existe enfin des variants « ultrarares » : ceux qui présentent une fréquence inférieure à 0,01 %, ou qui n'ont été observés que chez un seul individu (les « singletons »). Bien que la plupart des variants soient ultrarares au niveau des populations, au niveau d'un individu la majorité des variants identifiés sont fréquents (plus de 95 %). Cela s'explique par le fait que la grande partie des variations interindividuelles sont dues à des mutations anciennes apparues au début de l'histoire de l'humanité, lorsque la taille effective de la population était faible, et qui sont maintenant présentes dans la plupart des populations humaines, bien qu'à des fréquences variables.

Nous savons aussi aujourd'hui que la majorité des variations génétiques sont observées *au sein* des populations, et non pas *entre* populations humaines. C'est la conclusion à laquelle arriva Richard Lewontin en 1972 en utilisant simplement une poignée de marqueurs classiques. Cette observation, qui a été d'une importance capitale pour discréditer le concept de race d'un point de vue biologique, a été largement renforcée par les nombreuses études ultérieures utilisant un grand nombre de populations humaines et des données génomiques fondées sur des génomes complets. En moyenne, quels que soient le type de polymorphisme analysé et le nombre de populations étudiées, 85 % de la variabilité génétique est observée au sein de la population, le reste étant observé entre populations.

Une étude récente, publiée en mars 2020 dans *Science*, analyse les résultats du séquençage à haute résolution des génomes de la collection HGDP-CEPH, mentionnée auparavant. Les auteurs ont ainsi identifié presque 70 millions de SNP, environ 9 millions de petites délétions et insertions, et environ 40 000 variants en nombre de copies (CNV). Encore une fois, la plupart de la variabilité génétique a été observée *au sein* des populations, avec peu de différenciation génétique *entre* les populations humaines qui forment plutôt une graduation de la diversité génétique… Alors, pourquoi les différentes populations humaines présentent-elles si peu de différenciation génétique malgré leur large répartition géographique, tandis que d'autres espèces, comme le loup gris d'Eurasie (*Canis lupus*) ou la gazelle de Grant (*Nanger granti*) d'Afrique de l'Est, qui ont pourtant une distribution géographique bien plus restreinte que les humains, montrent des taux extrêmes de différenciation génétique entre populations ? La réponse, encore une fois, renvoie à l'origine récente de notre espèce, au métissage et au fait que l'homme n'a pas évolué en groupes complètement isolés. D'ailleurs, aucune mutation « privée », propre à un seul continent ou à une seule région géographique, n'a été retrouvée chez 100 % des individus d'une population humaine donnée alors qu'elle est absente ailleurs. Cela consolide l'idée que, même si une distinction des populations humaines sur la base de leur génétique est possible, il n'y a pas des différences tranchées et nettes entre groupes humains.

La révolution paléogénomique

La possibilité de séquencer l'ADN provenant des fossiles – la dernière révolution génomique – a complètement bouleversé notre vision des origines de notre espèce, le métissage entre celle-ci et d'anciens humains actuellement disparus, et la façon dont le peuplement de la planète s'est achevé. L'ère de la paléogénomique fait ses débuts en 1984 – même si on ne l'appelait pas encore paléogénomique à l'époque – avec la publication de la séquence d'un segment d'ADN mitochondrial provenant du quagga, une sous-espèce de zèbre d'Afrique du Sud qui s'est éteinte à la fin du XIXe siècle. Toutefois, ce n'est que vers la moitié des années 2000, et surtout dans la décennie 2010, que l'étude de l'ADN ancien est entrée dans son âge d'or. La paléogénomique est alors fondée en tant que discipline.

De la même façon que le séquençage à haut débit a bouleversé les études en génétique des populations modernes, il a permis de convertir le problème principal de l'ADN ancien, sa dégradation en petits segments (de 30 à 80 nucléotides en moyenne), en un atout, car le séquençage à haut débit fragmente de toute façon l'ADN en petits segments pour ensuite le séquencer. D'autre part, les progrès, en matière aussi bien de technologies que de méthodes d'analyse, permettent aujourd'hui de s'affranchir de façon raisonnable d'autres difficultés associées à l'étude de l'ADN ancien. Par exemple, un des problèmes principaux que l'on rencontre pour séquencer l'ADN ancien est dû à la rareté de l'ADN endogène – celui qui appartient vraiment au spécimen que l'on veut étudier – en raison de la dégradation *post mortem* et des dommages infligés par le temps. Aujourd'hui, des techniques d'enrichissement de l'ADN endogène permettent de pallier ces difficultés. De même, le développement de nouveaux outils bioinformatiques permet de contourner cette complication majeure. L'ADN fossile, en effet, présente généralement de hauts niveaux de contamination par de l'ADN exogène : il s'agit d'ADN environnemental (provenant de champignons, de bactéries, etc.) ou d'ADN humain moderne qui a pu être introduit lors des fouilles archéologiques ou lors des expérimentations elles-mêmes. Pour identifier et éliminer les séquences non endogènes, les outils computationnels récemment développés utilisent, par exemple, les caractéristiques de l'ADN ancien, comme l'excès de mutations de C à T, issues des dégradations *post mortem* observées dans les « vraies » séquences d'ADN ancien.

Ces développements technologiques fulgurants ont permis d'obtenir des résultats qui, à peine quelques années auparavant, auraient relevé de la science-fiction. Nous avons ainsi pu assister, émerveillés, au premier séquençage du génome du mammouth, en 2008. Cet exploit, inimaginable une décennie plus tôt, a été rendu possible grâce à l'extraction de l'ADN ancien provenant de poils de l'animal qui étaient restés congelés dans le permafrost sibérien depuis environ 40 000 ans. L'année 2010 marque le début de la paléogénomique humaine avec la publication par l'équipe d'Eske Willerslev au Danemark de la séquence du premier génome humain ancien, provenant d'un individu d'origine paléo-eskimo qui aurait vécu au Groenland il y a quelque 4 000 ans. Mis à part la prouesse technique de séquencer un génome provenant d'un humain moderne à cette date en s'affranchissant des contaminations d'ADN provenant des expérimentateurs, eux aussi des humains modernes, cette étude a eu l'intérêt de mettre en évidence une migration de la Sibérie vers le Nouveau Monde datant d'environ 5 500 ans, et indépendante de celle qui a donné naissance aux Amérindiens et aux Inuits d'aujourd'hui.

Depuis ce travail pionnier, des centaines des génomes humains anciens ont été séquencés, vieux d'à peine quelques centaines d'années pour certains, datant de 45 000 ans pour d'autres. Ils proviennent par exemple d'individus ayant vécu au paléolithique supérieur, d'Amérindiens préhistoriques, de chasseurs-cueilleurs du mésolithique et du néolithique, des premiers agriculteurs du néolithique, et jusqu'à des individus ayant habité l'Eurasie pendant l'âge du fer ou dans des périodes plus récentes. L'un des humains modernes les plus anciens à avoir été séquencés, hors d'Afrique, date de 45 000 ans : l'Ust'-Ishim de Sibérie. La collaboration entre les équipes de Svante Pääbo de l'Institut Max-Planck de Leipzig et de David Reich de l'Université Harvard a montré que le génome de cet individu, même s'il ressemble plus aux Eurasiens qu'aux Africains, ne partage pas de grandes affinités génétiques avec les Européens et les Asiatiques d'aujourd'hui. Ce constat a permis de conclure que la population à laquelle appartenait l'individu d'Ust'-Ishim a relativement peu contribué à la diversité actuelle des populations habitant l'Eurasie.

Un autre exemple de séquençage d'ADN ancien, plus notable par sa popularité que par son intérêt scientifique, est celui d'Ötzi, « l'homme des glaces ». Ötzi a été découvert en 1991 par un couple de randonneurs, dans le glacier du Hauslabjoch des Alpes de l'Ötztal, à la hauteur de la frontière entre l'Autriche et l'Italie. Il se trouvait dans un état momifié : on estime qu'il est mort il y a environ 5 300 ans. Les analyses génétiques les plus récentes de son génome ainsi que de son microbiome (les profils génétiques des microbes présents dans la microflore) réalisées en 2016 ont révélé une affiliation possible d'Ötzi avec les habitants modernes de Sardaigne. On peut affirmer avec une bonne probabilité qu'il avait les yeux bruns, appartenait au groupe sanguin O, qu'il était intolérant au lactose et qu'il souffrait sans doute de la maladie de Lyme, en raison de la présence dans son microbiome de la bactérie *Borrelia burgdorferi*.

Ce 2 % de Neandertal qu'il y a en nous

Toutes ces données issues de l'ADN ancien nous ont beaucoup appris sur l'histoire du peuplement humain et sur la façon dont les populations humaines se sont adaptées à leurs environnements changeants. Dans certains cas, ces études ont simplement confirmé les réponses déjà données par les études de l'ADN moderne, comme l'origine africaine de notre espèce ; dans d'autres cas, ils ont ouvert de nouvelles pistes d'investigation allant même à l'encontre des hypothèses émises à partir de l'ADN moderne. Mais les principales surprises, les découvertes qui ont eu le plus d'impact dans la communauté scientifique, sont venues de l'étude de l'ADN de formes humaines aujourd'hui disparues, comme l'homme de Neandertal ou son cousin asiatique l'homme de Denisova.

Les relations entre notre espèce et les néandertaliens – une espèce éteinte du genre *Homo* qui habitait l'Europe, le Moyen-Orient et l'Asie centrale à une période comprise entre 230 000 ans et 40 000 ans environ avant le présent – ont été le sujet de beaucoup d'études et de controverses dès la découverte de cette espèce en 1856 dans la vallée de *Neander*, près de Düsseldorf en Allemagne. L'idée la plus communément acceptée était que leur disparition, qui coïncidait avec l'arrivée de l'homme moderne en Europe, était le résultat de la « supériorité » physique, cognitive et technologique d'*Homo sapiens*. Les travaux scientifiques se réjouissaient de pouvoir conclure qu'*Homo sapiens* et les néandertaliens étaient bien différents, qu'ils ne partageaient pas grand-chose et, surtout, qu'ils ne s'étaient pas métissés. Toute conclusion soutenant des différences importantes entre les deux groupes d'humains était, pour des raisons idéologiques, extrêmement bien accueillie.

La première étude génétique des néandertaliens menée en 1987 par l'équipe de Svante Pääbo, qui travaillait alors encore à Munich, portait sur la séquence d'un tout petit segment de leur ADN mitochondrial et n'a fait que conforter cette hypothèse, concluant que l'homme de Neandertal s'est éteint sans avoir contribué au matériel génétique de l'homme moderne. De même, une étude, menée en 2004 par l'équipe de Laurent Excoffier de l'Université de Berne, qui se fondait sur la variabilité de l'ADN mitochondrial et sur des simulations réalistes de l'histoire démographique des premiers Européens, affirma qu'hommes modernes et néandertaliens ne se sont pas métissés et que, si métissage il y a eu, il serait « au pire » inférieur à 0,01 %. Donc pas d'inquiétude : pas de métissage !

Ce n'est qu'en 2010 que le premier génome entier provenant d'un néandertalien a été séquencé. Les résultats provoquèrent une surprise de taille : ce génome ressemblait plus à celui des Eurasiens qu'à celui des Africains d'aujourd'hui. C'était la première preuve qu'il s'est produit, il y a environ 50 000 à 60 000 ans, un échange génétique entre néandertaliens et les ancêtres des non-Africains d'aujourd'hui. Depuis, d'autres spécimens néandertaliens ont été séquencés, dont trois à haute couverture provenant des montagnes de l'Altaï en Sibérie et de la grotte de Vindija en Croatie. Ces génomes n'ont fait que confirmer que les Eurasiens d'aujourd'hui portent dans leurs génomes, en moyenne, environ 2 à 3 % de matériel génétique provenant des néandertaliens. La comparaison du génome des néandertaliens avec celui des humains modernes a également permis d'estimer la date de séparation des deux groupes entre 550 000 et 765 000 ans environ.

Métissage de Sapiens avec des espèces humaines aujourd'hui disparues : l'introgression archaïque

La réponse est sans équivoque : nos ancêtres, en tout cas ceux des individus d'origine européenne ou asiatique, se sont métissés avec les néandertaliens, un phénomène nommé *introgression archaïque*, et nous en portons la preuve dans nos génomes. Mais les échanges génétiques entre néandertaliens et hommes modernes ne se limitent pas au transfert de matériel génétique des premiers vers les derniers : une étude récente, publiée par l'équipe de Svante Pääbo en 2020, a établi que le chromosome Y néandertalien est un chromosome Y plutôt d'origine *Homo sapiens*, qui aurait été introduit dans le génome néandertalien il y a entre 100 000 et 370 000 ans. Ainsi, toutes ces observations indiquent que le métissage entre les humains modernes et les néandertaliens a été une caractéristique déterminante de l'histoire de ces hominines (les espèces du genre *Homo* – il n'en reste plus aujourd'hui que Sapiens).

Mais la relation entre nos ancêtres Sapiens et des formes humaines aujourd'hui disparues ne s'arrête pas à l'homme de Neandertal. En 2010, l'analyse de l'ADN provenant d'une phalange fossile trouvée dans la grotte de Denisova, dans les montagnes de l'Altaï en Sibérie (Russie), a révélé l'existence d'une autre forme humaine jusqu'alors inconnue. Tout reposait sur un vestige fossile dont il ne restait qu'un petit segment de phalange. C'était bien trop peu : aucun paléoanthropologue, si talentueux soit-il, n'aurait pu identifier l'espèce à laquelle appartenait ce reste fossile à partir de ce seul petit morceau de doigt. C'est là que l'on peut apprécier la puissance de la génétique : elle a en effet permis, en séquençant l'ADN, d'identifier un homme archaïque jusque-là inconnu, l'homme dit de Denisova. Il aurait vécu en Asie il y a environ 50 000 à 110 000 ans. L'analyse de son génome a montré que les dénisoviens se seraient séparés des néandertaliens il y a environ 400 000 à 440 000 ans. Les dénisoviens eux aussi ont laissé des traces dans nos génomes, ce qui témoigne encore une fois de l'hybridation de nos ancêtres avec d'autres populations d'hommes archaïques. Suite à une succession de métissages, il y a 45 000 à 30 000 ans, les Eurasiens portent dans leurs génomes moins de 1 % du matériel dénisovien, à l'exception des populations du Sud-Est asiatique et du Pacifique, notamment les Papous, pour lesquelles le pourcentage d'héritage dénisovien atteint les 3,5 %.

Toutes ces estimations d'introgressions archaïques, qu'elles proviennent de Neandertal ou de Denisova, sont des moyennes calculées sur l'ensemble du génome humain moderne. Notons que certaines régions du génome humain peuvent avoir jusqu'à 64 % d'héritage archaïque ! Toutefois, il y a eu une forte sélection contre l'introgression archaïque, en particulier chez les gènes codant des protéines, probablement du fait de ses effets délétères chez l'humain moderne. L'identification de régions du génome humain fortement dépourvues d'héritage archaïque (on parle de « déserts archaïques ») permet d'estimer les fonctions qui auraient pu contribuer à la singularité de certains caractères de l'homme moderne.

Par exemple, une région dépourvue d'héritage néandertalien a été identifiée autour de la protéine *Forkhead box P2* (*FOXP2*), dont les mutations sont associées aux troubles du langage. De même, le gène *AMY1,* qui code l'amylase, enzyme responsable de la digestion de l'amidon, se situe également dans un désert néandertalien. À la différence de l'humain moderne, porteur de multiples copies d'*AMY1*, Neandertal et Denisova ne possédaient qu'une seule copie de ce gène, suggérant ainsi que la production d'amylase salivaire pour la digestion de l'amidon a été un grand avantage pour les humains modernes. Outre la signature très répandue de la sélection négative au détriment des allèles archaïques, l'homme moderne a aussi acquis des allèles avantageux par métissage avec des humains anciens, à travers ce qu'on appelle l'*introgression adaptative,* que nous examinerons en profondeur dans un autre chapitre.

Il demeure donc en nous une part d'humanité archaïque. Mais elle ne se limite pas aux seuls néandertaliens ou aux dénisoviens. Certains indices suggèrent d'autres épisodes de métissage, y compris le flux génétique d'un groupe « super-archaïque », qui n'a pas encore été identifié, chez les dénisoviens ; des néandertaliens de l'Est chez les dénisoviens, et des hommes archaïques africains, qui restent également à découvrir, chez les populations africaines modernes. En 2018, une étude menée par l'équipe de Svante Pääbo à partir d'un fragment osseux provenant de la grotte de Denisova a même montré que le métissage entre néandertaliens et dénisoviens était bien possible. La séquence de l'ADN de ce spécimen a livré ses secrets : il indique qu'il provient d'une jeune fille morte vers l'âge de 13 ans de mère néandertalienne et de père dénisovien. Tout porte donc à croire que les métissages entre groupes d'anciens humains pendant le pléistocène étaient courants lorsqu'ils se rencontraient.

PARTIE II

CONQUÊTES ET PEUPLEMENT

Que sommes-nous ? Nous venons de parcourir quelques étapes de notre genèse évolutive. Mais notre histoire ne fait encore que commencer. Dans cette partie, nous allons relater ce que nous savons de l'origine du genre Homo, *et surtout de l'épopée de notre espèce,* Homo sapiens, *depuis son berceau – l'Afrique – jusqu'aux différentes étapes du peuplement de la Terre et de tous ses continents. Grâce aux instruments traditionnels des archéologues et paléoanthropologues, mais aussi, depuis peu, aux apports décisifs de la génomique, nous savons de mieux en mieux reconstituer cette histoire et retourner sur les pas de nos ancêtres africains pour les suivre au cours de l'extraordinaire périple qui les a faits européens, asiatiques, océaniens, américains, à mesure qu'ils peuplaient l'ensemble de la planète. Première réponse, donc : nous sommes des conquérants.*

Au fil de ces conquêtes, il y a eu aussi des rencontres. Nos gènes en portent les traces. Il y a donc une autre réponse à la question « que sommes-nous ? » : des métis, simplement des métis, tous. La sentence de la génomique est définitive : nous sommes le produit de plus de 200 000 ans d'histoire comme espèce, avec à la fin environ 100 000 ans de voyages et de rencontres multiples. Nous présentons ici l'état des savoirs en la matière, tel qu'il a été actualisé à la lumière des données issues de la génomique dans les dernières décennies.

Au cours des trente dernières années, la génétique a joué un rôle de plus en plus central dans la recherche des origines d'*Homo sapiens*. Mais, avant de se concentrer sur l'*espèce*, il faut examiner plus généralement la question du *genre* et des origines du genre *Homo* : sur ce point, la génétique n'a pas apporté (pour l'instant !) de réponses. Nous avons vu que la lignée humaine, qui a donné naissance à notre espèce, s'est séparée des autres grands singes il y a quelque 6 millions d'années. Pour comprendre où ont vécu les différentes espèces de notre lignée, c'est-à-dire les *hominina* ou hominines, pendant la période comprise entre la séparation avec les autres grands singes et l'émergence d'*Homo sapiens*, il faut faire appel à l'archéologie et à la paléoanthropologie.

La lignée humaine et les « grands singes de petite taille »

Les restes fossiles sont très clairs quant à l'origine géographique de nos ancêtres : toutes les espèces d'hominines vivant entre 7 millions d'années et 2 millions d'années avant le présent ont été retrouvées sur le continent africain. Le premier fossile qui aurait pu appartenir à la lignée humaine date d'environ 7 millions d'années et se trouve en Afrique. Il s'agit de Toumaï, « espoir de vie » en langue gorane, qui a été découvert en 2001 au Tchad par l'équipe de Michel Brunet de l'université de Poitiers, conduisant à l'identification d'une nouvelle espèce, *Sahelanthropus tchadensis*, dont on n'a pas de trace en dehors de l'Afrique. Bien que Toumaï ait un cerveau de la taille d'un chimpanzé, il possède un certain nombre de traits qui le relient à la lignée des hominines, à savoir un visage plat, la fixation de la moelle épinière au bas du crâne plutôt qu'à l'arrière, et l'épaisseur de l'émail dentaire intermédiaire. Après Toumaï, on trouve, toujours exclusivement en Afrique, une série de restes fossiles dont *Orrorin tugenensis* (ancêtre du millénaire) au Kenya âgé d'environ 5,9 millions d'années, *Ardipithecus kadabba* en Éthiopie âgé d'environ 5,3 à 5,8 millions d'années ou *Ardipithecus ramidus* au Kenya et en Éthiopie daté d'il y a 4,4 millions d'années. L'appartenance de ces restes fossiles à la lignée humaine reste quelque peu controversée, puisque leurs caractéristiques physiques (morphologie dentaire, position d'attache de la moelle épinière ou structure des pieds) ne les relient pas de façon claire aux hominines.

La plupart des fossiles d'hominines postérieurs à 4,2 millions d'années mais antérieurs à l'apparition du genre *Homo* sont attribués au genre *Australopithecus*. L'espèce d'australopithèque la plus ancienne connue est *Australopithecus anamensis*, découverte au lac Turkana et sur d'autres sites du Kenya à l'Éthiopie, et âgée d'entre 3,9 et 4,2 millions d'années. Cette espèce est unanimement considérée comme le plus ancien hominine. Elle est pourtant moins connue qu'une autre espèce d'australopithèques, *Australopithecus afarensis*, dont les principaux fossiles, y compris ceux de la très célèbre Lucy âgée de 3,2 millions d'années et mesurant 1,10 mètre, ont été découverts en Afrique de l'Est, et datent d'environ 3,9 et 2,9 millions d'années. D'autres espèces d'australopithèques ont été également découvertes, dont *Australopithecus africanus* (2 à 2,9 millions d'années), *Australopithecus garhi* (2,5 millions d'années) ou encore

Australopithecus sediba (1,9 million d'années). Toutes ont vécu dans l'Afrique subsaharienne. Si leurs relations phylogénétiques restent confuses, l'ensemble de ces espèces d'australopithèques présentent des points communs : ils se caractérisent par un cerveau peu volumineux, les rapprochant plutôt des grands singes, mais possèdent une denture proche de celle du genre *Homo* et une locomotion pour la plupart bipède. Un autre genre d'hominine, *Paranthropus*, a également vécu en Afrique il y a 2,7 à 1 million d'années. Il regroupe trois espèces : *Paranthropus aethiopicus*, *Paranthropus boisei* et *Paranthropus robustus*. Même si les paranthropes ont aussi été contemporains des premiers *Homo* archaïques, il est largement admis qu'ils forment une lignée distincte et indépendante du genre *Homo*, lui-même descendant plus probablement d'une des espèces d'australopithèque.

Homo *:* *une histoire vieille de 2 millions d'années*

Homo habilis, qui vivait en Afrique de l'Est il y a entre 2,3 et 1,5 million d'années, est la première espèce du genre *Homo*. Décrit en 1964, il se caractérise par un cerveau plus développé et une capacité à fabriquer des outils en pierre – d'où son nom d'homme « habile » –, traits qui lui permirent d'être inclus dans le genre *Homo*. Toutefois, *Homo habilis* présente certaines caractéristiques morphologiques, comme la taille, la forme du corps et de petites dents, qui ont fait douter de son appartenance véritable au genre *Homo*, conduisant certains anthropologues à le classer dans le genre *Australopithecus*. Il aurait coexisté d'ailleurs avec plusieurs espèces d'australopithèques et de paranthropes. Plus tard et toujours en Afrique, on retrouve une autre espèce appartenant au genre *Homo*, *Homo ergaster* (l'homme artisan), ayant vécu il y a environ 1,9 et 1 million d'années et qualifié parfois, à cause de ses similitudes avec *Homo erectus*, d'*Homo erectus* africain. *Homo ergaster* utilise des outils de pierre taillée plus élaborés que ses prédécesseurs, dont deux outils emblématiques : le biface et le hachereau.

C'est avec l'*Homo erectus*, l'homme dressé, que l'Afrique cesse d'être le monopole de la lignée humaine. C'est la première espèce du genre *Homo* que l'on trouve hors d'Afrique. Il occupe notamment un vaste territoire en Asie du Sud-Est et en Extrême-Orient, allant de la Chine à l'île de Java en Indonésie, sur une période s'étalant de 1,8 million d'années à environ 100 000 ans. Le spécimen le plus connu d'*Homo erectus* est l'homme de Pékin, daté de 750 000 à 700 000 ans. Il a pour principales caractéristiques physiques un volume cérébral qui s'approche de celui de Sapiens, un crâne aplati, un nez et un menton peu proéminents, et un chignon occipital. Une étude récente publiée en 2020 a révélé que les derniers *Homo erectus* se seraient éteints il y a seulement 110 000 ans dans l'île de Java !... ce qui suggère qu'ils auraient pu alors croiser les dénisoviens.

Avant l'émergence des premiers *Homo sapiens*, on trouve d'autres espèces d'*Homo* réparties sur plusieurs périodes et ayant vécu dans différentes régions du monde. Mentionnons notamment *Homo heidelbergensis*, qui vivait en Afrique et en Europe il y a environ 600 000 à 300 000 ans, *Homo antecessor*, découvert dans le nord de l'Espagne où il a vécu il y a entre 1,25 million d'années et 800 000 ans, *Homo floresiensis* (l'Homme de Florès surnommé le Hobbit du fait de sa petite taille : à peine 1 mètre), retrouvé sur l'île indonésienne de Florès et ayant vécu il y a 60 000 à 100 000 ans, ou encore les néandertaliens (*Homo neanderthalensis*) et les dénisoviens (*Homo denisovensis*) déjà mentionnés, occupant l'Eurasie jusqu'à il y a environ 40 000 ans, ainsi qu'*Homo longi* (appelé également l'« homme dragon » et retrouvé près de Harbin, en Chine), récemment daté à 148 000 ans et qui appartient possiblement à la lignée des dénisoviens, d'après le paléoanthropologue Jean-Jacques Hublin, professeur au Collège de France.

À la recherche du berceau perdu : l'avènement de Sapiens

L'origine d'*Homo sapiens*, le seul survivant du genre *Homo* à l'époque actuelle, a probablement été la question la plus controversée dans ces domaines de recherche au cours des quarante dernières années. On l'appelle souvent « homme anatomiquement moderne », ou simplement « homme moderne », du fait de ses caractéristiques anatomiques qui le distinguent des espèces d'*Homo* antérieures : bipédie constante, expansion de la boîte crânienne et du volume du cerveau, réduction de la denture, voûte occipitale haute, front développé et visage plat, entre autres. Toutefois, la distinction entre les hommes anatomiquement modernes et les hommes dits archaïques est parfois floue, puisqu'il n'y a pas de prototype clair d'*Homo sapiens*. La seule certitude concernant les restes fossiles concerne l'origine géographique d'*Homo sapiens* : il est apparu en Afrique il y a environ 300 000 ans.

LES INDICES FOSSILES : DE L'APPARITION AUX PREMIÈRES SORTIES D'AFRIQUE

Il y a encore quelques années, le premier représentant incontesté d'*Homo sapiens* était Omo Kibish, retrouvé en Éthiopie, qui a vécu il y a environ 195 000 ans. Mais on a découvert récemment des spécimens plus anciens présentant des caractéristiques physiques très proches de celles d'*Homo sapiens*. Il s'agit par exemple de l'homme de Djebel Irhoud, découvert au Maroc par Jean-Jacques Hublin. La datation lui donne un âge d'environ 300 000 ans. On s'accordait antérieurement pour situer la date d'apparition d'*Homo sapiens* à environ 200 000 ans : la voilà donc reculée de 100 000 ans !

Des études réalisées au cours de ces dernières années concernant la sortie d'*Homo sapiens* hors d'Afrique nous ont également réservé quelques surprises. Longtemps, on a pensé que l'homme moderne avait quitté l'Afrique pour la première fois il y a environ 120 000 à 90 000 ans : il aurait alors gagné le Moyen-Orient, comme en témoignent les restes fossiles datés de cette période et trouvés sur les sites de Qafzeh et Skhul en Israël. Mais, en 2018, des chercheurs publient une étude portant sur un demi-maxillaire d'*Homo sapiens* découvert dans la grotte de Misliya, également en Israël. Ces restes fossiles correspondent au membre le plus ancien de la famille d'*Homo sapiens* identifié en dehors de l'Afrique. Or, après analyse, la datation conduit à estimer son âge entre 177 000 et 194 000 ans… ce qui signifie que la première sortie d'Afrique d'*Homo sapiens* est reculée d'environ 70 000 ans. Pourtant, jusque-là, les restes fossiles d'*Homo sapiens* retrouvés ailleurs sur la planète avaient tous été datés de moins de 60 000 ans.

Ce que suggère cet ensemble de données peut se résumer comme suit : les migrations associées à cette première sortie n'ont pas été suivies d'un peuplement permanent des premiers humains hors d'Afrique. Les fossiles plus anciens qu'on a récemment découverts refléteraient en réalité une expansion de l'aire géographique africaine de Sapiens, étant donné la position de corridor géographique du Moyen-Orient. Mais la phase principale de dispersion de l'homme aurait eu lieu beaucoup plus tard. Depuis, la génétique a confirmé qu'une deuxième vague de migrations a commencé il y a 80 000 à 60 000 ans, conduisant Sapiens hors d'Afrique pour gagner, d'une part, le Moyen-Orient, l'Europe et l'Asie de l'Est, et, d'autre part, l'Asie du Sud par une route côtière. Pour autant, les questions sur le nombre, l'origine géographique et les routes migratoires empruntées par les premiers hommes quittant l'Afrique restent ouvertes, et les controverses ne manquent pas.

UNE ORIGINE ANCESTRALE UNIQUE, OU PLUSIEURS ?

La thèse de la sortie d'Afrique d'*Homo erectus* est acceptée depuis longtemps. En revanche, la façon dont *Homo sapiens* s'est répandu sur la planète a été largement débattue dans la communauté scientifique, notamment à la fin du siècle dernier. En se fondant toujours sur les restes fossiles, les paléoanthropologues ont proposé différents modèles pour expliquer les origines d'*Homo sapiens* à partir de son antécesseur *Homo erectus,* et surtout pour déterminer la région géographique où cette transition (ou ces transitions) se serait réalisée. En effet, de virulents débats opposaient deux camps. D'un côté, pour les défenseurs du monogénisme, tous les groupes humains partageaient un ancêtre commun. Face à eux, les tenants des modèles polygénistes considéraient que les différentes populations humaines occupant la planète aujourd'hui – les « races » humaines, comme on disait à l'époque – avaient des origines bien distinctes et ne partageaient en aucun cas un ancêtre commun, en tout cas pas un ancêtre récent, et encore moins originaire d'Afrique !

Parmi les polygénistes, l'influent Carleton Coon, connu par ailleurs pour ses positions racistes, proposa au début des années 1960 le *modèle en candélabre* selon lequel les populations africaines, européennes, asiatiques et océaniennes d'aujourd'hui seraient le résultat d'une évolution indépendante et séparée d'*Homo erectus* locaux vers *Homo sapiens* sur chacun des continents. Sans surprise, Coon défendait l'idée que les Européens auraient été les premiers à évoluer d'*erectus* vers *sapiens*, les derniers étant les Africains, classés parmi les populations les plus proches de l'état « primitif » du genre *Homo*. Le modèle en candélabre fut largement admis par la communauté des anthropologues pendant de nombreuses années, même s'il impliquait l'idée, peu parcimonieuse, d'une évolution parallèle et convergente des traits caractérisant les hommes anatomiquement modernes.

Pour pallier ces failles et pour contourner les biais racistes de Coon, d'autres anthropologues ont proposé une version intermédiaire de ce modèle, le *modèle multirégional* : sans remettre en question l'évolution parallèle des différentes populations d'*erectus* vers *sapiens* partout dans le monde, il fait l'hypothèse qu'il y aurait eu des échanges génétiques entre les différentes populations continentales, ce qui expliquerait qu'elles présentent des traits phénotypiques communs. Le modèle multirégional est principalement associé à Milford Wolpoff, qui le proposa en 1984, même si Franz Weidenreich l'avait déjà évoqué en 1947. Ce modèle accepterait également une continuité régionale dans chaque continent, c'est-à-dire que les Européens d'aujourd'hui partageraient des liens avec les anciens Européens, comme les néandertaliens, et de même pour les autres populations du globe.

À l'opposé des modèles polygénistes, les théories monogénistes soutiennent que la transition d'*erectus* vers *sapiens* se serait faite sur un seul continent. C'est dans ce cadre que les anthropologues Chris Stringer et Peter Andrews proposèrent en 1988 le *modèle du remplacement rapide* (en anglais : *Out-of-Africa*), selon lequel toutes les populations actuelles d'*Homo sapiens* seraient dérivées d'un seul et unique groupe de Sapiens apparu d'abord en Afrique et qui aurait ensuite quitté sa terre d'origine pour remplacer totalement les autres populations d'hommes archaïques vivant sur tous les autres continents.

En 1989, Günter Bräuer proposa un variant de ce modèle : le *modèle d'assimilation.* Il défendait l'idée qu'au cours de sa dispersion à travers le monde à partir de l'Afrique *Homo sapiens* n'aurait pas remplacé les autres espèces d'humains archaïques habitant hors d'Afrique, mais se serait au contraire hybridé avec eux.

LES LIMITES DE L'ARCHÉOLOGIE ET DE LA PALÉOANTHROPOLOGIE

Même si tous ces modèles concernant nos origines sont fondés sur les restes fossiles retrouvés dans différents endroits de la planète, ou peut-être pour cette raison, il est extrêmement difficile de les départager sur la seule base de l'archéologie ou de la paléoanthropologie : il s'agit d'interprétations différentes des mêmes faits. La recherche en archéologie est certes parvenue à élucider avec succès la diffusion des cultures, mais, pour autant, sa capacité à déterminer si la diffusion d'une culture s'est produite par le mouvement des personnes ou la propagation des idées est plus limitée. La paléoanthropologie, quant à elle, peut nous renseigner sur les mouvements des populations, nous venons de le voir, mais elle est également limitée par les aléas de la conservation des restes fossiles et par les biais induits par le fait que toutes les zones géographiques n'ont pas été fouillées et que par conséquent les données sont lacunaires et ne fournissent pas une image globale.

En revanche, les analyses génétiques aussi bien des populations actuelles que de l'ADN ancien permettent d'établir de façon directe les liens généalogiques entre humains : elles sont ainsi à même de fournir une image à haute résolution des routes migratoires, des événements de métissage entre différents groupes et de l'histoire démographique d'une population. Ce nouvel outil formidablement puissant arrivait à point nommé pour répondre à certaines questions qui restaient insolubles par les moyens classiques.

Les premières réponses sont arrivées vers la fin des années 1980. En effet, à partir de chacun des modèles évoqués ci-dessus, on pouvait faire des prédictions concernant la quantité d'ascendance africaine que l'on détecte dans les populations d'aujourd'hui. Aux deux extrêmes on trouve, d'une part, le modèle en candélabre, qui prédit que les populations de Sapiens hors d'Afrique ne devraient avoir aucune ascendance africaine, tandis que, d'autre part, le modèle du remplacement rapide prédit dans toutes les populations du globe une ascendance à 100 % africaine. Les prédictions des modèles intermédiaires estiment, quant à elles, que « la plupart » du pool génique des populations non africaines est soit d'origine locale dans chaque continent, comme le soutient le modèle multirégional, soit d'origine « essentiellement » africaine, comme le veut le modèle d'assimilation, avec quelques traces d'autres espèces comme par exemple Neandertal en Europe. Or ces prédictions peuvent parfaitement être testées par la génétique. C'est ainsi que la génétique a contribué à élucider l'énigme de nos origines : pour départager enfin ces différents modèles, on peut désormais s'appuyer sur des preuves génétiques.

Homo sapiens *est africain*

Les premières données génétiques sur l'origine de notre espèce vinrent de l'analyse, en 1987, d'une petite molécule, l'ADN mitochondrial (ADNmt), par l'équipe d'Allan Wilson de l'Université de Californie à Berkeley. En analysant la variabilité de l'ADN mitochondrial dans différentes populations du monde, Allan Wilson et ses collègues montrèrent que les populations africaines présentent plus de variabilité – presque le double – que les autres populations réparties sur le globe. Mais, surtout, ils établirent que les racines de ces dernières dans l'arbre phylogénétique se trouvent en Afrique. Ces résultats fournissaient la première preuve génétique soutenant le modèle du replacement rapide.

Pendant la décennie suivante, un plus grand nombre de populations furent étudiées grâce à des analyses de l'ADNmt de plus en plus poussées. Les preuves s'accumulèrent. Elles ne firent que conforter ces premiers résultats : toutes les populations humaines partagent une origine commune en Afrique. Et cette origine serait par ailleurs assez récente, si l'on se fie à l'hypothèse de l'horloge moléculaire. Cette hypothèse stipule que, les mutations s'accumulant à une vitesse constante, on peut utiliser la « quantité » de variabilité génétique comme une mesure du temps. Ainsi, sur la base de la variabilité de l'ADNmt, la date d'apparition de notre espèce se situerait entre 150 000 et 200 000 ans.

Cependant, l'ADNmt ne reflète qu'une partie de notre histoire : celle de nos ancêtres maternels. Il y a de fortes chances que l'arbre phylogénétique déduit d'un seul marqueur, comme l'ADNmt, ne soit pas représentatif du schéma génomique global de l'histoire humaine. Ainsi, pour tester rigoureusement les différents modèles de l'histoire de notre espèce, il faut faire appel à d'autres parties de notre génome. C'est pourquoi, dans les années 1990, on a vu se multiplier les études fondées sur l'analyse du chromosome Y, hérité par la voie paternelle. Les conclusions confirmèrent à nouveau l'origine unique et récente de notre espèce en Afrique. Néanmoins, ces conclusions ne reposaient que sur deux marqueurs génétiques : l'information obtenue est infime par rapport à l'histoire que l'on pourrait extraire à partir de nos génomes entiers… qui font 3 milliards de bases !

Avec l'entrée dans le XXIe siècle, grâce aux progrès technologiques en génomique, les études du génome entier se sont généralisées. Dans les années 2000, ce sont les analyses des puces à ADN (*microarrays* en anglais) qui ont primé. Les puces à ADN permettent d'interroger en une seule réaction d'hybridation la présence de millions de variants génétiques, les *single nucleotide polymorphism* ou SNP évoqués dans le chapitre précédent. Les données des études utilisant des puces à ADN, comme le projet HapMap ou le projet HGDP (Human Genome Diversity Project), ont clairement certifié l'origine africaine de notre espèce. Elles ont également éclairci les liens génétiques entre populations humaines et mis en lumière la structure génétique observable au sein des continents et les niveaux de métissage entre différents groupes.

Les puces à ADN ont une capacité d'analyse de la variabilité génétique des populations humaines à un niveau de résolution bien plus élevé que celle de l'ADNmt ou du chromosome Y. Mais elles présentent également des limitations. Dans la mesure où elles interrogent uniquement les SNP découverts dans un nombre restreint d'individus de quelques populations, elles ne peuvent pas atteindre une vue globale et sans biais de la diversité génétique des populations mondiales, qui serait nécessaire si l'on veut en inférer une image fidèle de leur histoire démographique.

Ces limitations ont été surmontées avec l'arrivée du séquençage à haut débit à des coûts de plus en plus accessibles. Avec ces techniques, on a pu aborder, sans biais, de nombreuses questions sur les origines de notre espèce, l'histoire démographique des populations humaines en termes de divergence de populations, de changement de taille de celles-ci à travers le temps (dus par exemple à des goulets d'étranglement, à des effets fondateurs, à des croisements démographiques, etc.) et de niveaux d'échanges génétiques aussi bien entre les populations humaines qu'entre celles-ci et les hominines déjà disparus.

Que sait-on aujourd'hui sur les origines de l'homme et des modalités de sa dispersion à travers le monde ? Pour le savoir, nous nous appuyons sur des études génomiques intégrant les données provenant, d'une part, des populations modernes – le projet 1 000 Génomes est un exemple iconique –, mais aussi, d'autre part, d'hominines archaïques tels que les néandertaliens et les dénisoviens. Il ressort sans équivoque des données aujourd'hui disponibles que l'homme moderne est apparu en Afrique subsaharienne il y a au moins 200 000 ans. À noter, un détail important : les populations africaines présentent le plus haut niveau de diversité génétique de la planète. En outre, la diversité des populations non africaines diminue au fur et à mesure que l'on s'éloigne de l'Afrique. Ces faits attestent de l'existence de goulets d'étranglement et d'effets fondateurs au cours des migrations de ces populations à travers le globe, selon le modèle dit des « effets fondateurs en série ». Les données de la génomique des populations modernes soutiennent ainsi clairement qu'*Homo sapiens* est africain.

Out-of-Africa : *quand Sapiens sort de l'Afrique*

Les données aussi bien archéologiques que génétiques montrent que Sapiens est né et est demeuré en Afrique pendant au moins 100 000 ans avant de se décider à la quitter. Le consensus, du point de vue de la génétique, est qu'il commence à se disperser à travers le monde pour s'y installer véritablement il y a environ 40 000 à 80 000 ans, et rapidement gagner l'Asie du Sud-Est, l'Australie, l'Europe et l'Asie de l'Est. Les humains auraient ensuite atteint des destinations plus lointaines comme les Amériques il y a environ 15 000 à 35 000 ans, puis les îles lointaines de l'Océanie, où ils se sont installés plus récemment, il y a seulement 1 000 à 4 000 ans. Nous verrons en détail, dans les chapitres suivants, la façon dont s'est déroulé le peuplement des différents continents.

Une question importante reste en suspens : quand et comment les premiers Sapiens ont-ils quitté le continent africain ? En 1994, les anthropologues Marta Lahr et Robert Foley avaient avancé l'hypothèse qu'il y aurait eu des dispersions multiples d'hommes modernes hors d'Afrique pendant le pléistocène. Sur la base de restes fossiles et archéologiques, ils suggéraient que la première dispersion *réussie* hors d'Afrique se serait faite par une route côtière du Sud, partant d'Afrique de l'Est pour suivre les côtes de l'Asie du Sud et atteindre finalement l'Australie, il y a environ 50 000 ans. Arrive la génétique. Les premières données provenant de l'ADN mitochondrial et du chromosome Y, dans les années 2000, ont plutôt pesé dans le sens d'une sortie unique et côtière de l'homme moderne il y a environ 60 000 ans. Cette hypothèse a été renforcée avec l'arrivée des études utilisant des puces à ADN. Cependant, d'autres explications restent en lice et les controverses se poursuivent sur ce sujet. De récentes études portant sur le séquençage du génome complet ont montré que tous les non-Africains contemporains descendent d'une seule et même population ayant quitté l'Afrique il y a moins de 60 000 ans. Certes, les habitants modernes de la Papouasie-Nouvelle-Guinée présentent des traces génomiques d'une dispersion plus ancienne à partir de l'Afrique, il y a environ 120 000 ans, mais ce fait reste à confirmer et, de toute évidence, il n'a contribué que faiblement à la diversité de la plupart des populations eurasiennes d'aujourd'hui.

L'ADN ancien a également fourni des informations précieuses quant à la sortie d'Afrique de notre espèce. Comme nous l'avons vu dans le chapitre précédent, les génomes de tous les individus d'origine non africaine contiennent environ 2 % de matériel génétique d'ascendance néandertalienne, ce qui suggère que le métissage s'est principalement produit peu de temps après sa sortie de l'Afrique, vraisemblablement dans le Moyen-Orient, ce qui est compatible avec un modèle de sortie unique de l'homme hors d'Afrique. Plus généralement, les données de l'ADN ancien ont permis d'affiner les différents modèles proposés pour expliquer les origines de notre espèce. Ainsi, le modèle le plus soutenu par la génomique aujourd'hui est le modèle d'assimilation : notre espèce, née en Afrique, en serait partie pour peupler le reste du monde, et aurait « quasiment » remplacé la totalité des populations locales d'hommes archaïques rencontrés.

La longue et riche histoire du continent africain

Il serait évidemment trompeur et caricaturalement réducteur d'occulter l'histoire africaine d'*Homo sapiens* en ramenant l'Afrique à ce seul fait : elle est le lieu de naissance de notre espèce. En réalité, les populations résidant sur ce continent ont elles-mêmes une histoire démographique extrêmement complexe, et cela dès avant leur dispersion dans le reste du monde. Certes, l'Afrique présente le plus haut niveau de diversité génétique humaine de la planète, mais elle est également caractérisée par une grande diversité linguistique, culturelle et phénotypique. Plus de 2 000 langues différentes sont parlées en Afrique, ce qui représente près d'un tiers des langues du monde. De surcroît, on observe dans les populations africaines un large éventail de modes de subsistance, y compris divers modes d'agriculture, de pastoralisme, de chasse et de cueillette. En outre, ces populations vivent dans des environnements extraordinairement variés : on y trouve le plus grand désert du monde, la deuxième plus grande forêt tropicale humide, mais aussi des savanes, des marais, de hautes terres de montagne, etc. Sapiens a été façonné dans ce monde.

DIFFÉRENTS BERCEAUX POUR *HOMO SAPIENS* ?

Mais, avant de s'intéresser à l'histoire des populations africaines en tant que telle, il faut revenir à la question des origines d'*Homo sapiens*. S'il est indiscutable que l'origine de l'homme se situe en Afrique, il reste beaucoup à découvrir. Et, par exemple, le ou les lieux exacts de notre apparition sur ce vaste continent.

Comme pour l'origine de l'homme en général, différents modèles ont été élaborés pour retracer la genèse de notre espèce *au sein* de l'Afrique et pour déterminer son lieu de naissance : le *modèle multirégional africain*, le *modèle de l'origine unique avec des extinctions locales*, le *modèle de l'origine unique avec persistance locale* et le *modèle de métissage archaïque africain.* À partir de chacun de ces modèles, on peut formuler également des prédictions quant aux attendus morphologiques, génétiques et archéologiques qu'ils entraînent : ces prédictions sont différentes et spécifiques au modèle. Mais on ne dispose toujours pas d'une réponse claire et fiable qui fasse consensus. Soulignons toutefois que l'intégration de données provenant de différentes disciplines conduirait plutôt à penser, en accord avec le *modèle multirégional*, qu'*Homo sapiens* n'a pas une origine géographique unique en Afrique, mais pourrait avoir évolué, dans divers endroits du continent, à partir de formes plus anciennes qui se seraient ensuite métissées entre elles, et avec des hommes archaïques…

DES MÉTISSAGES ANCIENS

Les données génétiques ont apporté ces dernières années de plus en plus de preuves factuelles en faveur de l'idée que les génomes actuels des populations africaines porteraient des traces d'un ancien métissage avec des hommes archaïques, comme on a pu le voir pour les Eurasiens. Contrairement à ce que l'on a longtemps pensé, des traces d'introgression néandertalienne ont été également observées dans certaines populations de l'Afrique subsaharienne : elles témoignent d'un métissage récent de ces dernières avec des populations eurasiennes, qui ont elles-mêmes une ascendance néandertalienne.

Plus surprenant encore, différentes études ont détecté chez les populations africaines d'aujourd'hui du matériel génétique provenant d'un autre hominine. Puisque ce matériel n'est pas d'origine néandertalienne et encore moins dénisovienne, il proviendrait d'un homme archaïque, aujourd'hui disparu, et inconnu de la paléoanthropologie. L'introgression archaïque a été estimée à hauteur de 2 à 8 %, selon la population étudiée et la méthode utilisée, même si le degré de métissage archaïque en Afrique avec cet hominine inconnu reste toujours controversé. Ces observations soulignent toutefois la valeur de l'approche génomique. Même en l'absence de preuves archéologiques ou paléoanthropologiques, notamment en Afrique où les conditions environnementales ne sont pas favorables à une bonne préservation des restes fossiles, elle a permis de « ressusciter » d'anciennes formes humaines aujourd'hui disparues. De nombreuses études sont toujours en cours pour tenter de résoudre cette question épineuse.

HISTOIRE GÉNOMIQUE DES CHASSEURS-CUEILLEURS

Les études génomiques, en s'appuyant aussi bien sur l'ADN des populations modernes que sur de l'ADN ancien, nous ont également apporté de nombreux enseignements sur l'histoire des peuples de l'Afrique. Une des observations les plus surprenantes concerne l'époque très ancienne de la séparation de certains groupes de chasseurs-cueilleurs. Les pratiques agricoles se sont répandues en Afrique avec les migrations dites bantoues, qui seront évoquées plus loin. Après cette expansion de l'agriculture, seules quelques populations ont conservé leur mode de subsistance fondé sur la chasse et la cueillette, à divers degrés. On peut notamment citer les chasseurs-cueilleurs de la forêt d'Afrique centrale (appelés également Pygmées, un nom que nous utiliserons parfois par commodité, en dépit des connotations négatives qui lui sont parfois associées, et dont nous tenons à nous démarquer ici), les populations Khoïsan de l'Afrique australe ainsi que les Hadza et les Sandawe de l'Afrique de l'Est. La séparation la plus ancienne que l'on connaisse, parmi tous les groupes humains vivant sur Terre, est celle qui a séparé des autres populations les Khoïsan. Elle a été récemment estimée, en tenant compte des nouveaux taux de mutation, à environ 260 000 à 350 000 ans ! Ces temps très anciens suggèrent que la séparation des ancêtres des peuples Khoïsan de l'Afrique du Sud est intervenue peu après la naissance d'*Homo sapiens* lui-même. La deuxième séparation la plus ancienne est celle des chasseurs-cueilleurs de la forêt : elle est estimée à environ 135 000 ans, mais les datations sont incertaines, et cette séparation pourrait avoir été proche de celle des Khoïsan.

C'est encore la génétique qui a permis de reconstruire l'extension du territoire d'origine des chasseurs-cueilleurs. Diverses études ont révélé des relations génétiques entre les peuples de chasseurs-cueilleurs Khoïsan de l'Afrique du Sud et les Hadza et les Sandawe de l'Afrique de l'Est. Ces observations ont amené les chercheurs à proposer que, avant les grands changements démographiques survenus en raison de l'introduction de l'agriculture, le territoire des chasseurs-cueilleurs d'aujourd'hui, représenté par les Khoïsan, était bien plus vaste et s'étendait jusqu'en Afrique de l'Est. Cette hypothèse est également soutenue par les données linguistiques, car il y a un point commun notable entre les Khoïsan et certaines populations de l'Afrique de l'Est : l'utilisation de langues à clics.

ÉMERGENCE DE L'AGRICULTURE ET EXPANSION DES LANGUES BANTOUES

Qu'il s'agisse des chasseurs-cueilleurs de la forêt, des Khoïsan ou des Hadza et Sandawe, les populations actuelles de ces groupes ne représentent que des poches rassemblant les survivants à deux événements culturels majeurs de l'histoire de l'Afrique : l'expansion des langues bantoues et l'émergence de l'agriculture. Sur la base de la linguistique et de l'archéologie, nous savons que, il y a quelque 4 000 à 5 000 ans, les peuples de langues bantoues, jusqu'alors chasseurs-cueilleurs vivant dans une région située entre le Cameroun et le Nigeria, ont commencé à maîtriser les pratiques agricoles. Leur langue et leur mode de vie fondé sur l'agriculture, la sédentarité et la maîtrise du fer, se sont progressivement étendus dans toute l'Afrique subsaharienne. Aujourd'hui, bien qu'elles soient réparties sur une superficie de 500 000 kilomètres carrés, la plupart des populations de l'Afrique subsaharienne parlent l'une des 500 langues appartenant à la famille bantoue.

Les preuves archéologiques indiquent que les pratiques agricoles se sont propagées sur de grandes distances suivant un périple qui aurait duré plusieurs millénaires. Mais, jusqu'à peu, une question restait à élucider. Il est difficile en effet, sur la seule base des données archéologiques, de déterminer ce qui se propage effectivement : s'agit-il uniquement des *pratiques* culturelles reliées à l'agriculture – on parle alors de diffusion *culturelle* –, ou bien des populations elles-mêmes, qui pratiquaient l'agriculture, et qui ont migré – on parle alors d'une diffusion *démique* ? Les études génétiques offrent, encore une fois, une opportunité unique pour étudier les effets démographiques de l'agriculture en comparant la variation génétique au sein de populations agricoles avec les groupes de chasseurs-cueilleurs qui ont survécu. Verdict : qu'il s'agisse des premières études fondées sur l'analyse de l'ADN mitochondrial ou du chromosome Y, ou plus récemment des études sur le génome entier, toutes s'accordent sur la grande similarité génétique des groupes de langue bantoue, même s'ils sont géographiquement éloignés, par rapport à des populations locutrices d'autres familles linguistiques. Ainsi, les données génétiques confortent sans équivoque le modèle de diffusion démique des langues bantoues et de l'agriculture, faisant des expansions bantoues le plus grand mouvement populationnel de l'histoire de l'Afrique.

Même s'il n'y a pas de doute sur le fait qu'il y ait eu migration des peuples bantous, la question du chemin migratoire emprunté par ces peuples demeurait cependant en suspens jusqu'à récemment. Une première théorie, dite du *Early split* ou séparation précoce, affirmait que le mouvement s'était scindé en deux dès le départ, quand les Bantous ont quitté leur berceau originel, entre le Cameroun et le Nigeria actuels, en direction de l'est et du sud. L'hypothèse rivale, dite du *Late split* ou séparation tardive, suggérait, elle, que ces peuples avaient d'abord traversé la forêt équatoriale – le Gabon actuel –, avant de se diviser en deux flux migratoires, l'un vers le sud et l'autre vers l'Afrique de l'Est. Là encore, les études génétiques semblent avoir permis de trancher. Les travaux les plus récents, dont ceux dirigés par Étienne Patin (Institut Pasteur/CNRS), révèlent en effet que les populations de langues bantoues de l'est et du sud de l'Afrique sont génétiquement plus semblables aux populations du sud qu'à celles du nord de la forêt équatoriale. Ces données plaident ainsi clairement en faveur du *Late split* : les Bantous auraient d'abord traversé la forêt équatoriale pour ensuite suivre leurs voies migratoires vers l'est et le sud de l'Afrique subsaharienne, où ils auraient rencontré d'autres peuples autochtones de ces régions.

LA DIFFUSION DES PRATIQUES D'ÉLEVAGE : ARCHÉOLOGIE ET GÉNOMIQUE

Les mouvements de populations associés à de nouveaux modes de subsistance et d'alimentation ne se limitent pas aux seules expansions bantoues ou à la diffusion de l'agriculture et à la métallurgie du fer. En effet, les données archéologiques suggèrent également l'introduction en Afrique australe d'une économie d'élevage, de moutons en particulier. Venue d'Afrique de l'Est, cette pratique serait arrivée en Zambie et au Zimbabwe il y a environ 2 000 ans. Cependant, comme pour les extensions bantoues, les artefacts archéologiques ne permettaient pas d'établir si la propagation du pastoralisme était associée à une diffusion démique des populations pastorales ou à une diffusion de la pratique elle-même. Des études génétiques portant à la fois sur des populations actuelles et sur des restes anciens de Khoïkhoï (éleveurs) et de San (chasseurs-cueilleurs) de l'Afrique australe ont détecté une composante génétique mixte est-africaine/eurasienne dans tous les groupes Khoïsan. Il est intéressant de noter que cette composante est présente à des fréquences particulièrement élevées, de l'ordre de 23 à 30 %, chez les pasteurs Khoïkhoï Nama, dont la date de métissage a été estimée à il y a environ 1 300 ans. Conclusion de ces travaux : les pratiques d'élevage ont été amenées en Afrique australe par la migration d'un groupe de gens provenant d'Afrique de l'Est qui se sont ensuite intégrés aux groupes locaux de chasseurs-cueilleurs d'Afrique australe, donnant naissance aux ancêtres des bergers Khoïkhoï d'aujourd'hui.

Les événements de métissage entre groupes d'agriculteurs ou de bergers migrant dans différentes régions d'Afrique et groupes locaux de chasseurs-cueilleurs ont été nombreux – nous consacrerons un chapitre à ce sujet.

MÉTISSAGES EN AFRIQUE DE L'EST

C'est en Afrique de l'Est que la complexité et la richesse démographique, linguistique et culturelle de l'Afrique sont les plus grandes. En effet, l'émergence de l'agriculture dans le continent n'est pas liée uniquement aux expansions bantoues, puisque les pratiques agricoles en Afrique de l'Est semblent s'être développées indépendamment dans la région Sahara/Sahel il y a environ 7 000 ans, et dans les hauts plateaux éthiopiens il y a entre 7 000 et 4 000 ans. Les agriculteurs d'Afrique de l'Est parlent aujourd'hui des langues afro-asiatiques et nilo-sahariennes, et, comme dans les autres régions d'Afrique, les économies fondées sur la chasse et la cueillette ont été presque complètement remplacées. De plus, les données génétiques indiquent que les populations de l'Afrique de l'Est présentent un très haut niveau de métissage avec d'autres populations d'origines variées. La génétique montre en effet que la région a été fortement influencée par diverses migrations. Lors d'un événement migratoire appelé *Back-to-Africa*, des populations provenant du Levant auraient apporté la composante génétique d'origine eurasienne au cours des 3 000 dernières années, tandis que des migrations de fermiers de l'ouest de l'Afrique centrale auraient fourni la composante « bantoue » au cours des 2 500 dernières années.

Très peu de populations ont conservé le pool génétique *autochtone* de l'Afrique de l'Est avant l'arrivée des migrations eurasiennes ou les expansions bantoues, mais les populations de bergers nilotiques du Soudan du Sud, comme les Dinkas, les Nuer et les Shilluk, ou les chasseurs-cueilleurs Hadza de Tanzanie, en sont des représentants. Les données génétiques montrent également qu'il y a eu des échanges culturels et génétiques bidirectionnels est-ouest entre groupes d'éleveurs nomades dans toute la ceinture du Sahel, corridor entre la forêt équatoriale au sud et le désert du Sahara au nord. Cependant, les données génétiques des peuples de l'Afrique de l'Est restent assez parsemées, et un plus grand échantillonnage des populations de cette région nous aiderait à mieux comprendre la complexité de ce territoire clé dans l'histoire de l'homme.

L'AFRIQUE DU NORD, CARREFOUR DE MIGRATIONS

La plupart des études génétiques ont été réalisées sur l'Afrique subsaharienne. L'Afrique du Nord a été largement sous-étudiée ; elle a pourtant une histoire riche, complexe, fascinante. Les populations nord-africaines sont le résultat d'un brassage de migrations en raison de leur situation stratégique. Elles occupent un territoire situé au carrefour de trois continents : il est limité au sud par le désert du Sahara, qui agit comme une barrière avec le reste du continent africain ; il s'ouvre au nord sur le Bassin méditerranéen, qui a facilité le transit des civilisations maritimes depuis l'Europe ; enfin, il est relié au Moyen-Orient par la péninsule arabique et le Sinaï, permettant des migrations constantes par voie terrestre. De plus, les populations nord-africaines sont locutrices de deux langues de la famille afro-asiatique : la langue arabe, introduite dans la région depuis le Moyen-Orient lors de l'expansion de l'islam, et les langues berbères, qui regroupent de nombreuses langues et dialectes. Ajoutons que l'occupation humaine en Afrique du Nord date d'au moins 130 000 à 190 000 ans

– et c'est sans compter la présence au Maroc de l'homme de Djebel Irhoud, aux caractéristiques très proches de celles des hommes modernes, et qui a vécu il y a environ 300 000 ans.

Il ressort des études génétiques quelques enseignements remarquables. Citons notamment les travaux de David Comas de l'Université Pompeu Fabra à Barcelone. Tout d'abord, ils ont mis en évidence le haut niveau de métissage des populations nord-africaines actuelles. En leur sein, des individus de la même origine géographique se trouvent répartis en différents groupes génétiques, sans classification démographique, ethnique ou géographique claire. Des données génétiques provenant des populations d'aujourd'hui, combinées aux informations extraites de l'ADN ancien, montrent que la plupart des populations nord-africaines ont été fortement influencées par une composante provenant du Moyen-Orient, associée aux expansions arabes qui ont eu un impact important à l'est de l'Afrique du Nord, et une composante maghrébine, qui représenterait l'ascendance autochtone de la région et que l'on retrouve à des fréquences élevées à l'ouest de l'Afrique du Nord.

Dans une moindre mesure, les données génétiques ont révélé une influence récente de l'Afrique subsaharienne en Afrique du Nord, surtout dans la partie ouest. On l'a associée au trafic d'esclaves dans la région durant la période de la Rome antique. On relève aussi des traces de métissage avec des populations européennes. Quant aux Berbères, considérées comme les peuples autochtones de la région, la génétique montre qu'il s'agit de groupes également très hétérogènes. Ils ont eux aussi traversé une importante période de métissages – d'intensité très variable selon les groupes concernés –, notamment à la suite de l'arabisation de l'Afrique du Nord, ce qui a entraîné une forte dilution de leur patrimoine génétique commun.

Une Europe hautement métissée

S'il existe un continent qu'on a étudié sous tous les angles – et la génétique ne fait pas exception –, c'est bien l'Europe. Archéologues, paléoanthropologues et généticiens ont scruté l'histoire des populations humaines européennes de manière bien plus approfondie que sur tout autre continent. D'après les données archéologiques, les premiers hommes anatomiquement modernes en Europe datent d'au moins 42 000 à 45 000 ans. Pendant cette période, ils se seraient fortement métissés avec l'homme de Neandertal. De toute évidence, ces premiers Européens ont laissé très peu de traces génétiques dans les populations actuelles. Les données génomiques les plus anciennes d'un humain moderne en Europe proviennent de l'individu Oase 1, découvert dans ce qui est aujourd'hui la Roumanie. Il est vieux de 37 600 à 41 600 ans et avait eu un ancêtre néandertalien direct au cours des quatre à six dernières générations.

QUATRE GRANDES ÉTAPES DE PEUPLEMENT

En recoupant les informations provenant de différentes disciplines, concernant les mouvements de populations, on peut diviser l'histoire de l'Europe en quatre grandes étapes. La première correspond à la colonisation initiale du continent à partir du Moyen-Orient, il y a environ 45 000 ans. La deuxième couvre la phase de recolonisation de l'Europe après la dernière période glaciaire, cette dernière ayant eu lieu il y a environ 26 000 à 15 000 ans et entraînant un fort dépeuplement au profit de plusieurs refuges méridionaux où les conditions climatiques étaient bien plus favorables, comme la région franco-cantabrienne – entre la France et l'Espagne actuelles –, ou les alentours de la mer Noire. Les populations de chasseurs-cueilleurs se sont ensuite étendues à travers l'Europe à partir de ces refuges à la fin de la période glaciaire. La troisième étape découle de l'arrivée de la culture agricole en Europe. En effet, il y a environ 11 000 ans, un nouveau mode de vie fondé sur l'élevage, l'agriculture et le sédentarisme – caractéristique de la période néolithique – a commencé à se développer dans plusieurs régions du Croissant fertile. À partir de cette région, et plus probablement de l'Anatolie, la culture fermière s'est étendue à l'Europe pour atteindre la péninsule Ibérique, la Scandinavie et les îles Britanniques autour des 8 000 à 6 000 dernières années. Enfin, le dernier grand mouvement de populations qui ait laissé une empreinte profonde sur l'histoire de l'Europe concerne les migrations provenant de l'est à la fin de la période néolithique et au début de l'âge du bronze. On attribue cette migration aux éleveurs de la steppe pontique-caspienne, appartenant à la culture Yamna : ils se seraient déplacés vers l'Europe il y a environ 4 500 ans et auraient répandu les langues indo-européennes parlées aujourd'hui en Europe, mais le sujet reste débattu.

Toutefois, plusieurs questions sont restées longtemps en suspens et certaines font toujours l'objet de recherches approfondies. Quelle est la contribution relative de ces différentes migrations au patrimoine génétique actuel des Européens ? Y a-t-il eu des régions plus affectées que d'autres par ces mouvements migratoires ? L'arrivée de la culture agricole en Europe a-t-elle été le résultat d'une transmission culturelle des techniques ou plutôt d'un véritable mouvement de populations ? Comme nous l'avons vu dans le chapitre précédent, nous pouvons désormais tester ces hypothèses en analysant la variabilité génétique des populations d'aujourd'hui. Que révèlent ces études ? En se fondant sur les données obtenues à partir des marqueurs dits classiques, mais aussi à partir du chromosome Y, on a observé d'abord la présence de gradients de fréquences en direction sud-est vers le nord-ouest. Dans un premier temps, on a interprété cette observation comme une corroboration du modèle de diffusion démique de l'agriculture au cours du néolithique – c'est en particulier la position depuis longtemps tenue par l'école de Luca Cavalli-Sforza. Néanmoins, d'autres mouvements de populations dans la même direction mais qui se seraient produits à d'autres périodes auraient pu laisser des traces génétiques similaires, et, en outre, des études de simulations montrent que, même en l'absence de toute migration, de tels gradients de fréquences peuvent également être obtenus.

UN MÉTISSAGE TRIPARTITE

Diffusion démique ou diffusion culturelle de l'agriculture en Europe ? C'est l'ADN ancien qui a définitivement mis fin à la controverse. Au cours de la dernière décennie, et en particulier des cinq dernières années, les études sur l'ADN ancien en Europe se sont multipliées. Elles ont montré que les populations actuelles de l'Europe sont le résultat d'un fort métissage entre trois composantes génétiques qu'on associe à des ascendances différentes : les chasseurs-cueilleurs de l'ouest de l'Europe au mésolithique, les peuples fermiers provenant de l'Anatolie au néolithique et les migrations provenant des steppes de l'Asie centrale, associées à la culture Yamna. Ces composantes sont en proportion très variables selon la région géographique étudiée. Ainsi, les analyses de l'ADN datant de différentes époques, du mésolithique à nos jours, montrent que la composante génétique « chasseur-cueilleur » a commencé à être fortement diluée par l'arrivée des fermiers du Levant et l'assimilation des chasseurs-cueilleurs locaux, il y a environ 8 500 ans. Ces résultats constituent une démonstration formelle que le mode de vie néolithique s'est répandu à travers l'Europe par la migration des personnes, comme l'avait prédit Cavalli-Sforza, plutôt que par la diffusion des techniques. Le mode de vie néolithique semble avoir également contribué à augmenter la taille des populations, comme le suggèrent les estimations de la taille effective des populations qui ont été générées à partir de données génomiques.

C'est encore la génétique qui nous a permis d'établir que les migrants néolithiques anatoliens n'ont pas complètement remplacé les populations de chasseurs-cueilleurs. Il y a environ 4 500 ans, presque toutes les populations européennes étaient déjà métissées et possédaient les deux composantes génétiques, avec 10 à 25 % d'ascendance provenant de chasseurs-cueilleurs de l'Ouest. Aujourd'hui, la composante « chasseurs-cueilleurs » reste la moins représentée. C'est dans les populations du nord de l'Europe que sa fréquence est la plus élevée. Concernant la composante génétique attribuable aux fermiers du Moyen-Orient, les fréquences les plus élevées sont retrouvées dans les populations de l'Europe méridionale, chez les Sardes par exemple, tandis que les plus faibles sont observées parmi les populations du nord de l'Europe.

Enfin, c'est grâce aux études de l'ADN ancien que l'on a pu décrire l'influence massive sur le patrimoine génétique des Européens des migrations venant des steppes de l'Asie centrale affiliées à la culture Yamna durant l'âge du bronze. Ces éleveurs de l'Est étaient eux-mêmes des descendants de divers groupes de chasseurs-cueilleurs de l'est de l'Europe et de la région du Caucase. Les données génomiques indiquent que la composante provenant des steppes était déjà présente en Europe méridionale il y a 6 000 ans, en Europe du Nord il y a 5 000 ans et en Europe centrale il y a environ 4 500 ans. L'ascendance des steppes est aujourd'hui fréquente chez les Européens du Centre et du Nord, mais faible dans les populations du Sud.

CARTE GÉOGRAPHIQUE, CARTE GÉNÉTIQUE

Au cours des 10 000 dernières années, l'Europe a ainsi été le cadre de divers événements migratoires suivis d'un fort brassage. Ce qui fait des Européens d'aujourd'hui des populations hautement métissées, porteuses de matériel génétique emprunté à différents groupes de migrants – et auquel il faut également ajouter… la composante néandertalienne ! Tous ces événements ont conduit à la distribution de la variabilité génétique que nous observons chez les Européens d'aujourd'hui, et qui suit un modèle d'isolement par la distance : l'éloignement géographique et la distance génétique sont corrélés, et, à l'inverse, plus deux populations sont proches géographiquement, plus elles seront semblables d'un point de vue génétique. Autrement dit, la diversité génétique européenne actuelle est indissociable de la géographie et montre un gradient de diversité décroissante au fur et à mesure que l'on s'approche des latitudes nordiques.

Dans une étude de 2008, John Novembre, qui travaillait à l'époque à l'Université de Californie à Los Angeles, a montré que, avec la génétique, l'on peut prédire l'origine géographique d'un individu avec une précision comprise entre 500 et 800 kilomètres. La corrélation entre diversité génétique et géographie est telle, en Europe, qu'elle peut être même détectée à l'échelle de petites zones géographiques comme la Suisse, la Finlande, l'Islande ou la Grande-Bretagne.

DE L'ANGLETERRE À LA FRANCE : FRONTIÈRES, BRASSAGES ET ISOLEMENT EN EUROPE

Ce couplage très marqué de la géographie et de la génétique chez les populations européennes d'aujourd'hui permet également de reconstruire le passé migratoire d'une région ou d'un pays en particulier. Par exemple, une étude sur les génomes de plus de 2 000 individus du Royaume-Uni, publiée dans la revue *Nature* en 2015, a montré que la contribution génétique des migrations anglo-saxonnes aux populations actuelles du sud-est de l'Angleterre est inférieure à 50 %. Elle a également formulé l'hypothèse qu'il y aurait eu des mouvements de populations de l'Europe continentale vers l'Angleterre du Sud-Est entre la fin du mésolithique et le début de la période romaine, et suggéré qu'il devait se trouver dans les régions non saxonnes du Royaume-Uni des sous-groupes génétiquement différenciés plutôt qu'une population de base d'origine celtique.

La France est longtemps restée aux abonnés absents dans les études de diversité génétique, mais elle a finalement fait l'objet d'une attention particulière à l'occasion d'une étude récente. En 2020, l'équipe de Christian Dina de l'université de Nantes a analysé les profils génétiques de plus de 2 100 Français de différentes régions de l'Hexagone. Il en ressort que la diversité génétique française suit également un modèle d'isolement par la distance. Cependant, on observe différentes composantes génétiques dont les proportions varient fortement au niveau de certaines barrières géographiques. Par exemple, une division génétique claire sépare les populations du nord de la France de celles du Sud, avec une ligne de rupture génétique située le long de la Loire, qui a longtemps été une frontière politique et culturelle entre les royaumes ou comtés du Nord et du Sud. De la même façon, mais dans une moindre mesure, la Garonne et l'Adour ont participé à la différenciation des populations de chaque côté de ces fleuves, jouant de ce fait un rôle important de barrière empêchant le brassage des populations. Dans l'ensemble, les régions qui montrent la différenciation génétique la plus forte sont l'Aquitaine et la Bretagne. Ce constat est cohérent avec l'histoire culturelle et politique de ces territoires, qui a conduit à un isolement plus marqué de leurs populations par rapport aux autres. Toutefois, il faut souligner que, même si les frontières historiques, culturelles et politiques semblent avoir façonné la structure génétique de la France moderne, sa population historique reste, en tout cas d'un point de vue génétique, assez homogène.

La différenciation entre populations est toujours une valeur relative et dépend surtout de l'échelle des phénomènes considérés. Certes, les populations de l'Aquitaine et de la Bretagne sont les plus « différenciées » par rapport aux populations d'autres régions françaises, mais l'ampleur de ces différences doit être considérée dans un cadre plus large : replacées dans leur contexte, elles n'apparaissent plus que comme des nuances mineures. L'un des objectifs des généticiens de populations est justement d'aller chercher ces différences et d'en évaluer la pertinence, afin de les utiliser pour reconstruire l'histoire d'un peuple ou d'une région géographique. En utilisant les bons moyens et le niveau de résolution requis, on pourrait même voir des différences entre Montpellier et Toulouse, si on le voulait ! Mais, là non plus, il ne s'agit pas d'une logique comptable ou « notariale » car toutes les différences ne sont pas significatives : tout dépend de l'échelle à laquelle on se place et de l'intérêt scientifique de la question.

En suivant le même raisonnement dans le cadre de la différenciation européenne, on s'aperçoit que certaines populations sortent du lot. En effet, on observe plusieurs écarts notables par rapport au modèle général d'isolement par la distance. Les Finnois, les Sardes, les Basques ou les Juifs ashkénazes en sont de bons exemples : leur histoire démographique, géographique ou culturelle a conduit à une différenciation génétique plus importante… *relativement aux autres populations*. La non-différenciation génétique de certaines populations par rapport à leurs voisins peut également être un fait significatif. Par exemple, les Hongrois, bien que parlant une langue finno-ougrienne, ressemblent génétiquement à leurs voisins géographiques de langue indo-européenne. Cette observation met en lumière un cas de remplacement linguistique qui n'a pas été suivi d'un remplacement génétique. C'est un phénomène que l'on nomme « dominance d'élite » : quelques individus constituant une élite, souvent venus d'ailleurs, imposent une nouvelle langue mais ne se mélangent pas avec la population locale.

Les « Asies » : terres de contrastes et de rencontres

L'Asie recèle une riche diversité culturelle et linguistique ; malheureusement, la structure génétique des populations à travers le continent reste l'une des moins étudiées. Qui plus est, le continent asiatique est tellement vaste, on y trouve tant de barrières géographiques, d'entités culturelles fortement différenciées et une telle variété de conditions environnementales qu'il est difficile de résumer l'histoire du peuplement de l'Asie. Il se compose en effet de plusieurs peuplements indépendants, complexes et très différents. Tout d'abord, les études génétiques plaidaient pour une seule migration côtière *via* le sud de l'Asie il y a environ 60 000-70 000 ans : elle serait à l'origine du peuplement initial de l'Asie du Sud-Est et de l'Est, suivie d'expansions vers le nord autour du plateau tibétain. Cependant, des chercheurs ont observé que les populations d'origine papoue porteraient des signatures, à hauteur de 2 % de leur génome, attribuées à la première sortie d'Afrique *via* le Moyen-Orient il y a environ 120 000 ans. Cette sortie, comme nous l'avons vu, a été une impasse et aurait très peu contribué à la diversité génétique des populations actuelles hors d'Afrique. La migration côtière, quant à elle, aurait suivi les côtes de la péninsule arabique du golfe Persique et de l'Inde pour très vite regagner, il y a environ 58 000 ans, le Sud-Est asiatique et Sahul – le nom donné au plateau continental dont les parties émergées depuis 10 000 ans sont l'Australie, la Tasmanie et la Nouvelle-Guinée. Les études portant sur les populations d'Asie du Sud-Est et de l'Est ont également mis en évidence une forte corrélation entre la diversité génétique et la latitude, ce qui a été interprété comme le résultat d'une série d'effets fondateurs à mesure que les populations humaines se sont déplacées du sud-est vers le nord de l'Asie.

Par ailleurs, les ancêtres des Eurasiens ont divergé des populations de l'Asie du Sud-Est et de Sahul il y a environ 57 000 ans, pour ensuite diverger une nouvelle fois il y a environ 42 000 ans, donnant naissance aux Eurasiens de l'Ouest – les Européens en font partie – et de l'Est. Ainsi, les données génétiques plaident pour une seule sortie d'Afrique « réussie » vers l'Eurasie, en un mouvement qui se serait ensuite scindé en deux grandes vagues de colonisation de l'Asie ; l'une vers le sud et l'autre vers le nord.

L'histoire des populations de l'Asie continentale, d'un point de vue aussi bien culturel que géographique, linguistique et archéologique, peut se diviser en plusieurs « Asies », chacune correspondant à des entités ou composantes génétiques assez différenciés. Malgré la rareté des études globales sur les populations habitant aujourd'hui le continent asiatique, les données génétiques montrent que l'on peut diviser les populations asiatiques en plusieurs grands groupes génétiques qui correspondent, à quelques exceptions près, aux familles linguistiques de la région : les langues altaïques, sino-tibétaines/taï-kadaï, hmong-mien, austro-asiatiques, indo-européennes et austronésiennes, entre autres.

Il y a des exceptions : elles concernent des composantes génétiques associées à des populations isolées ou avec des histoires démographiques particulières, comme c'est le cas des Mlabri de la Thaïlande et du Laos, un groupe de chasseurs-cueilleurs nomades dont on dénombre aujourd'hui à peine 200 individus, ou des Négritos (de l'espagnol « petit noir ») des Philippines, de la Malaisie ou de l'Inde, populations de petite taille et à la peau foncée. Une étude récente, portant sur le séquençage des génomes de plus de 1 700 individus provenant de 219 populations d'Asie, a établi que les différents groupes classés sous le terme de Négritos sont génétiquement plus proches de leurs voisins géographiques, qu'ils se trouvent aux Philippines, en Malaisie ou en Inde, que d'autres groupes de Négritos. Cela suggère que les traits phénotypiques qui les caractérisent, comme la peau foncée ou la petite taille, seraient le résultat d'une adaptation à leur environnement et à leur mode de vie plutôt que l'indicateur d'une origine commune.

CE QUE LES GÈNES RÉVÈLENT DE L'HISTOIRE DE L'ASIE

Comme pour l'histoire de l'Europe, plusieurs travaux génomiques portant sur des restes fossiles nous ont renseignés sur le peuplement de l'Asie et sur les relations entre les populations résidant sur ce continent. Par exemple, le séquençage du génome d'un individu daté de 24 000 ans découvert sur le site de Mal'ta, près du lac Baïkal, dans le sud de la Sibérie, a révélé des affinités génétiques étonnamment fortes avec les populations de l'ouest de l'Eurasie et les Amérindiens, plutôt qu'avec les Asiatiques de l'Est ou les Sibériens d'aujourd'hui, ce qui élargit à l'Asie du Nord le pool génétique des anciens Européens. Nous retrouvons aujourd'hui les caractéristiques génétiques de l'ancienne population Mal'ta à hauteur de 10-20 % chez les Européens et de 30-40 % chez les Amérindiens. Des études ultérieures ont démontré que les Mal'ta se sont divisés il y a environ 15 000 ans en deux grands groupes : les chasseurs-cueilleurs d'Europe à l'ouest et les populations d'Asie du Nord à l'est. Il y aurait donc une continuité génétique en Asie du Nord depuis le paléolithique supérieur jusqu'à l'âge du bronze, il y a environ 5 000 ans.

L'EFFET DES MIGRATIONS : REMPLACEMENT *VERSUS* CONTINUITÉ GÉNÉTIQUE

À partir de l'âge du bronze, des événements migratoires et de métissage qui ont eu lieu en Asie centrale et en Sibérie auraient conduit au remplacement et à la disparition de cette ancienne composante de l'Asie du Nord par des migrations venant de l'ouest. Il pourrait s'agir des migrations associées à la culture Yamna, qui s'est également déplacée vers l'Europe au même moment, et des migrations venant de l'est, comme celles reliées à la culture néolithique en Asie. Ainsi, les populations auxquelles auraient appartenu les Mal'ta ainsi que l'homme d'Ust'-Ishim, retrouvé également en Sibérie et datant de 45 000 ans, auraient laissé peu de traces génétiques visibles dans les populations eurasiennes d'aujourd'hui. Ces faits soulignent l'importance des remplacements des populations au cours de l'histoire de l'homme.

Par contraste, il faut signaler aussi les cas de continuité génétique : on a des exemples de groupes d'individus anciens qui ont contribué à la diversité génétique actuelle des populations humaines. C'est le cas de l'homme de la grotte de Tianyuan en Chine. Il est vieux de 40 000 ans, et son génome a été séquencé en 2017. Son patrimoine génétique est plus proche de celui des Asiatiques de l'Est et du Sud-Est que de celui des Européens, aussi bien anciens qu'actuels, ce qui révèle une continuité génétique en Asie de l'Est dans les 40 000 dernières années. Autre point à noter : le génome de l'homme de Tianyuan est proche de la variabilité génétique de certaines populations d'Amérindiens de l'Amérique du Sud, suggérant que la colonisation des Amériques s'est faite à partir de différentes populations ancestrales provenant d'Asie, elles-mêmes déjà différenciées. À la différence du continent européen où ces événements sont rares, on trouve en Asie d'autres exemples de continuité populationnelle jusqu'à nos jours. En témoigne le séquençage des génomes d'individus ayant vécu au Tibet, en Corée du Nord ou au Japon il y a entre 1 000 et 7 000 ans : ils se révèlent très proches des populations habitant ces régions aujourd'hui.

PALÉOGÉNOMIQUE ET HISTOIRE DE L'ASIE DE L'EST ET DU SUD-EST

Au cours de ces toutes dernières années, plusieurs études de l'ADN ancien d'individus ayant vécu en Asie de l'Est et du Sud-Est ont fourni des informations précieuses sur l'histoire du peuplement de ces régions. Par exemple, elles ont montré que, au début du néolithique, les populations du nord et du sud de la Chine actuelle étaient plus clairement différenciées génétiquement qu'elles ne le sont aujourd'hui. Cela a été interprété comme une preuve que, au cours du néolithique, des populations du nord, probablement cultivatrices du millet, auraient migré vers le sud de la Chine, où c'est le riz qui était cultivé, et se seraient métissées avec les habitants de cette région. Les données génétiques suggèrent également que les populations de langues austronésiennes, qu'on retrouve aujourd'hui de Taïwan à la Polynésie en passant par l'Indonésie, seraient originaires de la côte Sud-Est de l'Asie de l'Est continentale, au vu de leurs similitudes génétiques avec les restes fossiles datant du néolithique originaires de cette région.

Quant à l'Asie du Sud-Est, les données paléogénomiques dévoilent que les populations actuelles de cette région sont issues du métissage de plusieurs populations ancestrales : les Hoabinhiens continentaux, premiers habitants de la région, apparentés aux populations actuelles des îles Andamans (Onge, Jarawa) et aux Jahai, chasseurs-cueilleurs de Malaisie ; les populations originaires du sud de la Chine actuelle, qui auraient introduit l'agriculture dans la péninsule asiatique il y a environ 4 000 ans (la culture du riz en particulier) ; les populations de langues austro-asiatiques, qui descendraient du métissage au néolithique entre Hoabinhiens et premiers agriculteurs venant du nord ; les populations de langues kra-dai et austronésiennes, dont les expansions auraient introduit, il y a environ 2 000 ans, un nouvel influx d'ascendance génétique d'Asie de l'Est, en Asie du Sud-Est continentale et insulaire, respectivement.

LA COMPLEXITÉ DE L'ASIE CENTRALE

Une partie de l'Asie a été relativement bien étudiée du point de vue aussi bien de la génétique des populations d'aujourd'hui que de l'ADN ancien : c'est l'Asie centrale *lato sensu* – la vaste région délimitée à l'ouest par la mer Caspienne, à l'est par la Mongolie et la Chine, au sud par l'Iran et l'Afghanistan et au nord par la Russie. Cette région inclut deux aires géographiques souvent étudiées séparément, mais partageant une histoire et une culture communes : d'une part l'Asie centrale *stricto sensu*, aussi appelée Turkestan et correspondant aux républiques du Kazakhstan, du Kirghizstan, du Tadjikistan, du Turkménistan et de l'Ouzbékistan, et d'autre part l'Asie du Nord qui inclut la Mongolie occidentale, une partie de la Russie – la Sibérie méridionale – et la région la plus occidentale de la Chine, la république autonome ouïghoure du Xinjiang. Cette Asie présente aussi une riche variété d'environnements naturels, des steppes du centre de l'Eurasie aux forêts boréales (taïgas) du Nord et à la toundra à la périphérie de l'océan Arctique.

Une étude génétique menée en 2019 sur des populations habitant dans le couloir migratoire constitué de pays aussi divers que l'Arménie, la Géorgie, le Kazakhstan, la Moldavie, la Mongolie, la Russie, le Tadjikistan, l'Ukraine ou l'Ouzbékistan a montré que ces populations sont structurées en trois grands groupes génétiques associés à la géographie et à l'affiliation linguistique. En ce qui concerne la géographie, ces groupes reflètent les différentes écorégions de l'Asie intérieure, c'est-à-dire les forêts boréales et la toundra, les steppes boisées et les steppes arbustives, alors que, concernant les langues, ils correspondent aux langues ouraliennes et aux langues turciques du Nord et du Sud. Toutefois, certaines populations échappent à cette tendance générale, ce qui souligne l'importance du métissage récent et des mouvements ultérieurs de populations, qui ont effacé la continuité génétique attendue pour certains de ces groupes. Par exemple, une étude portant sur des individus ayant vécu dans les steppes de l'Asie centrale dans les 4 000 dernières années a montré que différents événements migratoires ont transformé le paysage génétique des steppes eurasiennes après l'âge du bronze. D'abord occupées par des populations provenant de l'Ouest et locutrices des langues indo-européennes, elles sont passées aux groupes majoritairement turcophones d'aujourd'hui, qui sont principalement d'origine est-asiatique.

L'ASIE DU SUD ET LE GRADIENT INDIEN

Concernant l'Asie du Sud, les données provenant de l'ADN ancien sont malheureusement rares, notamment en raison de la mauvaise préservation de l'ADN des restes fossiles du fait des conditions climatiques particulières de cette région. Néanmoins, le peuplement du sous-continent indien a fait l'objet d'une attention toute particulière. Il en ressort que, de façon surprenante, le *modus operandi* de son peuplement ressemble à celui de l'Europe quant à sa composition tripartite. En effet, les populations indiennes d'aujourd'hui sont le résultat du métissage de trois composantes génétiques attribuées à trois peuples ancestraux. L'Asie du Sud était habitée par des groupes de chasseurs-cueilleurs qui s'y étaient installés il y a environ 50 000 ans, avant l'arrivée de l'agriculture et juste après la sortie d'Afrique d'*Homo sapiens*. Par la suite, des épisodes de métissage entre les premiers agriculteurs venus des montagnes du Zagros (dans l'Iran actuel) et des groupes de chasseurs-cueilleurs aussi bien locaux que provenant de la Sibérie occidentale ont conduit à la formation d'une nouvelle population, qui fut à la base de la civilisation de la vallée de l'Indus, il y a environ 5 400 à 3 700 ans. Après le déclin de la civilisation de l'Indus il y a environ 3 500 ans, cette population, déjà issue d'un grand brassage génétique, s'est métissée encore davantage : d'une part avec les chasseurs-cueilleurs locaux, engendrant la population ancestrale du sud de l'Inde parlant les langues dravidiennes, et d'autre part avec des peuples venus de la steppe eurasienne locuteurs de langues indo-européennes, constituant la population ancestrale du nord de l'Inde.

Les proportions de ces deux composantes génétiques ancestrales varient dans l'Inde d'aujourd'hui sous la forme d'un gradient nord-sud, le *gradient indien*, avec au nord des proportions plus importantes d'origine steppique et au sud des origines affiliées davantage aux chasseurs-cueilleurs locaux. Les peuples qui portent la composante ancestrale du Nord aux fréquences les plus fortes sont les populations locutrices des langues indo-européennes ainsi que les castes les plus élevées, comme les Brahmanes, tandis que la composante ancestrale du Sud se trouve représentée plus fréquemment dans les peuples de langues dravidiennes au sud de l'Inde, et tout particulièrement chez les chasseurs-cueilleurs Onges des îles Andaman – les plus proches représentants vivants de cette composante génétique ancienne.

Océanie : la dernière frontière

Le long périple des migrations humaines ne s'arrête pas en Asie. Il se poursuit rapidement, gagnant les terres insulaires de l'Océanie. D'un point de vue géographique et culturel, le Pacifique Sud a été historiquement divisé en plusieurs régions qui doivent leur nom à l'explorateur français Jules Dumont d'Urville, qui sillonna le Pacifique lors de deux voyages en 1820. Il baptisa la Mélanésie (les « îles noires »), la Micronésie (les « petites îles ») et la Polynésie (les « îles multiples ») – les définitions sont assez imprécises, mais les noms sont restés. On obtient une division plus pertinente du Pacifique en s'appuyant sur la chronologie du peuplement de la région et en séparant l'Océanie proche, peuplée il y a plus de 40 000 ans, de l'Océanie lointaine, qui n'a été occupée qu'à partir des trois mille dernières années.

Le peuplement de l'Océanie réunit ainsi deux extrêmes : point final de la première migration humaine hors d'Afrique, elle est aussi le point d'arrivée des dernières migrations vers des territoires jusqu'alors inoccupés par l'homme – rappelons que le peuplement de la Nouvelle-Zélande n'a commencé qu'il y a tout juste 730 ans. En effet, selon les données archéologiques, Sahul a connu une occupation humaine il y a entre 60 000 et 40 000 ans. Quant à l'archipel de Bismarck et aux îles Salomon, qui forment aujourd'hui l'Océanie proche avec la Nouvelle-Guinée, on y trouve des traces d'occupation il y a entre 30 000 et 40 000 ans. Les descendants de cette première vague de peuplement sont des communautés locutrices des langues papoues vivant aujourd'hui en Nouvelle-Guinée et dans certaines îles du Bismarck et des îles Salomon. Au pléistocène, l'homme n'ira pas au-delà du peuplement de l'Australie et de l'Océanie proche : il faudra attendre environ 35 000 ans pour qu'il atteigne le reste du Pacifique.

AUSTRALIENS ET PAPOUS

Des données fondées sur des génomes complets indiquent que les populations actuelles d'Aborigènes australiens et de Papous descendent d'une seule et unique population sortant d'Afrique, qui aurait divergé des populations eurasiennes il y a environ 60 000 ans. Australiens et Papous se seraient ensuite séparés il y a 25 000 à 40 000 ans, ce qui témoigne d'une structure et d'un isolement génétique anciens précédant la montée du niveau de la mer et l'immersion de Sahul il y a 10 000 ans. Les données génétiques montrent également que les différents groupes d'Aborigènes australiens sont très différenciés entre eux, et que leur séparation en plusieurs groupes distincts date des derniers 32 000 à 10 000 ans, période qui coïncide avec des changements environnementaux liés à la désertification.

NAVIGUER SANS CARTE NI BOUSSOLE DANS LES MERS DU SUD

Le peuplement du Pacifique présente une singularité remarquable. Il a en effet impliqué les premières grandes traversées maritimes de l'histoire de l'homme. Même si, au pléistocène, le niveau de la mer était inférieur de plus de 100 mètres à son niveau d'aujourd'hui, Sahul n'était pas connecté à la masse continentale asiatique (appelée Sunda), qui englobait à l'époque les îles actuelles de Sumatra, de Java et de Bornéo. Mais les hommes d'alors ne se sont pas lancés à l'aveugle : ils pouvaient apercevoir les terres à l'horizon. De fait, il est probable que, pour ceux qui ont tenté ces traversées, les terres à atteindre auraient été pour la plupart visibles depuis une distance d'environ 70 kilomètres. En revanche, le peuplement du reste du Pacifique – ce qu'on appelle l'Océanie lointaine, qui inclut les îles Santa Cruz, les Vanuatu, la Nouvelle-Calédonie, les Fidji, la Micronésie et la Polynésie – a sans doute impliqué des traversées allant d'au moins 400 kilomètres jusqu'à des milliers de kilomètres en haute mer pour certaines îles plus lointaines. Une tout autre aventure, impossible sans des techniques de navigation bien plus sophistiquées.

À la différence de l'Océanie proche, l'Océanie lointaine n'a été peuplée que dans les derniers 3 500 ans, ce qui représente l'expansion la plus récente de l'homme vers des territoires inhabités. Cette expansion aurait commencé il y a 5 000 ans, probablement à Taïwan selon les données linguistiques, et se serait poursuivie à travers les Philippines et l'Indonésie, pour rejoindre les terres déjà habitées de l'Océanie proche et atteindre enfin l'Océanie lointaine il y a environ 3 200 ans. Sur le plan linguistique et archéologique, le peuplement de l'Océanie lointaine a été associé à l'expansion des langues austronésiennes, au développement de la culture du riz et au complexe culturel Lapita, caractérisé par la production de certaines poteries apparues pour la première fois dans l'archipel de Bismarck il y a environ 3 300 ans. La culture Lapita aurait ensuite rapidement regagné les îles Tonga et Samoa il y a environ 2 900 ans, dans la partie occidentale du triangle polynésien formé par Hawaii au nord, la Nouvelle-Zélande au sud-ouest et l'île de Pâques au sud-est. La Polynésie centrale et orientale sera peuplée dans une vague plus tardive, séparée de la première d'environ 1 500 ans. Les premières dates connues pour le peuplement de la Polynésie centrale se situent autour d'il y a 1 200 ans pour les îles de la Société, alors que les dernières terres à avoir été peuplées au monde sont l'île de Pâques (Rapa Nui) et la Nouvelle-Zélande (Aotearoa) il y a juste 700 ans.

UN PUZZLE COMPLEXE DE MIGRATIONS ET DE MÉTISSAGES

Sur le plan génétique, les populations habitant aujourd'hui dans le Pacifique Sud sont, pour la plupart d'entre elles, le résultat du métissage entre les deux composantes associées aux deux vagues de peuplement du Pacifique – la composante « papoue » et la composante « austronésienne ». Les proportions de ces deux composantes génétiques varient considérablement d'une population à l'autre : tandis que dans l'Océanie proche la composante austronésienne est d'environ 20 %, dans l'Océanie lointaine et tout particulièrement en Polynésie, cette composante atteint 80 %. Toutefois, les données génomiques provenant aussi bien des populations modernes que de l'ADN ancien ont également dévoilé que la région du Pacifique Sud a été un important corridor pour les migrations humaines et que son peuplement est bien plus complexe que ce que laissaient prévoir les deux vagues de migrations.

Des travaux menés en 2018 par l'équipe de Mark Stoneking, de l'Institut Max-Planck de Leipzig en Allemagne, ont analysé les profils génétiques de plus de 50 populations de l'Océanie proche et lointaine, et ont montré que la dispersion des populations de l'Océanie proche vers l'Océanie lointaine s'est déroulée à la manière d'un saute-mouton, contournant par exemple complètement la chaîne principale des îles Salomon. Ainsi, certaines populations montreraient une composante papoue bien plus importante qu'attendu, comme les habitants des îles Santa Cruz par exemple. Cela suggère l'existence de différentes vagues de migrations séparées dans le temps, qui auraient affecté différemment les îles du Pacifique.

La complexité du peuplement de l'Océanie est clairement étayée par des données obtenues à partir de l'ADN ancien retrouvé aux îles Vanuatu et Tonga. On a séquencé les génomes d'individus ayant vécu à différentes époques allant du début de la période Lapita, il y a 3 000 ans, jusqu'à nos jours. Il en ressort que les individus de la période Lapita étaient presque exclusivement d'origine asiatique et proches des Taïwanais actuels, ce qui est attendu si l'on considère l'hypothèse de l'expansion austronésienne provenant de Taïwan. Néanmoins, la plupart des autres individus ayant vécu entre il y a 2 300 ans et aujourd'hui sont au moins à 70 % d'origine papoue ! Ces observations indiquent qu'il y aurait eu une autre vague de migrations de peuples d'origine papoue quelques siècles après le premier peuplement des Vanuatu par des peuples d'origine asiatique locuteurs de langues austronésiennes, qui aurait remplacé en grande partie les populations Lapita qui étaient sur place.

De façon plus surprenante encore, en dépit d'un remplacement génétique et donc d'un remplacement de populations – les Ni-Vanuatu d'aujourd'hui étant à environ 80 % d'origine papoue –, il n'y a pas eu de remplacement linguistique : la plupart des populations Ni-Vanuatu parlent aujourd'hui des langues d'origine austronésienne.

L'ÉCHEVEAU DES GÉNOMES OCÉANIENS

Dans mon laboratoire, nous nous sommes récemment intéressés à l'histoire du peuplement de l'Océanie et avons séquencé, pour la première fois, des génomes provenant de 20 populations de l'Océanie proche et lointaine. En utilisant des méthodes de pointe de reconstruction du passé démographique des populations, nous avons tout d'abord constaté que les ancêtres des peuples de l'Océanie proche, comme les populations de la Nouvelle-Guinée, des îles Bismarck ou des Salomon, ont subi un fort goulet d'étranglement juste avant la colonisation de la région et se sont séparés il y a environ 20 000 à 40 000 ans. Nous avons également montré que l'expansion austronésienne – censée avoir commencé à Taïwan il y a environ 5 000 ans – n'a pas été suivie d'un événement de métissage immédiat avec des peuples de l'Océanie proche, mais a en revanche impliqué différentes vagues de migrations et de métissage avec les populations papoues locales. En outre, nos données basées sur l'ADN des populations d'aujourd'hui viennent compléter celles provenant de l'ADN ancien pour éclairer un peu plus la remarquable complexité du peuplement de l'archipel des Vanuatu. Nous avons établi en effet que la composante asiatique « Lapita » présente aujourd'hui dans les Vanuatu n'est pas un vestige de la première période de peuplement Lapita : elle aurait été amenée ultérieurement par les peuples d'origine papoue, déjà métissés avec les peuples austronésiens. Dans l'ensemble, il se dégage de ces données génomiques un scénario dans lequel des mouvements de populations très complexes et répétés se sont produits dans le Pacifique Sud.

LE *KON-TIKI* : DES ÉCHANGES ENTRE L'AMÉRIQUE ET LA POLYNÉSIE ?

La complexité du peuplement du Pacifique arrive à son paroxysme en Polynésie. Les rares études génétiques en Polynésie montrent que la plus grande partie du patrimoine génétique de ses habitants est d'origine asiatique (environ 80 %), proche de celui des Taïwanais ou des Philippins. Le reste est d'origine papoue, avec des proportions très variables selon les îles, notamment en Polynésie occidentale, ou d'origine européenne, principalement aux Marquises ou sur l'île de Pâques. Dans l'histoire océanienne, une question restait très controversée : y a-t-il eu des contacts préhistoriques – avant la colonisation européenne – entre les populations polynésiennes et amérindiennes ? Dans cette hypothèse, il aurait fallu une jonction directe par voie maritime entre la Polynésie et l'Amérique du Sud : un formidable saut dans l'inconnu… Cette théorie, qui fait débat depuis longtemps, est une hypothèse initialement émise par l'explorateur norvégien Thor Heyerdahl en 1947. Heyerdahl, comme on le sait, pour prouver qu'un tel voyage était bien possible, entreprit lui-même la traversée du Pérou jusqu'en Polynésie à bord d'un radeau en bois, le fameux *Kon-Tiki*. Ce succès n'a pas mis fin aux controverses. Plusieurs études se sont penchées sur le sujet en utilisant des données génétiques provenant aussi bien de l'ADN ancien que de populations modernes. Mais elles arrivent à des conclusions opposées…

Enfin, en 2020, la question semble avoir été tranchée. Des chercheurs des Universités de Stanford et d'Irapuato au Mexique réalisent une étude portant sur plus de 800 individus – Amérindiens et habitants de différentes îles du Pacifique Sud. Leurs travaux établissent qu'il y a bel et bien eu un métissage entre des Amérindiens de l'Amérique du Sud, aux origines proches des populations actuelles de Colombie ou d'Équateur, et les Polynésiens de l'Est, et que ce métissage s'est produit il y a environ 800 à 900 ans, soit bien avant l'arrivée des Européens en Polynésie il y a environ 200 ou 300 ans. Selon les auteurs, le lieu probable de cette rencontre aurait été l'île de Fatu Hiva, la plus méridionale des Marquises… exactement comme l'avait prédit Thor Heyerdahl il y a plus de soixante-dix ans ! Bien que l'île de Pâques soit la plus proche des côtes sud-américaines, elle ne serait donc pas le lieu du premier contact, puisqu'il se serait produit *avant* le peuplement de l'île de Pâques. Comment alors ces peuples amérindiens, affrontant la haute mer, sont-ils parvenus jusque dans les îles du Pacifique, à plus de 7 000 kilomètres des côtes américaines ? Cela reste un mystère... Les auteurs de l'étude suggèrent l'hypothèse de la dérive en mer : à ces latitudes équatoriales, une embarcation partant d'Amérique du Sud serait poussée d'est en ouest par les vents et par de forts courants maritimes, en direction des îles Marquises.

TERRITOIRES DÉNISOVIENS

Les peuples océaniens, à l'origine de la plus grande épopée maritime de tous les temps, ont amplement mérité leur réputation de grands voyageurs. Mais ils ont d'autres caractéristiques remarquables. De toute la planète, leurs génomes possèdent la plus grande proportion de matériel dit « archaïque », c'est-à-dire provenant d'autres espèces humaines : jusqu'à 6 % dans certaines populations du Pacifique. Comme pour le reste des populations non africaines, ils ont hérité d'environ 2 % de matériel néandertalien, témoignage d'un épisode de métissage ancien il y a 50 000 à 55 000 ans, juste après la sortie d'Afrique d'*Homo sapiens*. En outre, les populations océaniennes, et tout particulièrement les Aborigènes australiens et les populations d'origine mélanésienne, présentent aussi la proportion la plus élevée du globe de matériel génétique d'origine dénisovienne.

Dans le Pacifique Sud, l'ascendance dénisovienne peut atteindre en effet jusqu'à 3 ou 4 % chez les Papous, mais aussi chez les populations ayant une forte filiation avec les Papous, tels les habitants des îles Bismarck, des Salomon et de l'archipel du Vanuatu. Après eux, on trouve les populations de chasseurs-cueilleurs des Philippines, les Négritos, qui présentent environ 2 % de matériel dénisovien dans leurs génomes, suivies des populations de l'Asie de l'Est et du Sud, qui ne présentent que quelques traces génomiques de cet ancien hominine, à hauteur de 1 % au plus. Pareillement, les populations ayant des ancêtres asiatiques, comme les Amérindiens, ou celles qui ont reçu du flux génique asiatique, comme les Finlandais en Europe, peuvent également présenter des empreintes génomiques dénisoviennes, mais à une proportion de moins de 1 %.

Si rompu que l'on soit à la complexité des mouvements migratoires au cours de l'histoire, il est tout de même surprenant que l'épicentre génétique de la distribution de vestiges dénisoviens dans les populations d'aujourd'hui soit localisé dans le Pacifique Sud. C'est-à-dire à plus de 8 000 kilomètres de la grotte sibérienne dans laquelle on a retrouvé le seul représentant des dénisoviens, certes réduit à un morceau de phalange, mais dont le génome a pu être séquencé. Cela soulève bien des questions sur l'aire de répartition de ces hominines archaïques. Une étude menée par l'équipe de Jean-Jacques Hublin, en s'appuyant sur des données archéologiques, a permis d'élargir l'aire de répartition des dénisoviens au plateau tibétain, grâce à l'analyse de protéines anciennes d'une mandibule datant de plus de 160 000 ans.

Sur le plan génétique, même si l'on ne dispose que d'un seul génome qui caractérise et spécifie les dénisoviens, nous pouvons retracer leur aire de répartition à travers l'étude des segments génétiques dénisoviens présents dans les populations modernes, et ainsi mieux comprendre l'histoire de ces hominines asiatiques si énigmatiques. Plusieurs études génomiques suggèrent qu'ils auraient pu séjourner jusqu'aux confins de la ligne de Wallace qui sépare, d'une part, les îles actuelles de Sumatra, de Java et de Bornéo, qui à l'époque faisaient partie de la masse continentale asiatique appelée Sunda, et, d'autre part, l'archipel des Philippines, l'île indonésienne de Sulawesi et l'ancien Sahul.

Les dénisoviens ne seraient pas les seuls hominines archaïques à avoir franchi la ligne de Wallace : en témoigne la présence de l'homme de Callao (*Homo luzonensis*) aux Philippines il y a au moins 50 000 ans, et celle de l'homme de Florès (*Homo floresiensis*) qui aurait vécu sur l'île indonésienne de Florès jusqu'à il y a au moins 50 000 à 60 000 ans. La région Asie-Pacifique aurait ainsi été le théâtre d'une cohabitation, probablement fructueuse, entre les premiers humains modernes arrivant dans la région et d'autres hominines aujourd'hui disparus.

DES MÉTISSAGES ARCHAÏQUES MULTIPLES

Alors que l'hybridation avec les néandertaliens semble s'être produite en une seule fois chez les ancêtres des Eurasiens, les données génomiques les plus récentes montrent qu'il y aurait eu plusieurs événements de métissage entre les hommes modernes et les dénisoviens, à différentes époques et dans différentes aires géographiques. L'étude de la variabilité génétique des segments dénisoviens chez les populations d'aujourd'hui peut nous renseigner sur la diversité génétique des dénisoviens eux-mêmes, ainsi que sur leur structure à l'échelle populationnelle. La comparaison de ces segments dénisoviens présents dans différentes populations de la région Asie-Pacifique avec le génome dénisovien de l'Altaï a montré que les dénisoviens formaient des groupes très hétérogènes. Certaines populations archaïques sont génétiquement proches du dénisovien de l'Altaï, tandis que d'autres sont relativement éloignées de ce spécimen.

D'après les différentes études qui ont abordé cette question, il y aurait eu au moins trois événements de métissage indépendants entre dénisoviens et Sapiens. La population dénisovienne la plus proche du génome de l'Altaï serait celle qui s'est essentiellement métissée avec les Asiatiques de l'Est et les Sibériens. En revanche, deux populations dénisoviennes génétiquement éloignées du spécimen de l'Altaï se seraient surtout métissées avec les populations d'origine papoue. Ces deux populations dénisoviennes se seraient séparées du Denisova de l'Altaï il y a entre 200 000 et 400 000 ans, ce qui soulève des questions quant à leur véritable appartenance à la lignée dénisovienne. En effet, leur séparation d'avec le spécimen de l'Altaï se rapproche chronologiquement de la divergence entre Denisova et Neandertal, qui date d'environ 500 000 ans. Cela suggère que ces lignées dénisoviennes pourraient représenter une forme archaïque indépendante. Plusieurs études, y compris celles de mon laboratoire, soutiennent même un quatrième événement de métissage entre les dénisoviens et les chasseurs-cueilleurs Négritos des Philippines.

Ces études génomiques ont également permis de dater les périodes durant lesquelles ces événements d'ancien métissage auraient eu lieu. Les datations pointent vers une période qui s'étend d'environ 50 000 à 20 000 ans avant le présent, ce qui indique que l'homme de Denisova aurait survécu aux néandertaliens, qui se sont éteints il y a environ 40 000 ans. Une étude menée par l'équipe de Murray Cox, de l'Université de Massey en Nouvelle-Zélande, sur la base d'un événement de métissage avec les Papous daté d'il y a juste 14 500 ans, a même avancé l'hypothèse que les dénisoviens auraient pu survivre jusqu'à la toute fin du pléistocène. Si ces estimations venaient à se confirmer, elles feraient des dénisoviens les derniers hominines non Sapiens à s'être éteints.

À la conquête des Amériques : la traversée du détroit de Béring

L'histoire du peuplement de l'Amérique est aussi unique en son genre : elle représente le point culminant de la dernière expansion du pléistocène tardif des hommes anatomiquement modernes ayant quitté l'Afrique. En outre, elle implique la rencontre entre, d'une part, les natifs américains, ou Amérindiens, c'est-à-dire les premiers peuples autochtones de l'Amérique, originaires d'Asie, et, d'autre part, à partir du XVᵉ siècle, des peuples venus d'Europe et d'Afrique. Ainsi, la diversité génétique des peuples américains d'aujourd'hui représente, pour ainsi dire, la diversité génétique du monde entier. Différents facteurs sont à l'origine de la diversité génétique actuelle des Amériques : la densité variable de la population native à l'arrivée des Européens, l'ampleur de l'immigration européenne vers des zones géographiques spécifiques, le degré d'implication de certaines parties du Nouveau Monde dans la traite des esclaves provenant de l'Afrique, et les différents niveaux de métissage entre les populations autochtones, les Européens et les Africains.

LA CULTURE CLOVIS

Commençons par le peuplement initial du continent américain. D'après les données archéologiques, la présence humaine en Amérique date d'au moins 14 500 ans et est associée au complexe culturel Clovis, nommé d'après la ville de Clovis, au Nouveau-Mexique, où les premiers vestiges de cette culture ont été découverts à la fin des années 1930. La culture Clovis, caractérisée par des pointes (de projectiles) à enlèvement flûté, émerge il y a 13 500 ans. Ses traces sont bien observées en Amérique du Nord. L'étude de ce complexe culturel a bien confirmé que les premiers habitants du continent américain étaient venus d'Asie par le détroit de Béring, discréditant d'autres hypothèses, parfois assez loufoques : l'hypothèse dite « solutréenne » de l'origine européenne des premiers Amérindiens, ou l'idée que les Amérindiens représenteraient une des dix tribus perdues d'Israël… Longtemps, la communauté scientifique s'est accordée sur le fait que les peuples associés à la culture Clovis représentaient les premiers habitants de l'Amérique et que leur arrivée était à l'origine de l'extinction de la mégafaune américaine : mammouths, paresseux géants, mastodontes, etc.

Or, au cours des dernières décennies, de nombreuses découvertes archéologiques ont remis en cause, par leurs datations, la théorie d'une première occupation humaine de l'Amérique par les porteurs de la culture Clovis. Sur la base des coprolithes humains, on constate, par exemple, une présence humaine non associée à la culture Clovis dans les grottes de Paisley en Oregon, il y a 14 000 ans. Dans le site de Meadowcroft, en Pennsylvanie, on trouve également des lames et des nucléus datés de 16 000 à 19 000 ans et qui précèdent par conséquent la culture Clovis – mais ces datations restent sujettes à controverse. Tout au sud du Chili, dans le site de Monte Verde, on retrouve également des outils de pierre ainsi que des restes organiques, comme du charbon de bois, qui précèdent également la culture Clovis. Aujourd'hui, la présence humaine pré-Clovis en Amérique est admise sur la base des données archéologiques. Si la question concernant la ou les cultures ayant donné naissance aux peuples d'Amérindiens actuels reste encore sans réponse claire, les études génétiques, et surtout celles issues de l'ADN ancien, ont permis de faire avancer quelque peu la connaissance du sujet.

FAMILLES LINGUISTIQUES ET MIGRATIONS : DES SIGNATURES GÉNÉTIQUES

Avant d'aborder le volet génétique, intéressons-nous également aux hypothèses émises par les études linguistiques sur le peuplement de l'Amérique. En 1986, le linguistique Joseph Greenberg émit une hypothèse qui, bien que controversée, eut un fort retentissement dans la communauté scientifique et déclencha un grand nombre d'études génétiques visant soit à la soutenir, soit à la réfuter. La théorie de Greenberg postule que l'Amérique aurait été peuplée en trois grandes vagues de migrations qui correspondraient aux trois grandes familles linguistiques que l'on observe aujourd'hui : les langues eskimo-aléoutes parlées à l'extrême nord du continent, au Groenland et dans certaines parties de la Sibérie ; les langues na-dené parlées dans l'Ouest canadien, en Alaska et dans les territoires du sud-ouest des États-Unis ; et les langues amérindes qui regrouperaient le reste des langues amérindiennes.

Encore une fois, c'est la génétique qui a permis d'éclaircir la question du nombre et de la nature des migrations à l'origine du peuplement de l'Amérique. Dans l'ensemble, les études tendent à étayer l'hypothèse d'au moins trois vagues indépendantes de dispersion. La plupart des populations américaines partagent de grandes similitudes génétiques qui les différencient du reste du monde. Elles proviennent d'une source unique d'origine béringienne. La majorité des Amérindiens descendraient ainsi d'un seul événement migratoire qui aurait eu lieu il y a environ 15 000 ans, alors que les populations eskimo-aléoutes et na-dené tirent leur diversité génétique non pas de deux autres événements migratoires indépendants, comme le soutenait Greenberg, mais plutôt d'un mélange de différentes vagues de migration, incluant la première grande migration et au moins deux autres expansions plus récentes.

Les données génomiques ont également réfuté certaines hypothèses, fondées sur la morphologie crânienne et l'analyse lithique, qui soutenaient l'origine européenne, polynésienne ou même japonaise des premiers Américains. En 2014, on a analysé le génome d'un individu baptisé Anzick-1, associé au complexe culturel Clovis et ayant vécu dans le Montana actuel il y a 12 600 ans. Le séquençage a montré que la population à laquelle cet individu appartenait était bel et bien ancestrale à la plupart des Amérindiens actuels : il y aurait donc une continuité génétique en Amérique datant d'au moins 13 000 ans. Il faut souligner un point intéressant : la variabilité génétique de cet individu est plus étroitement liée aux populations natives actuelles de l'Amérique centrale et du Sud qu'à certains groupes d'Amérique du Nord, ce qui suggère une structure populationnelle ancienne en Amérique, datant d'au moins 12 600 ans. Un autre indice est apparu en 2015, avec le séquençage du génome de l'homme de Kennewick, qui a vécu dans l'État de Washington il y a environ 9 500 ans. La diversité génétique de cet individu ancien s'est révélée étroitement liée aux Amérindiens contemporains. Ce nouvel élément vient renforcer l'idée d'une origine unique de la plupart des Amérindiens.

PEUPLEMENT EN QUATRE TEMPS

Les travaux de ces dernières années ont également éclairci les modalités du peuplement de l'Amérique. Il en ressort que ce peuplement se serait produit en quatre grandes phases :

- Première phase : séparation des ancêtres des Amérindiens et des peuples asiatiques.

- Deuxième phase : isolement prolongé de la population ancestrale aux Amérindiens.
- Troisième phase : entrée (ou entrées plurielles) des peuples paléo-américains dans le continent.
- Quatrième phase : différents événements de métissage, dans le temps historique, des peuples natifs avec des populations d'origine européenne et africaine.

La population ancestrale des Amérindiens aurait commencé à diverger des Asiatiques de l'Est il y a environ 36 000 ans, quelque part en Asie du Nord-Est, et se serait ensuite métissée pendant quelques milliers d'années avec deux autres populations : une population ancestrale des Chinois Han, et une population proche de l'homme de Mal'ta. Nous avons vu que le génome de l'homme de Mal'ta, qui a vécu il y a environ 24 000 ans dans le sud de la Sibérie, présente des affinités génétiques non seulement avec les populations de l'ouest de l'Eurasie, mais aussi avec les Amérindiens d'aujourd'hui, ces derniers portant des traces de la population Mal'ta à hauteur de 30 à 40 %.

La deuxième phase correspond à une longue période de maturation pendant laquelle cette population métissée, ancestrale des Amérindiens, serait restée isolée jusqu'à il y a environ 16 000 ans, probablement en Béringie. C'est à la fin de cette période qu'aurait débuté la troisième phase, c'est-à-dire l'expansion de la population proto-américaine dans le continent. Cette expansion semble être concomitante avec une divergence de la population en deux branches, datée de 14 600 à 17 500 ans. Une branche, à l'origine des Amérindiens du Nord, est associée à la diversité génétique de l'homme de Kennewick, tandis que l'autre branche aurait donné naissance aux Amérindiens du Centre et du Sud et serait associée à la diversité génétique du spécimen Clovis Anzick-1, que nous avons déjà rencontré.

Le lieu géographique où cette divergence se serait produite reste confus, mais il est probable qu'il corresponde à une zone située entre la Béringie orientale et la région non glacée de l'Amérique du Nord. Suivant cette première vague de migration, le peuplement de l'Amérique aurait été exceptionnellement rapide : en moins de 1 500 ans, il serait parvenu jusqu'à la Terre de Feu, au sud du continent sud-américain. Concernant les routes suivies par cette première grande vague migratoire, deux hypothèses ont été proposées : l'une suivant les côtes du Pacifique et l'autre, intérieure et plus circonscrite, suivant un couloir non glacé d'environ 1 500 kilomètres.

La plupart des populations actuelles de l'Amérique descendent ainsi d'une seule et unique population qui serait entrée sur le continent il y a environ 16 000 ans. Cependant, au moins deux autres vagues de migrations auraient eu lieu dans les régions arctiques. L'une est à l'origine des Paléo-Eskimos il y a environ 4 500 ans : elle est associée aux cultures de Saqqaq et de Dorset. L'autre a donné naissance aux Néo-Eskimos il y a juste un peu plus de 1 000 ans, reliée à la culture de Thulé. Le séquençage des génomes anciens provenant de Paléo- et Néo-Eskimos ont largement contribué à une meilleure compréhension de l'histoire du peuplement de l'Amérique arctique. Le premier génome humain ancien à avoir été séquencé est celui d'un individu de culture Saqqaq ayant vécu au Groenland il y a 4 000 ans. Il a révélé que la population à laquelle appartenait cet individu était proche génétiquement des Koryak et des Tchouktches de la Sibérie, et non pas des Amérindiens et des Inuits actuels, ce qui soutient l'hypothèse d'une vague de migration indépendante. L'analyse génomique d'échantillons supplémentaires provenant des cultures du Dorset et de Thulé a confirmé les origines distinctes des Paléo-Eskimos, qui auraient été remplacés dans les sept cents dernières années par une autre vague de migration associée à la culture de Thulé, à l'origine des Inuits actuels.

Enfin, une quatrième vague de migration a été proposée, indépendamment, par les équipes de David Reich de Harvard et celle de Eske Willerslev de Copenhague, sur la base de la découverte d'une signature génétique d'origine australo-mélanésienne chez certains groupes amérindiens du Brésil. Toutefois, on n'a toujours pas établi si cette présence d'origine australo-mélanésienne en Amérique est le résultat d'échanges génétiques plus récents ou si elle témoigne de l'existence d'une véritable quatrième population fondatrice à l'origine des Amérindiens, et présentant des caractéristiques génétiques semblables aux peuples autochtones de l'Australie, de la Papouasie-Nouvelle-Guinée et du Sud-Est asiatique.

L'HÉRITAGE GÉNÉTIQUE DE L'ESCLAVAGE ET DE LA PÉRIODE COLONIALE

Le peuplement de l'Amérique ne s'arrête pas à l'histoire migratoire des ancêtres des Amérindiens actuels : il a également impliqué, à partir de la fin du XVe siècle, la rencontre de millions d'indigènes américains avec des populations d'origine européenne et africaine. Il s'est produit entre ces trois composantes génétiques des événements de métissage d'intensité diverse, sous l'effet de facteurs d'ordre démographique et socioculturel, qui ont exercé une influence majeure sur la diversité génétique des populations d'aujourd'hui à travers le continent. C'est avec l'arrivée de Christophe Colomb au Bahamas en 1492 que commence l'immigration européenne. Les premiers arrivants étaient des immigrants d'origine espagnole et portugaise, avec une surreprésentation masculine, qui se sont établis dans différentes colonies des Caraïbes, des côtes pacifiques et dans certaines régions de l'intérieur déjà habitées par des Amérindiens. Dans le siècle qui a suivi, d'autres Européens d'origine anglaise et française s'installèrent dans les Antilles et le long de la côte atlantique, principalement en Amérique du Nord. Quant à l'arrivée de la composante d'origine africaine, elle commença tôt dans la période coloniale avec la traite des esclaves par les Espagnols et les Portugais, et continua avec les puissances anglaise et française, en particulier dans le cadre de l'exploitation des plantations de canne à sucre. La traite des esclaves prit une grande ampleur avec l'effondrement de la population indigène : on estime en effet qu'environ 90 % des Amérindiens périrent suite à l'arrivée des Européens.

Pendant la période coloniale, l'arrivée des Européens et des Africains affecta considérablement l'histoire de l'Amérique, puisque environ 2 millions d'Européens et 10 millions d'Africains arrivèrent à cette époque. Même si l'abolition de l'esclavage au cours du XIXe siècle freina l'arrivée massive d'Africains, l'immigration européenne continua jusqu'au début du XXe siècle, aussi bien en Amérique du Nord qu'en Amérique du Sud. Il est important de souligner que les relations entre colons européens et populations d'origine amérindienne et africaine furent très différentes selon qu'on considère les colons britanniques ou ceux d'origine ibérique. Ainsi, tout au long de l'histoire coloniale des Amériques, il y a sans doute eu des barrières sociales beaucoup plus fortes entre Européens et non-Européens en Amérique britannique qu'en Amérique latine, ce qui a eu un impact considérable sur le degré de métissage entre populations de différentes origines.

Le métissage résultant des différentes relations sociales et culturelles entre les peuples qui ont habité l'Amérique a laissé des traces importantes sur la diversité génétique des populations actuelles. À son tour, l'étude de cette diversité génétique nous permet de disséquer le passé démographique de l'Amérique dans son ensemble et d'en déduire l'impact relatif des composantes amérindiennes, européennes et africaines quand les données historiques manquent. Si l'on exclut les populations qui se définissent elles-mêmes comme d'origine uniquement amérindienne, l'étude génétique des populations actuelles à travers le continent américain récapitule clairement l'histoire coloniale de ce continent. Ainsi, les populations d'Amérique du Nord (Canada et États-Unis) sont majoritairement d'origine européenne (à plus de 85 %), à l'exception du Groenland, dont la population est à 75 % d'origine autochtone (Inuit).

En Amérique centrale et du Sud, en revanche, les données génétiques illustrent l'importance majeure du métissage dans l'histoire de ces régions, confirmant la façon dont la souplesse des barrières sociales a favorisé le métissage. Les deux composantes génétiques les plus représentées en Amérique latine sont donc celle d'origine européenne, qui varie de 20 à 60 % selon les populations, et celle d'origine amérindienne, qui varie de 20 à 80 %. Par exemple, l'origine européenne est prépondérante au Costa Rica, en Argentine ou au Brésil, à plus de 50 %, tandis que la composante amérindienne est particulièrement élevée en Bolivie, au Pérou, au Mexique ou au Guatemala, où elle atteint entre 60 et 80 %.

Quant à la composante africaine, elle est présente à de faibles fréquences, environ 5 à 10 %, dans la plupart des populations d'Amérique du Nord, d'Amérique centrale et d'Amérique du Sud qui ne s'identifient pas comme d'origine africaine, à l'exception du Brésil et de la Colombie où la composante africaine atteint 20 %. La composante génétique africaine est bien plus représentée, comme on s'y attend, au sein des populations qui se considèrent elles-mêmes d'origine africaine, comme c'est le cas chez les Afro-Américains d'Amérique du Nord, pour lesquels elle est présente à hauteur d'environ 80 %. En revanche, parmi les communautés noires d'Amérique latine, la composante africaine atteint 30 à 50 %, illustration du fait que les barrières sociales empêchant le métissage sont moins fortes en Amérique latine.

CATACLYSME COLONIAL AUX ANTILLES

La situation des Antilles apparaît complètement différente de celle de l'Amérique continentale. En effet, la composante génétique la plus importante dans la population générale est d'origine africaine – elle atteint 80 % dans la plupart des îles, à l'exception de Cuba et de Porto Rico (environ 20 %) –, suivie de la composante européenne. Le plus frappant, dans la composition génétique des populations antillaises, est la très faible présence de la composante d'origine amérindienne. On la retrouve dans une proportion de moins de 10 % dans toutes les populations, sauf en République dominicaine et à Porto Rico, où elle atteint 20 %. La rareté de la diversité génétique d'origine amérindienne aux Antilles met en lumière les conséquences de l'arrivée des colons européens et des populations issues de la traite d'esclaves : l'anéantissement presque total des populations natives de la région…

Une longue histoire de métissages

Pour finir, ce tour d'horizon montre que nous sommes le résultat d'une histoire de métissages et de croisements. Comme nous l'indiquions en commençant cette partie, nous sommes des métis. Les études génétiques sont sans appel : aucune rupture ou barrière nette ne sépare les différentes populations humaines, elles constituent un continuum de variabilité génétique, plus élevée en Afrique et diminuant à fur et à mesure que l'on s'éloigne du continent qui fut le berceau de l'humanité. Ce qui ressort de l'analyse de la variabilité de nos génomes est qu'il n'y a pas de populations « pures », puisque tous les humains, indépendamment de leurs origines géographiques ou ethniques, sont le résultat d'une longue histoire de brassages. Le génome de chacun d'entre nous est en réalité une véritable mosaïque de segments d'ADN provenant des différentes populations ancestrales qui se sont croisées depuis nos origines jusqu'à nos jours.

Ces croisements commencent aussitôt que les humains sortent d'Afrique et rencontrent les hommes de Neandertal, quelque part en Eurasie. La comparaison des données génétiques des populations actuelles avec les génomes de plusieurs néandertaliens a permis de répondre à une question de longue haleine en anthropologie : y a-t-il eu hybridation entre les humains archaïques et les humains modernes ? À la surprise générale, les données génomiques ont montré qu'il y a bel et bien eu des croisements entre les deux groupes. D'autres formes humaines ont contribué à faire de nous ce que nous sommes. Lorsque les humains arrivèrent dans la région Asie-Pacifique, il y a environ 50 000 à 60 000 ans, ils rencontrèrent l'homme de Denisova, avec lequel ils se sont croisés à de multiples reprises et dans différentes régions. Autre surprise de taille : les derniers événements de métissage entre humains modernes et humains dénisoviens ont été datés à environ 20 000 à 25 000 ans !

Nous savons aujourd'hui que *ce que nous sommes* est non seulement le produit de plusieurs événements de métissage avec les humains archaïques, mais aussi, comme nous le verrons dans la partie V de ce livre, que ces derniers nous ont apporté des variants génétiques bénéfiques pour notre survie, notamment des variants associés à l'adaptation au froid ou à la résistance aux agents infectieux, et tout particulièrement aux virus. À ce stade, on peut poser la question suivante : si les humains archaïques étaient si bien adaptés à leur environnement, au point qu'ils ont même contribué à une meilleure adaptation de nos ancêtres Sapiens, pourquoi ont-ils disparu ? Pendant longtemps, des théories plus ou moins farfelues fondées sur la géologie et la paléoanthropologie ont circulé, imaginant diverses raisons pour leur disparition : changements climatiques, éruptions volcaniques, maladies de toute sorte. La réalité est probablement beaucoup plus simple et moins flatteuse pour nos ancêtres : c'est l'expansion d'*Homo sapiens* qui a entraîné la disparition de ses cousins archaïques.

Le plus probable est que nos ancêtres Sapiens partageaient la même niche écologique que les humains archaïques et que dans cette exploitation de l'environnement, avec le même type de prédation et d'alimentation, un groupe a eu un plus grand succès reproductif que l'autre et a ainsi survécu jusqu'aujourd'hui. La question n'est donc pas de trouver une raison pour la disparition des humains archaïques, mais plutôt de comprendre quels sont les facteurs qui font de nous une espèce si « invasive ». En effet, le seul point commun aux différentes extinctions d'hommes archaïques à travers la planète est… l'arrivée d'*Homo sapiens* ! Quel que soit le contexte géographique, tous les groupes d'hominines avec qui les Sapiens ont cohabité, en Eurasie avec *Homo neanderthalensis*, en Asie de l'Est et du Sud-Est avec *Homo denisovensis*, *Homo floresiensis* et *Homo luzonensis*, et en Afrique avec *Homo naledi*, ont disparu avec l'arrivée d'*Homo sapiens*.

Comme le souligne Jean-Jacques Hublin, en raison de la façon particulière dont notre espèce exploite l'environnement et interagit avec les autres, l'histoire s'est toujours terminée de la même façon : les autres groupes humains ont été remplacés et partiellement absorbés par *Homo sapiens*. D'autres chercheurs voient les choses différemment et affirment que les néandertaliens, comme les dénisoviens, n'ont jamais disparu : ils continuent d'exister « en nous ».

PARTIE III

ADAPTATION À L'ENVIRONNEMENT

Que sommes-nous, en fin de compte ? Nous avons répondu, en partie, en rappelant notre histoire de conquêtes et de métissages. Mais la génétique permet d'en dire plus : nous sommes également le résultat de plus de 200 000 ans d'adaptation biologique à notre milieu. L'adaptation, c'est le mécanisme qui permet à l'espèce de changer quand l'environnement impose aux organismes des contraintes qui « sélectionnent » ceux qui ont le bonheur d'être dotés de caractéristiques qui leur confèrent un avantage comparatif. Dans ce chapitre, nous allons examiner la manière dont notre espèce s'est adaptée à son environnement, en présentant les différentes formes que peut prendre la sélection naturelle et en montrant certains de ses effets, que l'on peut « lire » dans nos génomes à mesure qu'on sait mieux les déchiffrer : aptitude au langage, couleur de peau, taille, capacité à digérer le lait, résistance au froid, au manque d'oxygène, parmi bien d'autres. Cette histoire est édifiante : elle montre l'étonnante inventivité du vivant.

Le vaste spectre de diversité phénotypique que l'on observe aujourd'hui entre populations humaines, notre apparence physique, nos différentes façons de métaboliser certains aliments ou nos différences face à certaines maladies, est en grande partie le résultat de la sélection naturelle. Les travaux visant à mieux comprendre la façon dont la sélection naturelle a participé à l'adaptation des populations humaines à leurs milieux bénéficient aujourd'hui des instruments de la génomique, qui permet par exemple de détecter des indices de sélection dans certains gènes, et même de les différencier selon les différentes formes que peut prendre la sélection naturelle. Nous présentons ici un panorama des résultats obtenus avec ces instruments d'investigation.

Les défis de l'adaptation

Les humains ont quitté l'Afrique pour peupler la planète en moins de 60 000 ans. On trouve aujourd'hui des humains sur toutes les terres émergées de la planète, dans les environnements les plus divers, des savanes sèches et chaudes de l'Afrique aux froids inhospitaliers de l'Arctique au soleil rare, des forêts humides de l'Afrique centrale ou du Sud-Est asiatique aux conditions extrêmes et hostiles de la vie en haute altitude, dans l'Himalaya ou la cordillère des Andes, où les concentrations en oxygène sont pauvres, en passant par les espaces bétonnés des villes comme New York ou Paris, qui prennent parfois la dimension de gigantesques mégapoles comme Tokyo, Dehli, Shanghai ou São Paulo.

Cette omniprésence de notre espèce mérite qu'on s'interroge. Les hommes ont rencontré des climats extrêmement différents, ils ont dû composer avec des ressources nutritionnelles variées, plus ou moins rares ou abondantes, plus ou moins faciles d'accès, il leur a fallu faire face à une gamme très fournie de prédateurs et de pathogènes : comment ont-ils fait pour s'adapter ? à quelle vitesse ? par quels mécanismes ? Pourquoi notre apparence physique ou notre vulnérabilité à développer certaines maladies sont-elles si variables malgré nos similitudes génétiques et le jeune âge de notre espèce ? C'est un fait : l'univers de variation phénotypique que l'on observe chez l'homme est immense. Les différences entre les individus sont innombrables, souvent sans conséquences mais parfois associées à des maladies. Bien que l'environnement joue un rôle important, la variation génétique est elle aussi un déterminant majeur de la variation phénotypique.

Dans ce contexte, la génétique des populations, et tout particulièrement la théorie synthétique de l'évolution, fruit du travail de Fisher, de Wright, de Haldane, de Dobzhansky, de Huxley et de Mayr, entre autres, a fourni le cadre théorique et quantitatif nécessaire pour délimiter les déterminants évolutifs du niveau de variabilité génétique, et donc phénotypique. Au cours de leur migration à travers le globe, les humains ont été confrontés à des conditions très diverses auxquelles ils se sont adaptés en partie grâce à la sélection naturelle. Cette prémisse constitue la base de la théorie darwinienne de l'évolution – à la différence de la théorie neutraliste de Kimura qui adopte sur ce point une position différente.

La réalité se situe quelque part entre les deux. C'est ce qu'a suggéré la Japonaise Tomoko Ohta, disciple de Kimura, en suggérant qu'une majorité des mutations sont faiblement délétères, plutôt que neutres. Cette théorie est connue sous le nom de théorie « presque-neutraliste » de l'évolution. Ces théories ne sont pas opposées en tout point : elles postulent toutes que seule une minorité des mutations présentes au sein d'une espèce, ou entre différentes espèces, est de nature adaptative. Avec les progrès en génomique réalisés ces dernières années, la dissection de l'héritage de la sélection intervenue au sein du génome humain, même si elle est minoritaire, s'est révélée cruciale pour l'identification des gènes à l'origine de la diversité morphologique et physiologique observée chez l'homme. Elle permet aussi de mieux comprendre l'architecture génétique des phénotypes adaptatifs.

La sélection naturelle : ses principes et ses formes

La sélection naturelle repose sur trois grands principes : le principe de variation, le principe d'adaptation et le principe d'hérédité.

Tout d'abord, il faut de la variation : la diversité est le substrat de la sélection naturelle. Sans elle, la sélection naturelle n'a pas de matière première sur laquelle agir. En effet, ce sont les différences qui peuvent engendrer des avantages – ou des inconvénients – pour les organismes qui en sont porteurs, dans un environnement donné : ce qu'on appelle sélection n'est que la traduction de cet avantage relatif en termes de succès reproductif.

Prenons l'exemple classique de la longueur du cou de la girafe. Si toutes les girafes de la savane ont le cou de la même longueur, toutes ont les mêmes capacités – et les mêmes limitations – pour atteindre les branches des arbres et se nourrir de leurs feuilles. L'évolution, telle qu'on la pense depuis Darwin, suppose qu'il y ait variation. Le principe de variation signifie que les girafes n'ont pas toutes le cou de la même longueur : il y a des différences. Du fait de ces différences, les girafes ayant un cou un peu plus long sont capables de se nourrir un peu plus, tandis que, pour d'autres, la tâche s'avère plus difficile. Dans la compétition pour les ressources disponibles, certaines sont donc avantagées. C'est le deuxième grand principe, celui de l'adaptation : les girafes au long cou sont mieux nourries que leurs congénères au cou plus court, elles sont mieux adaptées à leur environnement. Les premières ont dès lors une opportunité de survie et de reproduction tendanciellement plus importante : c'est à cela qu'on mesure l'adaptation. Enfin, le troisième grand principe de la sélection naturelle est celui de l'hérédité : les girafes au long cou transmettent ce « trait » à leur descendance et ainsi, puisque celles-ci sont mieux adaptées à leur milieu, le trait « long cou » augmentera en fréquence dans la population des girafes par sélection darwinienne.

Ces principes sont relativement simples. La réalité du fonctionnement du vivant, comme souvent, se charge de les rendre beaucoup plus complexes. En effet, la sélection naturelle opère sous des formes très variées, elle intervient à des échelles temporelles et spatiales différentes et son action présente des intensités différentes.

À l'échelle du phénotype, pour commencer, nous pouvons distinguer trois types de sélection naturelle. Tout d'abord, la *sélection stabilisante* : elle favorise les phénotypes intermédiaires par rapport aux extrêmes, maintenant ainsi un *statu quo* pour un phénotype donné. Prenons l'exemple de la taille, qui est un trait quantitatif très variable dans l'espèce humaine. Les Européens du Nord sont notablement plus grands que les Européens du Sud, sans qu'on ait besoin de les comparer dès à présent à d'autres populations connues pour leur petite taille, comme les Amérindiens, certaines populations des Philippines ou les Pygmées d'Afrique centrale. Dans le cas de la *sélection stabilisante*, tant les individus les plus grands que les individus les plus petits sont désavantagés par rapport à ceux qui présentent une taille intermédiaire. Dès lors, au fil du temps, la plupart des individus d'une population présenteront une taille intermédiaire. Ce régime diminue la variance de la taille, mais la moyenne dans la population reste inchangée.

Le deuxième type de sélection naturelle est la *sélection directionnelle*, qui favorise la fréquence d'un trait extrême en particulier, comme la petite taille des Pygmées pour une meilleure survie dans les forêts humides de l'Afrique centrale. Pour ce type de sélection naturelle, qui constitue la base de l'évolution darwinienne, la moyenne de la taille diminuera considérablement dans la population, même si la variance du trait restera inchangée.

Enfin, un type de sélection naturelle bien plus rare est la *sélection disruptive* ou *divergente*, qui se produit lorsque les phénotypes extrêmes sont avantagés par rapport aux intermédiaires, dont la fréquence diminue. Dans l'exemple de la taille humaine, il est difficile d'imaginer des raisons pour lesquelles les individus de petite et de grande taille pourraient être avantagés par rapport à ceux de taille intermédiaire. Ce n'est pas le cas chez les épinoches. Pour la taille de ces poissons, on observe une sélection de ce type : les tailles extrêmes, à la fois les plus petites et les plus grandes, ont été favorisées en raison de leurs effets adaptatifs – chacun de ces extrêmes procurant un avantage particulier pour l'accès aux ressources nutritionnelles disponibles. La sélection disruptive peut potentiellement mener à une forme de spéciation, la spéciation sympatrique, qui se produit sans isolement géographique.

Comme on l'a vu dans le cas du cou de la girafe, la sélection naturelle agit sur les phénotypes : ce sont les caractères que présentent les organismes (le cou plus long), et qui leur procurent des bénéfices ou des coûts adaptatifs, qui sont « sélectionnés » et bénéficient d'un avantage reproductif. Mais ce qui est *hérité*, c'est principalement la génétique sous-jacente du phénotype, qui le « détermine » plus ou moins. Ainsi, même s'ils n'en sont pas la cible directe, les génotypes sont donc bien influencés par la sélection. Sur la base des génotypes, on peut distinguer deux formes de sélection : lorsqu'un allèle est défavorisé, on parle de sélection *négative* ; si au contraire il est favorisé, de sélection *positive*.

LA SÉLECTION NÉGATIVE : PURGE DES MUTATIONS DÉLÉTÈRES

La sélection négative (ou purificatrice) élimine les allèles délétères de la population. C'est la forme de sélection naturelle la plus répandue sur les génomes. Chez l'homme, on estime que 38 à 75 % de toutes les nouvelles mutations altérant les acides aminés sont affectées par une sélection négative modérée ou forte. Cette « purge » fréquente de mutations délétères peut également entraîner la suppression occasionnelle de mutations neutres associées : on parle de sélection d'arrière-plan (*background selection*). L'élimination sélective des allèles délétères d'une population se fait à une vitesse qui dépend essentiellement de deux facteurs : le caractère délétère de l'allèle (ou coefficient de sélection) et la taille efficace de la population (notée *Ne*). Une mutation dominante létale, par définition, sera immédiatement éliminée en une seule génération tandis qu'une mutation faiblement délétère peut se maintenir dans la population plus longtemps avant de diminuer en fréquence. De la même façon, dans les populations de grand effectif efficace (l'effectif efficace étant le nombre d'individus d'une population qui participent au succès reproducteur de celle-ci), la sélection naturelle est théoriquement plus efficace, et les mutations délétères seront donc éliminées plus souvent que dans les populations à petit effectif efficace, où les effets de la dérive génétique sont plus forts et peuvent ainsi maintenir ces mutations.

Des études récentes ont permis de mieux comprendre la façon dont l'histoire des populations humaines en général et leur effectif efficace en particulier peuvent altérer l'efficacité de la sélection négative. Les populations non africaines ont une proportion supérieure de variants délétères à l'état homozygote dans des gènes essentiels par rapport aux populations africaines. Cette observation est cohérente avec une sélection négative moins efficace au sein des populations de plus petit effectif efficace, comme les Européens ou les Asiatiques.

En effet, si l'histoire de la population semble n'avoir qu'une faible incidence sur le fardeau moyen des mutations délétères de chaque individu, en revanche, il a été démontré de manière concluante que la dérive génétique a une incidence plus élevée sur la fréquence des mutations faiblement délétères dans les populations issues d'un goulet d'étranglement par rapport aux populations à effectif plus important. Or le nombre de génotypes délétères homozygotes dont les individus sont porteurs augmente en fonction de leur distance par rapport à l'Afrique : plus on s'éloigne du continent africain, moins on observe de diversité génétique, mais plus la proportion de mutations délétères homozygotes est importante. Par exemple, aussi bien les chasseurs-cueilleurs que les agriculteurs d'Afrique présentent un nombre de mutations délétères moins important que les

Sibériens ou les Mayas, deux populations qui comptent parmi les derniers groupes à avoir peuplé la planète et qui correspondent par conséquent à la fin des « effets fondateurs en série » qui caractérisent, comme on l'a vu, le processus de peuplement de la planète par *Homo sapiens*.

Cette tendance est encore plus prononcée dans des populations ayant subi des événements démographiques extrêmes qui, pour diverses raisons, ont réduit considérablement leur effectif efficace. Les Québécois, issus d'un fort effet fondateur, ou les Finlandais, issus d'un goulet d'étranglement, connaissent une proportion encore plus importante de mutations délétères que les populations en expansion démographique telles que les Français ou la plupart des populations européennes. En outre, ces mutations peuvent conduire dans certains cas à une inactivation complète de gènes. Une étude, portant sur le séquençage d'environ 3 000 exomes (*i.e.* la partie du génome qui code les protéines) de la population finlandaise, a montré que celle-ci présente une proportion plus élevée de mutations rares de « perte de fonction » que d'autres populations européennes. Certaines de ces mutations sont même associées à des phénotypes d'intérêt médical, comme les niveaux de vitamine B12 ou la vulnérabilité aux maladies cardio-vasculaires.

Les effets plus marqués de la dérive génétique dans les petites populations, où la sélection naturelle n'a pas encore eu le temps d'éliminer certaines mutations délétères, sont clairement visibles au regard de l'incidence accrue de certaines maladies en leur sein. Quelques exemples illustrent massivement ce constat : la diarrhée chlorée congénitale, une maladie intestinale rare et sévère chez les enfants qui touche particulièrement les populations finlandaises ; la dysautonomie familiale, une altération sévère de l'activité du système nerveux autonome entraînant des dysfonctionnements multisystémiques, qui est présente chez certaines populations d'origine juive ; ou encore la surdité héréditaire, particulièrement observée dans des communautés isolées au centre du Costa Rica.

LA SÉLECTION POSITIVE : QUAND LES HUMAINS SE METTENT À PARLER

À l'inverse de la sélection négative, qui élimine les mutations délétères, la *sélection positive* agit sur les mutations avantageuses pour la survie. Ce mécanisme opère à différentes échelles de temps : on peut observer ses effets depuis notre séparation par rapport à l'ancêtre commun avec le chimpanzé il y a 5 ou 6 millions d'années, ou depuis l'émergence de l'agriculture il y a environ 10 000 ans. La sélection positive peut ainsi conduire à des changements qui sont soit partagés par tous les individus de la même espèce et différents par rapport à une autre espèce (*sélection au niveau de l'espèce*), soit présents dans un groupe spécifique d'humains (*sélection locale*). L'étude des événements de sélection naturelle à des époques différentes peut livrer des informations précieuses sur des processus évolutifs spécifiques ou des périodes critiques d'innovation.

Un exemple emblématique de sélection au niveau de l'espèce concerne le gène *FOXP2*. Ce gène est souvent appelé, dans les travaux de vulgarisation, le « gène du langage » – à tort : il serait évidemment naïf de penser qu'il n'y aurait qu'un seul gène impliqué dans un phénotype aussi complexe que le langage articulé caractéristique de notre espèce. En 2001, des chercheurs britanniques ont identifié chez les membres d'une même famille une mutation qui modifiait la séquence protéique de *FOXP2*. Les porteurs de cette mutation présentaient des troubles du langage : une difficulté d'élocution liée à des déficits de mouvements séquentiels de la bouche nécessaires à l'articulation de la parole (dyspraxie verbale) ainsi que des carences grammaticales.

La séquence d'acides aminés de la protéine *FOXP2* est hautement conservée chez les vertébrés. On sait qu'elle régule le développement de diverses régions du cerveau, y compris celles qui sont impliquées dans la production de la parole, comme l'aire de Broca. Les humains modernes et les néandertaliens partagent la même séquence de la protéine. Celle-ci diffère de la forme présente chez le chimpanzé, le gorille et le macaque par deux mutations non synonymes. Ainsi, au cours des six derniers millions d'années d'évolution, après la divergence entre les ancêtres des hommes et les chimpanzés, deux mutations se sont accumulées seulement dans la lignée humaine, tandis que la séquence de ce gène est restée pratiquement intacte durant les 130 millions d'années d'évolution des vertébrés à partir de la souris.

Il semblerait donc que soit advenue une accélération de l'évolution dans la forme humaine de *FOXP2* par sélection positive au niveau de l'espèce, car tous les humains portent ces deux mutations. Ces résultats ont conduit une grande partie de la communauté scientifique à considérer que ce gène pourrait être impliqué dans l'acquisition du langage articulé si typique de notre espèce. Un fait mérite d'être souligné : quand ces deux mutations sont insérées dans le gène *FOXP2* de la souris, on observe chez ces souris « humanisées » des changements dans les niveaux de dopamine, la morphologie neuronale, la plasticité synaptique et, curieusement… les vocalisations de leurs souriceaux ! Même si d'autres gènes sont incontestablement nécessaires pour la mise en place du langage articulé chez les humains, l'implication de *FOXP2* dans ce phénotype complexe semble de plus en plus évidente.

Adaptation locale des populations à leur milieu

La nature ne fait pas de sauts, disions-nous. Elle ne fait pas non plus de cadeau au biologiste : ses chemins sont nombreux, et ils sont complexes – un écheveau difficile à démêler. Derrière le concept de sélection naturelle, nous découvrons tout un ensemble de formes et de variations, que la génétique permet aujourd'hui d'explorer. Ainsi, qu'il s'agisse de sélection au niveau de l'espèce ou de sélection locale, la sélection positive peut suivre des trajectoires évolutives très différentes. Chacune de ces formes de sélection laisse autour de la région sélectionnée des signatures moléculaires bien particulières détectées par un nombre sans cesse croissant de méthodes statistiques. En fonction de la nature des données génétiques analysées, ces tests peuvent renseigner sur l'époque à laquelle la sélection est intervenue.

Selon le modèle dit du *balayage classique*, la sélection positive agit sur une mutation avantageuse nouvellement apparue qui va dès lors augmenter en fréquence. Le cas de *FOXP2* est un bon exemple de balayage classique au niveau de la lignée humaine. Mais il existe des alternatives à ce modèle classique, comme la *sélection sur diversité préexistante,* qui implique la sélection d'un allèle déjà présent au sein de la population et dont la fréquence va augmenter suite à un changement environnemental. Autre possibilité, la *sélection polygénique* : elle désigne la sélection simultanée de mutations sur un grand nombre de gènes. Dans ce cas, à la différence du balayage classique, chaque mutation apporte juste une petite contribution à une meilleure adaptation. Enfin, l'adaptation au milieu peut également se faire par *sélection balancée*, une forme de sélection naturelle qui préserve la diversité fonctionnelle.

Au sein des populations humaines, la *sélection locale* par balayage classique, même si rare, reste le régime le plus étudié. Des études du génome entier dans différentes populations du globe ont permis de repérer plusieurs centaines de régions génomiques présentant des indices de sélection positive sur une période comprise entre 45 000 et 1 500 ans avant le présent. Ces régions génomiques ont été identifiées sur la base de signatures moléculaires caractéristiques de la sélection positive, comme le degré de différenciation d'une population ou la longueur des haplotypes. Dans l'ensemble, ces études convergent vers l'idée que les pressions de sélection liées à l'adaptation de l'homme à son milieu changeant se traduisent en mutations avantageuses spécifiques à une population ou à une région géographique. À leur tour, ces mutations influencent des phénotypes variables chez l'homme, tels que la taille, la pigmentation de la peau, la réponse immunitaire, la tolérance au lactose, le métabolisme des acides gras ou les niveaux d'hémoglobine circulant dans le sang.

En 2008, nous avons voulu tester l'hypothèse que la variabilité phénotypique observée dans les populations humaines reflétait des différences d'adaptation génétique locale. Dans cette perspective, nous avons utilisé une approche pangénomique qui mesurait le degré de différenciation d'environ 2,8 millions de mutations dans plusieurs populations humaines. Nous avons constaté que la sélection positive avait principalement accentué les différences entre les populations concernant les mutations non synonymes et celles qui sont localisées dans les régions régulatrices. Cette étude a été l'une des premières à montrer que la sélection naturelle avait permis une adaptation régionale des populations humaines, en augmentant la différenciation génétique dans certains gènes.

Grâce à cette approche, nous sommes parvenus à identifier plus de 500 gènes soumis à de fortes pressions de sélection dans certaines populations humaines. Les fonctions de ces gènes sont très variés : certains sont impliqués dans la pigmentation de la peau, d'autres dans les relations hôte/pathogène ou encore le syndrome métabolique (obésité, diabète, hypertension). Cette approche nous a également permis de démontrer au niveau du génome entier que, dans une proportion significative, les différences génétiques entre populations géographiquement éloignées étaient accentuées par les phénomènes d'adaptation locale à l'environnement.

Par la suite, des dizaines d'autres études utilisant des méthodes statistiques variées ont testé et confirmé cette hypothèse. Par exemple, en 2013, l'équipe de Pardis Sabeti de l'Université Harvard a utilisé les séquences complètes du projet 1 000 Génomes pour étudier l'étendue de la sélection positive dans différentes populations du monde. Les chercheurs ont ainsi identifié plus de 400 régions génomiques candidates pour la sélection positive, dont 35 qualifiées de « très robustes » s'agissant de mutations qui modifient la séquence protéique.

Cependant, un problème majeur de toutes ces études est la découverte de faux positifs, puisqu'une partie non négligeable de gènes candidats à la sélection positive n'est pas répliquée entre les études. De fait, établir une image complète de la façon dont la sélection locale a affecté la variabilité phénotypique chez l'homme reste ardu. Il faut tout d'abord identifier les régions génomiques sous sélection, puis les phénotypes sur lesquels la sélection agit et, idéalement, les conditions externes conduisant à la sélection. Toutefois, l'étude de la sélection locale au sein de populations qui vivent dans des conditions extrêmes ou qui ont un régime alimentaire unique nous offre la possibilité de mieux comprendre la nature adaptative des réponses physiologiques de l'homme aux pressions environnementales. Dans les passages qui suivent, nous allons nous concentrer sur les exemples les plus soutenus d'adaptation locale chez l'homme, sur le plan aussi bien génétique que phénotypique.

DIGÉRER LE LAIT : UN CAS EMBLÉMATIQUE DE SÉLECTION POSITIVE

Il y a un cas emblématique de sélection positive chez l'homme, souvent évoqué : celui du gène de la lactase (*LCT*), responsable de la tolérance au lactose chez l'adulte. Chez la plupart des humains, la capacité à digérer le lactose, présent à des niveaux élevés dans le lait, diminue rapidement après le sevrage. Cependant, on observe depuis longtemps une grande variabilité de ce phénotype dans les différentes populations humaines, certaines digérant encore le lait à l'âge adulte. Une forte corrélation existe entre la capacité à digérer le lait et le mode de vie des populations : les populations dont le mode de vie est fondé sur l'agriculture et l'élevage tendent à présenter ce phénotype de tolérance au lactose. On peut ainsi identifier les populations d'Europe du Nord et, dans une moindre mesure, celles de l'Europe centrale et méridionale, celles du Moyen-Orient, de l'Afrique de l'Est et de l'Asie centrale et du Sud. Les corrélations observées entre mode de vie et tolérance au lactose ont amené les chercheurs à émettre l'hypothèse que la tolérance au lactose aurait conféré un avantage sélectif puisque la consommation de lait frais et d'autres produits laitiers aurait permis un apport calorique efficace, l'assimilation du calcium à hautes latitudes ou une augmentation de l'absorption de l'eau du lait en milieux arides. Ainsi, les innovations culturelles – comme l'invention de l'élevage et l'utilisation de ses produits – créent des « opportunités » adaptatives qui se traduisent génétiquement et contribuent à façonner biologiquement l'espèce au cours de son histoire évolutive.

Pendant ces vingt dernières années, cette hypothèse s'est largement confirmée. En effet, la capacité à digérer le lait à l'âge adulte, en raison de la persistance de l'expression du gène *LCT*, est sous contrôle génétique : une mutation régulatrice de l'expression du gène *LCT* (T-13910) a été initialement identifiée chez les Européens. Depuis, d'autres mutations (C-14010, G-13915, G-13907) ont été associées à la digestion du lait à l'âge adulte dans d'autres populations d'Afrique et du Moyen-Orient. Par exemple, la mutation C-14010 est la plus fréquente au sein de populations d'éleveurs de la Tanzanie et du Kenya, tandis que les mutations G-13915 et G-13907 sont plutôt présentes dans le nord du Soudan mais également au Kenya. De façon intéressante, ces mutations montrent des signatures de sélection positive forte dans les différentes populations étudiées, confirmant que la tolérance au lactose a été un trait phénotypique hautement avantageux pour leur survie, et donc un phénotype impliqué dans l'adaptation de ces populations à leur environnement local.

Soulignons un détail d'intérêt majeur : les datations de ces mutations sous sélection positive, réalisées par l'équipe de Sarah Tishkoff de l'Université de Pennsylvanie, indiquent des âges de début de sélection d'environ 9 000 ans pour les populations européennes et de 3 000 à 7 000 ans pour les populations africaines. Ces datations sont tout à fait cohérentes puisqu'elles font coïncider le début de la sélection avec le moment où ces populations ont commencé à adopter des pratiques culturelles liées à l'agriculture et à l'élevage. Voilà un exemple frappant d'évolution convergente, où un mécanisme évolutif conduit à l'acquisition d'un même phénotype à travers des événements mutationnels indépendants. Mêmes pratiques culturelles, même sélection. C'est donc aussi un exemple d'adaptation locale résultant d'une forte pression sélective liée à des traits culturels partagés, tels que la domestication du bétail et la consommation de lait chez les adultes.

LE SOLEIL À FLEUR DE PEAU : LE CLIMAT ET LA PIGMENTATION HUMAINE

Mis à part cet exemple d'adaptation locale au mode d'alimentation, l'homme a dû s'adapter plus généralement à des conditions climatiques très variées de part et d'autre de la planète, incluant des conditions extrêmes comme la vie en forêt tropicale, des conditions hypoxiques des régions situées en haute altitude ou des températures polaires des régions arctiques. Comment cela s'est-il produit ? Quels sont les mécanismes évolutifs mis en œuvre ? Il y a quelques années, l'équipe d'Anna Di Rienzo de l'Université de Chicago s'est penchée sur la recherche de mutations associées à l'adaptation de l'homme à diverses variables environnementales, comme la température, l'humidité, les niveaux d'ensoleillement ou de précipitations. On soupçonnait depuis longtemps que la variabilité de certains phénotypes chez l'homme – comme la pigmentation de la peau, le métabolisme basal (les besoins en énergie nécessaire à la survie de l'organisme) ou la forme et la taille du corps – pouvait être le résultat d'une adaptation différentielle aux conditions climatiques. En analysant la variabilité du génome de 61 populations du monde entier, cette équipe américaine a trouvé des preuves d'adaptations génétiques au climat, en corrélant la fréquence des mutations du génome à diverses variables climatiques. De plus, certaines de ces mutations sont impliquées dans la pigmentation de la peau, dans la couleur et la morphologie capillaires, mais aussi dans l'immunité, l'infection ou le cancer. Ces résultats montrent, à l'échelle du génome, que les adaptations au climat ont façonné la variabilité phénotypique que l'on observe actuellement chez l'homme.

La variation de la pigmentation de la peau est l'un des exemples les plus frappants de diversité phénotypique humaine. À la différence de celle d'autres primates, la peau humaine n'est pas couverte d'une épaisse couche de poils et est en contact direct avec l'environnement. L'exposition aux rayonnements du soleil est ainsi le moteur principal de l'évolution de la pigmentation chez l'homme, avec de fortes pressions de sélection favorisant une pigmentation plus foncée aux latitudes basses, en raison de la protection évidente qu'elle offre contre les photo-dommages (par exemple les mélanomes), et surtout pour éviter la photo-dégradation du folate, un métabolite essentiel au développement du tube neural embryonnaire et à la spermatogenèse. En revanche, la sélection a favorisé une pigmentation plus claire aux latitudes élevées, afin de maintenir la production de la vitamine D, synthétisée dans la peau sous l'effet des rayons ultraviolets, dans les régions où les niveaux d'irradiation UV sont plus faibles.

Au cours de la dernière décennie, plusieurs gènes associés à la variation de la couleur de la peau ont été identifiés*, dont certains présentent des signatures de sélection positive. En outre, une analyse récente de 230 échantillons anciens vivant à différentes échelles de temps, entre il y a 8 000 ans et 2 000 ans, a permis de constater qu'un variant génétique associé à une peau plus claire a probablement atteint son point de fixation chez les Européens à une période relativement récente, au cours des quatre mille dernières années.

---

* Par exemple *OCA2*, *TYRP1*, *TYR*, *SLC24A5* ou *SLC45A2*.

Bien que de nombreuses mutations associées à la couleur de la peau aient été identifiées, la plupart des études portent sur les populations européennes. C'est malheureusement une règle assez générale dans les études en génomique humaine, et, de ce fait, les bases génétiques de la couleur de la peau en Asie ou en Afrique restent largement méconnues. Même au sein de l'Afrique, la variabilité de la pigmentation de la peau est immense, et la gamme des nuances est très étendue : elle va de la peau foncée des pasteurs nilotiques à la peau plutôt pâle des chasseurs-cueilleurs San de l'Afrique méridionale. Deux études récentes se sont penchées sur cette question, celles de Sarah Tishkoff de l'Université de Pennsylvanie et celle de Brenna Henn de l'Université de Californie à Davis. Ces travaux ont identifié de nouveaux gènes reliés à la pigmentation de la peau en Afrique. Ils ont également montré que l'architecture génétique de la pigmentation de la peau en Afrique était bien plus complexe que celle de l'Europe, où une poignée de mutations explique la plupart de la variabilité du phénotype. Par ailleurs, la distribution géographique des mutations africaines responsables de la pigmentation de la peau semble être le résultat d'une adaptation génétique aux différentes latitudes. Dans certains cas, ces mutations peuvent être introduites par le biais des migrations, comme c'est le cas d'une mutation associée à une peau plus claire*, introduite en Afrique de l'Est par flux génique venant de l'Eurasie dans les derniers 3 000 à 9 000 ans.

Toutes ces études convergent vers l'idée que la pigmentation de la peau est un phénotype qui a été fortement influencé par la sélection naturelle chez l'homme. En revanche, le rôle de la sélection naturelle dans l'évolution de la pigmentation des cheveux et des yeux, dont les bases génétiques sont également

---

* Elle concerne le gène *SLC24A5*.

de plus en plus connues, semble avoir été négligeable. D'autres facteurs ont probablement joué un rôle prépondérant dans la distribution actuelle de ces phénotypes, tels que des événements démographiques spécifiques ou la dérive génétique.

La sélection sexuelle peut également jouer un rôle dans l'évolution des phénotypes humains. Elle se définit par une compétition « sexe-dépendante » associée au choix du partenaire qui privilégie certaines caractéristiques physiques ou morphologiques, comme la pigmentation des cheveux ou des yeux. Darwin croyait fermement que la sélection sexuelle était une force majeure façonnant les différences phénotypiques entre différentes populations humaines. Toutefois, dans le détail, le rôle joué par la sélection sexuelle dans la distribution de la couleur des cheveux et des yeux à travers les populations humaines n'a pas encore été exploré précisément. Quant à son influence sur la pigmentation de la peau, elle ne semble pas avoir joué de rôle majeur, mais elle a probablement accentué le degré de dimorphisme sexuel (*i.e.* la différence d'aspect du mâle et de la femelle d'une même espèce) dans la couleur de la peau de certaines populations. Certaines études montrent, en effet, une préférence des hommes pour les femmes à la peau plus claire dans certaines cultures de l'Asie de l'Est et du Sud, ce qui a probablement contribué à accentuer la pigmentation généralement plus claire observée chez les femmes en raison d'un besoin accru de vitamine D pendant les périodes de grossesse et de lactation.

LE FROID ET LES OMÉGA-3

Mais il n'y a pas que le soleil. Il y a aussi le froid… L'environnement arctique est sans doute l'un des plus extrêmes sur Terre, avec ses basses températures et son manque d'ensoleillement. Un défi adaptatif pour tous les êtres vivants, et l'homme n'échappe pas à la règle. Malgré cela, plusieurs cultures vivant sur les continents concernés sont parvenues à s'accommoder de cet environnement inhospitalier, comme les Tchouktches et les Evenks de Sibérie, les Samis du nord de l'Europe ou les Inuits d'Amérique du Nord et du Groenland. Ces populations ont dû s'adapter non seulement aux grands froids, mais aussi à une alimentation marine riche en acides gras poly-insaturés oméga-3, très présents dans la viande de phoque, de baleine ou des poissons des mers froides. Jusqu'à très récemment, les bases génétiques de l'adaptation au froid et à ce régime alimentaire si particulier restaient inexplorées. Des études récentes se sont penchées sur cette question en étudiant la variabilité génomique et les profils de sélection naturelle de populations habitant l'extrême Nord.

Une première étude en 2014 s'est focalisée sur les populations de Chukchi, d'Eskimo et de Koryak de la Sibérie de l'Est. En séquençant leurs génomes et en les comparant à d'autres populations du cercle polaire, les chercheurs ont identifié une mutation non synonyme dans le gène *CPT1A,* présente à des fréquences élevées dans ces populations (près de 70 %) et arborant de fortes signatures de sélection positive. La fréquence de cette mutation aurait augmenté rapidement au cours des dernières 6 000 à 23 000 années, en raison d'un coefficient de sélection parmi les plus forts jamais identifiés dans les populations humaines. La même mutation est présente chez les Inuits du Canada et du Groenland à une fréquence d'environ 50 %, mais, de façon surprenante, elle est associée à une hypoglycémie et à une mortalité infantile élevée.

Pourquoi une mutation associée à des effets délétères ayant un impact direct sur la survie serait-elle le résultat d'une sélection positive ? et comment aurait-elle atteint des fréquences si élevées ? La réponse se trouve dans la fonction même de la protéine codée par le gène *CPT1A*, qui est d'importer des acides gras à longue chaîne dans les mitochondries pour une utilisation ultérieure de leur oxydation. Ainsi, cette mutation, bien que délétère, aurait conféré un avantage métabolique aux populations du cercle polaire pour faire face à leur régime traditionnel riche en graisses. Nous verrons par la suite d'autres exemples de ce paradoxe évolutif, c'est-à-dire des dommages collatéraux de la sélection naturelle du passé sur la santé des individus d'aujourd'hui.

Dans la même logique, deux études indépendantes ont exploré la façon dont les Inuits du Groenland se sont adaptés à leur milieu. La première s'est penchée sur la recherche des bases génétiques du diabète de type 2, dont l'incidence est particulièrement élevée au sein de cette population. En réalisant une analyse d'association génétique, ils ont identifié une mutation dans un gène (*TBC1D4*) qui joue un rôle dans le diabète et les taux élevés de glucose et d'insuline circulants. Cette mutation présente une fréquence d'environ 20 % chez les Inuits mais elle est pratiquement absente dans les autres populations du monde. Même s'il est tentant de penser que l'adaptation au régime hypoglycémique traditionnel des Inuits aurait favorisé l'augmentation de la fréquence de cette mutation, qui affecte par ailleurs l'absorption du glucose, le choix de l'hypothèse sélective ou de la dérive génétique reste ouvert.

C'est à cette question que s'est attaquée plus directement la seconde étude, qui étudie la façon dont la sélection naturelle a participé à l'adaptation des Inuits aux climats froids et aux régimes riches en lipides si caractéristiques de cette population. À l'échelle du génome entier, la région génomique présentant les signatures de sélection positive les plus fortes est localisée autour d'un groupe de gènes impliqués dans la chaîne de désaturation des acides gras (*FADS1-FADS2-FADS3*), suivie de deux gènes (*WARS2* et *TBX15*) impliqués dans le rapport taille/hanche et dans la différenciation des adipocytes, ce qui suggère une possible implication dans l'adaptation au froid. Quant à la pression sélective sous-jacente au signal de sélection détecté dans les gènes *FADS*, il semble logique de penser qu'elle se produit en réponse au régime alimentaire riche en acides gras des Inuits. Il est encore plus intéressant de constater que ces mêmes gènes ont un effet important sur la taille et le poids ainsi qu'un effet protecteur sur les taux de cholestérol et de triglycérides. Cet exemple montre clairement comment la pléiotropie (*i.e.* le fait qu'un même gène soit impliqué dans plusieurs caractères phénotypiques) peut avoir des effets majeurs sur les caractéristiques phénotypiques d'une population. En effet, la sélection naturelle a favorisé des mutations dans les gènes *FADS* en réponse au régime alimentaire des Inuits, mais la conséquence phénotypique va bien au-delà du métabolisme des acides gras et entraîne d'autres caractéristiques, comme une taille plus petite.

En 2018, une autre étude a examiné plus directement l'adaptation au froid, en étudiant l'histoire évolutive du gène *TRPM8* – le seul récepteur de température connu qui soit impliqué dans la détection et la réaction au froid à travers la thermorégulation physiologique. Ce gène présente une mutation dans sa région régulatrice : on trouve dans les populations habitant les latitudes nord un variant génétique qui modifie son niveau d'expression, avec des signaux de sélection positive. Deux éléments militent en faveur de la nature adaptative de cette mutation : le fait qu'il existe une forte différence de fréquence de la mutation selon les populations, et sa distribution géographique. Sa fréquence varie de 5 % (chez les Nigériens) à 88 % (chez les Finlandais). Sa distribution géographique dépend donc de la latitude et de la température.

Néanmoins, il ne s'agit pas d'un régime de sélection positive par balayage classique, mais plutôt d'un phénomène de sélection sur un variant préexistant. La mutation du gène impliqué dans la thermorégulation (*TRPM8*) serait originaire d'Afrique, où elle aurait évolué d'une façon neutre. C'est en Eurasie qu'elle aurait atteint des fréquences élevées, avec un début de sélection positive il y a environ 25 000 ans, coïncidant avec le dernier maximum glaciaire. La comparaison de ces données avec celles provenant de l'ADN ancien indique que la mutation était présente en Europe à des fréquences très élevées dans les 3 000 à 8 000 dernières années. Mais il y a un prix à payer pour cette adaptation au froid : la mutation est également associée à une vulnérabilité plus importante à la migraine, ce qui explique l'incidence plus importante de cette maladie dans les populations d'origine européenne.

GRANDIR DANS LA FORÊT TROPICALE ? L'HUMIDITÉ ET LA TAILLE

Pour compléter la visite des climats inhospitaliers de la planète, il faut encore évoquer les tropiques : le mot peut faire rêver, la réalité climatique, parfois beaucoup moins. Or, si les humains se sont adaptés aux climats extrêmes des latitudes nord, ils ont aussi affronté les climats chauds et humides, et leur génome en porte les marques – un autre sujet qui a passionné les anthropologues et les généticiens durant cette dernière décennie. Les forêts tropicales font partie elles aussi des environnements les plus hostiles du monde. On y trouve des températures élevées, des niveaux d'humidité importants et une forte prévalence d'agents infectieux. Les habitants de la forêt tropicale ont souvent une durée de vie plus courte, ce qui affecte directement leur reproduction et se traduit par conséquent en une pression de sélection majeure.

Le phénotype le plus distinctif des populations habitant la forêt tropicale est leur petite taille (moins de 1,50 mètre chez les hommes adultes). On retrouve ce « phénotype pygmée » chez certaines populations de chasseurs-cueilleurs à travers l'Afrique, mais aussi l'Asie et l'Amérique du Sud. Parmi ces populations, les chasseurs-cueilleurs Efe, habitant la forêt tropicale de l'Ituri en République démocratique du Congo, se distinguent à cet égard : ils présentent la plus petite taille de toutes les populations humaines, avec une moyenne de 136 centimètres pour les femmes et de 143 centimètres pour les hommes.

Comment comprendre les origines convergentes du phénotype pygmée en Afrique, en Asie et en Amérique du Sud ? On peut les considérer comme des réponses adaptatives aux défis environnementaux identiques posés par la forêt tropicale à des populations qui les rencontrent quasiment à l'identique dans différentes zones de la planète. Plusieurs hypothèses ont ainsi été avancées pour expliquer la petite taille de ces populations : l'accès limité aux ressources alimentaires, la protection contre la surchauffe associée à l'humidité extrême, une meilleure mobilité dans la forêt et/ou un compromis évolutif entre l'arrêt de la croissance et le début de l'âge de reproduction, puisque ces populations ont généralement une durée de vie plus courte. Comment les départager ? Au cours des dernières années, les études en génomique humaine et en génétique des populations ont apporté de nouveaux éclairages qui ont permis de mieux comprendre les bases génétiques du phénotype pygmée et la nature des pressions de sélection conduisant à ce phénotype.

Les chasseurs-cueilleurs de la forêt de l'Afrique centrale, qu'on a longtemps appelé Pygmées, ont fait l'objet de nombreuses études au cours de ces dernières années. Diverses équipes, françaises et internationales, se sont penchées sur la question de leur adaptation génétique à la vie en forêt – notamment celle de Paul Verdu et d'Évelyne Heyer du Muséum national d'histoire naturelle, et celle d'Étienne Patin et de moi-même à l'Institut Pasteur. Elles ont permis d'identifier plusieurs gènes ou régions génomiques impliqués dans la variation de la taille et qui, parallèlement, présentent des signatures de sélection naturelle. Ces travaux restent insatisfaisants et à consolider, car les gènes identifiés diffèrent souvent d'une étude à l'autre, ce qui pourrait refléter un taux élevé de faux positifs. On s'accorde néanmoins à reconnaître la nature adaptative de deux gènes en particulier : *FLNB* et *EPHB1*. Non seulement ces gènes présentent des signatures robustes de sélection positive, mais leur variation affecte également la taille corporelle dans des organismes modèles ou chez l'homme directement. Notons que, pour expliquer le manque de réplication entre les études, on peut envisager une hypothèse plus encourageante (que l'incertitude…) : peut-être faut-il considérer l'existence de phénomènes d'adaptation convergents, comme ceux que nous avons décrits pour la tolérance au lactose. Les données génomiques obtenues par l'équipe de George Perry de la Penn State University vont dans ce sens : elles montrent une différence d'adaptation génétique à la forêt en Afrique centrale entre les chasseurs-cueilleurs de l'Ouest et ceux de l'Est.

Mon équipe s'est récemment intéressée à ce sujet. Il s'agissait de mieux comprendre la nature adaptative du phénotype pygmée en Afrique et les mécanismes évolutifs impliqués dans une telle adaptation à la vie en forêt. À cette fin, nous avons recueilli et analysé les données génomiques de six groupes de chasseurs-cueilleurs d'Afrique centrale, en nous assurant une « réplication interpopulations » des résultats. Nous avons identifié un seul et unique événement de sélection positive forte par balayage sélectif partagé par tous les groupes de chasseurs-cueilleurs, et qui est évidemment absent chez leurs voisins villageois agriculteurs. Cet événement est localisé dans une région génomique qui inclut le gène *TRPS1*, impliqué dans certains traits morphologiques : un retard de la croissance, la morphologie cranio-faciale, l'hypertrichose (*i.e.* un excès de pilosité), mais aussi la réponse immunitaire.

Nous avons également détecté, chez les Pygmées, des signaux de sélection polygénique associés à la taille et à certains traits d'histoire de vie, tels que l'âge de la ménarche (les premières menstruations) ou l'âge de naissance du premier enfant. Des analyses approfondies ont montré que ces derniers traits résultaient des effets pléiotropiques des gènes associés à la taille. Autrement dit, le véritable phénotype adaptatif est la taille, mais, puisque les gènes régulant la taille possèdent également d'autres fonctions, la sélection du phénotype « taille » a entraîné du même coup d'autres phénotypes comme l'âge de la reproduction.

Précisons que la sélection polygénique a affecté aussi d'autres fonctions biologiques comme certaines fonctions immunitaires associées aux réponses des mastocytes aux allergènes et aux microbes, à la voie de signalisation de l'interleukine 2 ou aux interactions de l'hôte avec les virus. Cette observation va également dans le sens d'une adaptation génétique des Pygmées à la présence élevée d'agents pathogènes en forêt tropicale. Ainsi, l'ensemble de ces découvertes viendrait appuyer l'hypothèse que la petite taille des chasseurs-cueilleurs de la forêt serait plutôt d'origine génétique, et non pas d'ordre environnemental (liée par exemple aux ressources nutritionnelles), et que la petite taille aurait été un trait adaptatif pour la vie en forêt tropicale.

QUESTIONS DE TAILLE EN EUROPE : SÉLECTION POLYGÉNIQUE ?

Quittons un instant la forêt pour les climats moins extrêmes de l'Europe tempérée. On y trouve d'autres différences de taille, et d'autres questions. Pourquoi les Européens du Nord sont-ils généralement plus grands que les Européens du Sud ? Est-ce là aussi l'effet de la sélection naturelle ? De fait, en Europe, des centaines de mutations dans de nombreux gènes ont été corrélées à la variation de la taille, chacune de ces mutations apportant une légère contribution au trait quantitatif en question. Même si ces mutations, prises une par une, n'affectent la taille que de seulement quelques millimètres, un léger décalage dans les fréquences moyennes, s'il affecte des centaines de mutations, pourrait en revanche générer un décalage de plusieurs centimètres dans la population en question.

Plusieurs travaux récents ont étudié ce phénomène, recherchant des décalages dans la fréquence des mutations associées à la taille par rapport à celles qu'on attendrait par dérive génétique. Il en ressort que la sélection polygénique pourrait expliquer les différences de taille observées entre populations européennes.

Dans le cas de la population anglaise, en s'appuyant sur des données issues de la UK Biobank, des chercheurs ont même avancé l'hypothèse qu'une sélection polygénique favorisant une augmentation de fréquence des mutations associées à une plus grande taille aurait eu lieu au cours des deux mille dernières années. En réalité, des études plus récentes arrivent à des conclusions bien plus mitigées. Le fort signal de sélection polygénique détecté pour la taille pourrait être le résultat d'un biais méthodologique des études précédentes, les données n'ayant pas été corrigées par la « stratification » des populations – autrement dit, la présence d'une différence systématique de fréquences alléliques entre plusieurs sous-populations d'une même population, différence indépendante du trait étudié. Une fois que les études sont corrigées par ce facteur clé, le signal de sélection polygénique relié à la taille apparaît bien plus modéré.

LE MAL DES MONTAGNES : HYPOXIE EN ALTITUDE...

Pour revenir à l'adaptation aux conditions extrêmes, éloignons-nous de l'Europe pour observer un exemple d'adaptation à un environnement vraiment hostile : la vie en haute altitude. À 4 000 mètres d'altitude, la quantité d'oxygène présente dans l'air est réduite de 40 % par rapport au niveau de la mer. Or plus de 25 millions de personnes vivent à une altitude supérieure à 3 000 mètres : elles sont soumises en permanence à des conditions d'extrême hypoxie, c'est-à-dire à un apport insuffisant en oxygène par rapport aux besoins de l'organisme. Certes, à basse altitude, le corps peut s'acclimater à la raréfaction de l'oxygène, dans une certaine mesure, grâce à des mécanismes physiologiques. Plus haut, les choses sont différentes. Ainsi, on dénombre au moins trois populations habitant en haute altitude pour lesquelles il existe des preuves d'une adaptation génétique à l'hypoxie : les Tibétains de l'Himalaya, les Quechuas et les Aymaras des Andes, et les Amharas des monts Simien des plateaux d'Éthiopie.

Une première étude sur les Tibétains a comparé leurs génomes à ceux des populations habitant à basse altitude comme les Chinois Han. Ce faisant, un gène a été identifié, *EPAS1*, qui présente plusieurs mutations à une fréquence de 85 % chez les Tibétains et seulement de 5 % chez les Han, les deux populations étant par ailleurs très proches pour le reste du génome. Ce gène code une protéine qui fait partie de la famille des facteurs de transcription induits par l'hypoxie (ou HIF, pour *hypoxia inducible factors* en anglais), ces derniers régulant la réponse cellulaire à l'hypoxie. Les HIF induisent une sécrétion accrue d'érythropoïétine, qui favorise la production de globules rouges, augmentant ainsi la concentration de l'hémoglobine et donc de l'oxygène dans le sang. Un point notable : la mutation impliquée dans l'adaptation génétique à l'hypoxie chez les Tibétains se retrouve également dans le génome de l'homme de Denisova. Cela suggère que le variant bénéfique est apparu chez ces derniers et a été ensuite transmis aux humains modernes par métissage. Nous traiterons en détail dans un autre chapitre de la nature adaptative de ce métissage dit « archaïque » pour l'homme moderne.

D'autres gènes candidats à l'implication dans la réponse à l'hypoxie ont été identifiés dans des populations habitant les Andes ou les plateaux éthiopiens. On observe chez elles des mutations potentiellement bénéfiques dans des gènes appartenant à la famille des HIF (comme *EGLN1* ou *BHLHE4*). On retrouve aussi dans ces populations des variants localisés dans des gènes ne faisant pas partie des HIF. Comme dans le cas de la digestion du lait à l'âge adulte, l'adaptation à l'hypoxie constitue un exemple remarquable d'évolution convergente, où différentes mutations, différents gènes et mécanismes conduisent au même phénotype permettant l'adaptation au manque d'oxygène caractéristique des régions de haute altitude.

… ET EN APNÉE

Il n'est pas nécessaire de vivre en haute montagne pour manquer d'oxygène. L'apnée, l'arrêt volontaire de la respiration, conduit également à l'hypoxie. En moyenne, on peut retenir sa respiration pendant plusieurs dizaines de secondes, parfois plus d'une minute, rarement au-delà, sans entraînement. Pourtant, il existe un peuple particulier dont les membres parviennent à rester en apnée pendant… treize minutes ! Il s'agit des Bajau, un peuple qui vit entre les Philippines, l'Indonésie et la Malaisie. On les appelle les « nomades de la mer ». Pour les besoins de la pêche des poissons et des crustacés dont ils dépendent pour vivre, les Bajau passent environ 60 % de leur journée à plonger à environ 60 mètres de profondeur, ce qui correspond à des conditions de stress physiologique extrême. Cette adaptation unique leur permettant des plongées prolongées et répétées a longtemps été considérée par la communauté scientifique comme relevant d'une simple « plasticité phénotypique », c'est-à-dire la capacité, indépendante du code génétique, à exprimer des phénotypes différents en fonction des conditions environnementales.

Une étude menée par Melissa Ilardo et Rasmus Nielsen (Université de Berkeley en Californie) a cherché à déterminer si elle avait une base génétique. L'analyse génomique des Bajau d'Indonésie a révélé qu'ils se sont adaptés à l'hypoxie aiguë à travers une hypertrophie de la rate : cet organe se contracte en réponse à l'apnée et fournit l'apport nécessaire d'oxygène par l'expulsion des globules rouges, et ce, sous contrôle génétique. La rate des Bajau est plus volumineuse que celle des Saluan, un peuple vivant à proximité et qui ne pratique pas la plongée. La différence de volume est observée chez tous les Bajau, y compris chez ceux qui ne pratiquent pas la plongée, ce qui va à l'encontre d'une plasticité phénotypique. En outre, cette particularité serait due à un variant dans le gène *PDE10A*, impliqué à la fois dans la fonction thyroïdienne et dans la taille de la rate. Puisque les hormones thyroïdiennes régulent l'érythropoïèse au cours du développement postnatal, une rate de plus grande taille chez les Bajau pourrait être le résultat d'un volume plus élevé de cellules érythrocytaires.

Le fait que la mutation en question présente des signatures de sélection positive chez les Bajau suggère une adaptation génétique en réponse à leur mode de vie, favorisant une augmentation de la quantité de cellules oxygénées. Cette étude a ainsi révélé un nouveau mécanisme physiologique d'adaptation aux conditions environnementales extrêmes auxquelles l'homme a dû faire face. Le cas des Bajau fournit un bel exemple d'adaptation génétique à des pratiques culturelles chez l'homme, comme c'est le cas de la consommation de lait associée à la pratique de l'élevage. Ces différents exemples illustrent la coévolution de la culture et de la biologie au cours des derniers milliers d'années de notre histoire. Nous reviendrons sur ce sujet en détail.

Et l'adaptation continue

Nous avons vu quelques exemples de traits phénotypiques qui semblent avoir conféré dans le passé des avantages sélectifs pour la survie dans des environnements spécifiques. Dans quelle mesure ces pressions de sélection ont-elles persisté jusqu'à des temps plus récents ? C'est à cette question précise que l'équipe de Jonathan Pritchard de l'Université de Stanford a tenté d'apporter des réponses en 2016. Pour détecter la sélection positive, la plupart des méthodes statistiques disponibles ont été conçues pour la mesurer sur de longues échelles de temps. L'équipe de

Pritchard, à l'inverse, a développé une nouvelle méthode, nommée en anglais *singleton density score* ou SDS, qui permet de repérer des changements rapides et récents dans les fréquences des mutations, et de mesurer ainsi la sélection au cours des dernières 2 000 années. Cette méthode nécessite des données de séquences de génomes complets, ce qui était assez onéreux jusqu'à une période récente et est devenu beaucoup plus abordable grâce au développement des techniques de la génomique.

En appliquant cette nouvelle méthode à plus de 3 000 génomes complets d'origine britannique, ils ont identifié plusieurs variants qui semblent avoir continué à être bénéfiques dans les deux derniers millénaires. Parmi les exemples notables, nous trouvons l'allèle de persistance de la lactase, ce qui indique que le bénéfice de ce variant a persisté jusqu'à des temps récents. La méthode SDS a également détecté de forts signaux de sélection positive dans la région génomique des antigènes des leucocytes humains (ou HLA, qui correspond, nous l'avons vu, au complexe majeur d'histocompatibilité chez l'humain impliqué dans la réponse immunitaire adaptative). C'est aussi le cas de gènes impliqués dans la pigmentation, favorisant les cheveux blonds et les yeux bleus, probablement par sélection sexuelle.

Cette étude a également identifié certains cas de sélection polygénique « active » jusqu'à des époques récentes. Par exemple, certains gènes favorisent l'augmentation de la taille, de la circonférence de la tête du nourrisson et du poids à la naissance, ou encore la maturation sexuelle chez les femmes, d'une part, alors que d'autres favorisent une diminution des taux d'hémoglobine glyquée ou de l'indice de masse corporelle uniquement chez les hommes. Cependant, au vu des biais potentiels de stratification de la population, comme nous l'avons vu pour la taille, même au sein du Royaume-Uni, il faut considérer ces résultats avec prudence. Abstraction faite de ce biais méthodologique, l'intérêt de cette étude est de pouvoir identifier des événements d'adaptation génétique façonnant la diversité phénotypique des populations humaines dans les périodes récentes.

La sélection balancée : les bienfaits de la diversité

Enfin, il reste un type de sélection naturelle dont je n'ai pas encore parlé : la sélection balancée, qui maintient la diversité au sein d'une population ou d'une espèce grâce à plusieurs mécanismes. L'*avantage à l'hétérozygote* en fait partie : il renvoie à l'avantage des individus hétérozygotes, c'est-à-dire ceux qui possèdent deux formes différentes du même gène, par rapport aux individus homozygotes qui présentent deux copies identiques du même gène. La sélection balancée peut se manifester également sous la forme de *sélection fréquence-dépendante*, à savoir que la valeur sélective d'un phénotype dépend de sa fréquence par rapport à d'autres phénotypes dans la population. Par exemple, un individu ayant un phénotype peu fréquent par rapport aux autres individus aura une *fitness* plus importante grâce à cette rareté : on parle alors de sélection fréquence-dépendante négative.

Contrairement à d'autres formes de sélection, la sélection balancée peut maintenir la diversité fonctionnelle sur de longues périodes, voire des millions d'années si les conditions de sélection restent constantes à travers le temps et sont assez fortes pour éviter la perte des mutations due à la dérive génétique. Dans certains cas, ces mutations « balancées » peuvent même survivre à des événements de spéciation, entraînant un polymorphisme dit « trans-espèces ».

HOMMES ET CHIMPANZÉS CONTRE LE CHOU DE BRUXELLES

La perception du goût amer a pendant longtemps été considérée comme un cas d'étude de sélection balancée ancienne. Une telle sensibilité à l'amertume fournit aux animaux, y compris à l'homme, un instrument important pour interagir avec leur environnement, en permettant la détection de divers composés toxiques dans les aliments. En 1931, Arthur Fox, un chimiste, remarqua que certaines personnes réagissaient au phénylthiocarbamide (PTC), un composé organique présent dans de nombreuses plantes, dont le brocoli, le chou de Bruxelles ou le poivre : il leur paraissait très amer alors que le reste de la population n'en percevait pas le goût. Les bases génétiques de cette capacité de détection ont été identifiées soixante-treize ans plus tard, des travaux révélant que trois variants non synonymes dans le gène *TAS2R38* différencient le phénotype « goûteur » du « non-goûteur ».

La capacité de percevoir le goût du PTC est un trait génétique dominant qui constitue un exemple classique en génétique humaine. Les distributions des phénotypes goûteurs et non-goûteurs sont observées à des fréquences intermédiaires dans la plupart des populations, ce qui est globalement cohérent avec un scénario de sélection balancée par l'avantage à l'hétérozygote, ou l'avantage à la diversité. Néanmoins, on observe une certaine variabilité dans quelques populations : le phénotype goûteur varie d'environ 75 % dans le Sud-Est asiatique et le Pacifique à environ 50 % en Europe, voire à presque 100 % dans les populations d'Amérindiens.

En 1939, Ronald Fisher rapporta que les chimpanzés, comme les humains, présentaient à la fois les phénotypes goûteur et non-goûteur, à des fréquences relativement égales. Il interpréta cette observation comme un polymorphisme ancien qui serait apparu avant la divergence homme/chimpanzé, et qui aurait été maintenu par sélection balancée pendant ces cinq à six derniers millions d'années. La publication du génome du chimpanzé, en 2005, ouvrait la possibilité d'y identifier des variants génétiques : Stephen Wooding et Michael Bamshad, à l'époque à l'Université de l'Utah, ont alors revisité en 2006 ce cas classique de sélection balancée partagée. À travers le séquençage du gène *TAS2R38* chez 86 chimpanzés et sa comparaison avec la version humaine, ils ont fait une découverte inattendue : l'interprétation de Fisher était inexacte. Chez le chimpanzé, à la différence de l'homme, le phénotype non-goûteur se distingue du phénotype goûteur par un seul variant, qui ne correspond à aucun de ceux que l'on trouve chez l'homme. Cela pourrait signifier que, contrairement à la prédiction de Fisher, la perception du goût amer aurait évolué indépendamment à au moins deux reprises au cours de l'évolution des hominines. Il s'agirait donc d'un cas d'évolution convergente plutôt que d'un ancien événement de sélection balancée partagée entre les deux espèces.

LA SÉLECTION BALANCÉE : UN MÉCANISME COURANT ?

Dans d'autres cas, la sélection balancée se produit au sein des espèces en raison de pressions environnementales spécifiques. Un bel exemple de sélection balancée récente, connu depuis les années 1950, est la mutation dite HbS dans le gène codant l'hémoglobine. C'est l'un des exemples les plus frappants de sélection naturelle maintenant une mutation délétère à haute fréquence dans la population humaine, en raison de la protection qu'elle confère (d'environ dix fois, à l'état hétérozygote) contre le paludisme causé par le parasite *Plasmodium falciparum*. En revanche, les homozygotes porteurs de deux exemplaires de HbS développent une drépanocytose, une forme d'anémie souvent mortelle causée par les déformations des globules rouges.

Longtemps considérée comme un événement rare chez l'homme, la sélection balancée serait plus répandue que ce que l'on soupçonnait, selon de récentes études portant sur le génome entier. Ce régime sélectif semble avoir affecté un bon nombre de gènes, en particulier des gènes associés aux fonctions immunitaires et aux relations hôte-pathogènes. Or, au même titre que l'accès à la nourriture ou la vie en conditions extrêmes de froid ou d'hypoxie, la relation de l'homme aux pathogènes a été un facteur majeur de sélection naturelle, peut-être le plus important de notre évolution. L'empreinte de la pression de sélection exercée par les agents infectieux sur nos génomes est si importante que, tout au long de ce chapitre, j'ai délibérément évité d'en parler, afin de consacrer un chapitre entier à ce sujet d'importance majeure en biologie de l'évolution, immunologie humaine et génomique médicale.

PARTIE IV

HOMMES ET MICROBES

L'adaptation génétique ne consiste pas seulement à répondre à des défis environnementaux comme le climat ou l'altitude. Comme tous les vivants, nous avons eu nos prédateurs et ils ont contribué à faire de nous ce que nous sommes. De même, comme tous les vivants, nous avons eu nos pathogènes causant les maladies infectieuses, et nous en avons régulièrement de nouveaux : il a fallu composer avec eux, et le génome en porte la trace. C'est principalement aux microbes que nous allons nous intéresser maintenant, et à nos liaisons dangereuses avec eux. Nous savons désormais que les défenses immunitaires dont nous disposons aujourd'hui sont inséparables de l'histoire évolutive : c'est là qu'ont été inventées les solutions dont nous avons hérité, comme les gènes de ceux qui, au cours de cette histoire, ont survécu aux grandes épidémies du passé, comme la peste, la tuberculose ou le choléra. Là encore, la précision des outils de la génomique apporte des éclairages nouveaux. Nous les présentons ici.

Alice et la Reine Rouge : une course aux armements

« Ici, vois-tu, on est obligé de courir tant qu'on peut pour rester au même endroit. Si on veut aller ailleurs, il faut courir au moins deux fois plus vite que ça ! » : telle est la réponse que donne la Reine Rouge à Alice dans un passage du livre de Lewis Carroll *De l'autre côté du miroir*, second volet d'*Alice au pays des merveilles*, au cours duquel elles se lancent toutes deux dans une course effrénée. Cette métaphore a été utilisée pour symboliser la « course aux armements » entre les espèces, c'est-à-dire leur besoin d'évoluer continuellement face à la concurrence et aux changements environnementaux. Cette compétition entraîne des espèces concurrentes dans une surenchère permanente d'adaptations et de contre-adaptations. C'est cette compétition permanente entre l'homme et les pathogènes que décrit l'hypothèse de la Reine Rouge, proposée par Leigh Van Valen en 1973.

L'évolution permanente de l'homme est nécessaire pour rester dans la course et tenir sa place dans le cadre global de l'évolution des espèces avec lesquelles il coévolue, et notamment les agents infectieux. Les pathogènes qui ont un impact sur le succès reproducteur de l'hôte, parce qu'ils menacent sa santé ou entraînent une mort prématurée, peuvent conduire à la sélection de mutations qui augmentent la résistance de ce dernier à l'infection. La sélection devrait ainsi être plus visible pour des pathogènes ayant une longue relation avec les humains, comme ceux causant des maladies anciennes telles que le paludisme ou le choléra, mais aussi la variole, la tuberculose ou la lèpre.

Ainsi, êtres humains et microbes entretiennent une relation permanente et à double tranchant. Ils se complètent, pour ce qui est de la flore intestinale (ou microbiote), mais il arrive que des micro-organismes soient pathogènes, provoquant ainsi des maladies infectieuses. Tout comme les famines et les guerres ont continuellement fait peser sur les humains un lourd fardeau de mortalité, la menace des agents infectieux a eu une incidence capitale. Les pathogènes accompagnent l'homme depuis son apparition en Afrique il y a environ 200 000 à 300 000 ans, au cours de ses dispersions ultérieures sur tous les continents depuis 60 000 ans, et durant d'importantes transitions culturelles plus récentes, comme l'apparition de l'agriculture et de la sédentarité il y a environ 10 000 ans ou la colonisation européenne et la mondialisation contemporaine. Ces migrations et ces changements culturels ont ainsi exposé les populations humaines à de nouveaux agents pathogènes, en raison de l'augmentation de la densité des populations et du contact plus étroit avec des animaux vecteurs de maladies, y compris des animaux domestiques tels que les chiens, les porcins ou les volailles, ou des animaux qui cohabitent avec l'homme sédentaire, tels les rongeurs.

Malgré les progrès de la médecine, les maladies infectieuses continuent d'infliger à l'homme un lourd tribut de mortalité. C'est aussi le cas pour des menaces plus récentes telles que la grippe espagnole au début du XXe siècle ou des maladies émergentes contemporaines comme le sida, connu depuis moins de 100 ans, la maladie à virus Zika, à la base de l'épidémie de 2016, ou différentes formes de syndromes respiratoires aigus sévères (SRAS), associés aux infections par coronavirus, apparues au XXIe siècle et dont on a tant parlé durant la crise sanitaire associée au COVID-19 en 2020. Certains pathogènes causent des maladies aiguës, comme le choléra, mais, une fois guéries, constituent une menace minime. D'autres, par contre, peuvent causer des infections chroniques qui ont un fort impact sur l'état nutritionnel des individus, leur croissance et leur fertilité : c'est le cas des pathogènes causant le paludisme, la tuberculose ou certaines infections parasitaires. Deux solutions : continuer de courir avec les moyens génétiques de l'évolution qui maintiennent notre capacité de défense à la hauteur des menaces changeantes – mais à un coût élevé en temps et en vies humaines –, ou s'appuyer sur les moyens développés par la science et la médecine. Ils constituent une arme inédite – extraordinairement efficace, bien qu'encore imparfaite – dans la compétition avec les pathogènes…

Maladies infectieuses, mortalité et sélection naturelle

Au cours de l'histoire, les taux de mortalité par infection, et donc la pression sélective, sont restés extrêmement élevés jusqu'à la fin du XIXe siècle et au début du XXe, période à laquelle les conditions d'hygiène se sont améliorées et les vaccins et les antibiotiques ont commencé à faire leur apparition. Rappelons qu'à la fin du XIXe siècle seuls 35 % des Européens atteignaient l'âge de 40 ans. Ce chiffre suffit à donner une idée du lourd fardeau infectieux qui a pesé sur notre espèce tout au long de son histoire.

LOUIS PASTEUR, PÈRE DE LA THÉORIE MICROBIENNE

Louis Pasteur, le père de la théorie microbienne, a perdu trois de ses filles, victimes de ce qu'on appelait à l'époque la « fièvre ». Rétrospectivement, il est clair qu'elles sont mortes d'une maladie infectieuse. Pour être illustre, cette lignée n'en est pas moins représentative de la plupart des familles de l'époque : il n'était pas rare qu'au moins la moitié des membres d'une fratrie – garçons et filles confondus – meure d'une infection. La question qui intrigue le généticien face à cette mortalité sélective est : « Pourquoi cette moitié-là ? » Dans la famille de Pasteur, son fils et une de ses filles ont survécu jusqu'à l'âge adulte, malgré une exposition probable à au moins l'un des microbes qui ont tué leurs sœurs. Il est donc possible que les trois filles décédées aient été porteuses d'une forme de vulnérabilité génétique les prédisposant aux maladies infectieuses.

L'avènement de la théorie microbienne, qui affirme que de nombreuses maladies sont causées par des micro-organismes, permit un progrès fulgurant de la médecine et de l'hygiène et fut à l'origine d'une amélioration considérable des conditions de vie. C'est vers le milieu du XIXe siècle que Louis Pasteur, pionnier de la microbiologie, fournit des preuves empiriques soutenant cette théorie, dont il existait d'ailleurs depuis longtemps des précurseurs, mais à l'état d'intuitions ou d'hypothèses. La question était très controversée à l'époque de Pasteur. Il démontra que la fermentation et la croissance des micro-organismes dans les bouillons de culture n'étaient pas dues à la génération spontanée. Il découvrit également que la pébrine, ou maladie des vers à soie, était causée par un organisme microscopique qui porte aujourd'hui le nom de *Nosema bombycis*. C'est avec les travaux du médecin allemand Robert Koch, vers 1890, que la théorie microbienne atteint son apogée : on découvrit alors que la maladie du charbon et la tuberculose, entre autres maladies, étaient causées par des agents pathogènes. Koch est célèbre notamment pour avoir découvert le bacille de Koch, ou *Mycobacterium tuberculosis*, l'agent causal de la tuberculose.

Curieusement, Charles Darwin ne fait jamais d'allusion directe dans ses travaux aux maladies infectieuses comme facteur majeur de sélection naturelle. Pourtant, ses contemporains Louis Pasteur et Robert Koch découvraient au même moment que les microbes causaient des maladies fatales pour l'homme. Il faut attendre les années 1950 pour que, comme nous l'avons vu, John B. S. Haldane, Giuseppe Montalenti et Anthony Allison établissent pour la première fois un lien de cause à effet entre maladies infectieuses et sélection naturelle. Dans leurs travaux, ils avancent l'hypothèse que les maladies dues à des anomalies des globules rouges, comme les thalassémies ou la drépanocytose, pourraient protéger contre le paludisme.

GÉNÉTIQUE HUMAINE DES MALADIES INFECTIEUSES

Depuis, un déluge d'études en génétique humaine a largement démontré que la variabilité génétique de l'hôte humain peut expliquer, au moins en partie, les différences que l'on observe entre les individus face à l'infection. Elles concernent à la fois, dans un premier temps, la vulnérabilité à l'infection elle-même puis, une fois que celle-ci s'est produite, la vulnérabilité à développer la maladie et son degré de gravité. Au cours de cette dernière décennie, avec l'avènement de nouvelles technologies génomiques, les études génétiques ont fourni de nombreux exemples de gènes responsables de différences de sensibilité aux maladies infectieuses, qu'elles soient rares ou fréquentes. Par exemple, des études menées par l'équipe de Jean-Laurent

Casanova et Laurent Abel, de l'Université Rockefeller à New York et de l'Institut Imagine à Paris, ont révélé la puissance du séquençage de l'exome pour disséquer les mécanismes immunologiques qui sous-tendent la pathogenèse de certaines maladies infectieuses rares mais graves, dites « mendéliennes », telles que l'encéphalite herpétique ou la prédisposition mendélienne aux infections mycobactériennes. De même, on a mené des études d'association à l'échelle du génome entier, les GWAS (acronyme de l'anglais *genome-wide association studies*), portant sur des maladies virales, bactériennes ou parasitaires. Ces études ont permis d'identifier des gènes humains liés à la vulnérabilité de l'homme à certaines maladies fréquentes, dites complexes, comme l'hépatite C, la lèpre ou le paludisme.

Les pathogènes nous ont infligé un lourd tribut de mortalité tout au long de notre histoire. On ne sera donc pas surpris d'apprendre que les études de génétique des populations ont formellement montré que les gènes humains impliqués dans la réponse immunitaire et les relations hôte-pathogène sont la cible préférentielle de la sélection naturelle. Au cours des dernières décennies, la sélection naturelle est devenue « visible » grâce aux développements de nouvelles méthodes statistiques permettant d'en détecter la signature génétique à partir des données de séquençage de l'ADN. De ce fait, on parvient désormais à mieux comprendre la façon dont les agents infectieux ont façonné la diversité de nos génomes depuis des milliers d'années. Ainsi, les approches fondées sur la génétique des populations et la biologie de l'évolution sont devenues un complément indispensable aux approches plus classiques en génétique clinique et épidémiologique. Elles permettent d'identifier et de comprendre les facteurs qui sont à la base de nos différences actuelles face aux microbes, et d'évaluer leur contribution relative. Comme on le voit, la génétique n'a pas fini de dévoiler ses multiples ressources, et de les mettre au service de la connaissance et de la médecine.

Humains et chimpanzés face aux pathogènes

Malgré la similitude importante des génomes des humains et d'autres primates, comme le chimpanzé, les études génomiques montrent que les différentes espèces de primates peuvent s'adapter différemment aux agents pathogènes. Même au sein de notre espèce, les différentes populations humaines se sont également adaptées de diverses façons aux pathogènes locaux qu'elles ont rencontrés en se dispersant à la surface de la Terre. On peut désormais identifier la façon dont la sélection naturelle a affecté les gènes de l'immunité – qu'elle agisse entre des espèces différentes ou au sein de la nôtre. Cela va de la prudence conservatrice préservant le *statu quo* aux stratégies misant sur les avantages de la diversité. Nous accumulons ainsi des enseignements sur la pertinence évolutive et immunologique des différents gènes humains face aux infections ainsi que sur leur rôle dans la susceptibilité à développer des maladies.

La réponse apportée par l'homme aux attaques des pathogènes n'est pas toujours de même nature que celle qu'ont adoptée les grands singes. Il existe en fait de nombreuses différences entre les humains et les autres primates. Elles portent à la fois sur l'incidence et sur la sévérité des maladies. Les humains sont affectés plus sévèrement que les chimpanzés, par exemple, par le VIH, du point de vue aussi bien de l'infection par le virus que de son évolution vers le sida. De même, pour le paludisme à *Plasmodium falciparum*, pour les complications tardives associées à l'hépatite B ou C ou pour la grippe, les humains sont plus sévèrement atteints que les chimpanzés. Des études comparatives entre espèces montrent que certaines de ces différences renvoient à l'histoire évolutive : elles pourraient résulter d'une évolution différente selon les espèces, en matière de réponses immunitaires. Ce savoir sur l'histoire génétique des espèces pourrait, en retour, se révéler précieux en nous aidant à identifier des gènes humains jouant un rôle important dans notre survie face aux pathogènes.

Une façon d'explorer ces différences entre espèces consiste à chercher des gènes qui montrent une accélération de l'évolution dans une lignée donnée, comme on l'a vu pour le gène *FOXP2* associé au langage dans la lignée humaine. En 2005, deux études ont été menées par Rasmus Nielsen et Carlos Bustamante, à l'époque à la Cornell University à Ithaca, dans l'État de New York, sous la direction d'Andrew Clark, un des pères de la génétique des populations moderne. Elles ont commencé à mettre en œuvre une stratégie recherchant une telle accélération. En comparant le degré de diversité de plus de 10 000 gènes entre hommes et chimpanzés, ces chercheurs ont trouvé que les gènes liés à la réponse immunitaire ont été des cibles récurrentes de la sélection positive depuis que l'homme et le chimpanzé ont commencé à diverger. La défense de l'hôte contre les pathogènes apparaît ainsi en tête de liste, suivie d'autres fonctions comme l'olfaction ou la spermatogenèse. En outre, il apparaît que plusieurs gènes présentant de fortes signatures de sélection positive sont impliqués dans la réponse immunitaire aux virus, par exemple celle qui implique les interférons – cette famille de protéines qui déclenchent des réactions permettant la résistance aux virus. Compte tenu de la vitesse à laquelle les virus évoluent, une course aux armements entre ces agents pathogènes et les cellules hôtes pourrait expliquer, chez l'hôte, une forte sélection favorisant de nouvelles mutations dans ces gènes.

En 2010, Luis Barreiro – à l'époque étudiant en thèse dans mon laboratoire et maintenant professeur à l'Université de Chicago – et moi-même avons rassemblé les données de plusieurs études comparatives, afin d'identifier avec précision les gènes dont l'évolution présentait une accélération soit dans la lignée humaine, soit dans celle du chimpanzé. Nous avons repéré 84 gènes de l'immunité qui présentaient ces caractéristiques : 17 gènes sélectionnés positivement uniquement dans la lignée humaine, 59 seulement dans la lignée des chimpanzés et 8 dans les deux. Leur évolution rapide fait d'eux d'excellents candidats pour expliquer les manières différentes de réagir à l'infection dans ces deux espèces. Un fait mérite d'être souligné : parmi les 84 gènes présentant une évolution rapide, 30 codent pour des protéines qui interagissent avec le VIH. Surprenant ? Étant donné la nature récente de cette infection, ces événements sélectifs sont probablement le résultat d'une sélection passée, qui s'est produite sous la pression d'autres pathogènes, par exemple des infections rétrovirales anciennes qui auraient déclenché des mécanismes de réponse immunitaire semblables aux mécanismes actuels de réponse au VIH. Des changements fonctionnels dans ces gènes pourraient ainsi expliquer, au moins en partie, pourquoi les chimpanzés, contrairement à l'homme, ne présentent pas une progression vers des syndromes de type sida à la suite de l'infection par le VIH ou par le virus d'immunodéficience simienne.

De même que pour le VIH, il y a entre l'homme et le chimpanzé des différences importantes dans la réaction face au paludisme. À la différence des humains, les chimpanzés ne sont pas sujets aux infections dues à *Plasmodium falciparum*, et, même s'ils sont infectés par *Plasmodium reichnowii*, la maladie n'évolue pas vers des cas sévères. L'évolution rapide que l'on observe dans les glycophorines A et C – des protéines qui prennent part à l'invasion des globules rouges par *Plasmodium falciparum* – pourrait ainsi expliquer la résistance plus importante au paludisme observée chez les chimpanzés.

En réalité, si l'on veut rechercher en quoi la génétique pourrait contribuer aux différences que l'on observe entre primates face à l'infection, il faut regarder au-delà des différences de séquences génomiques, puisque leur divergence, de ce point de vue, est de seulement un peu plus de 1 %. Il semblerait qu'il existe une bonne piste pour explorer les différences entre les deux espèces : elle se trouve au niveau de leur contenu en gènes, c'est-à-dire des gains ou des pertes de gènes spécifiques à chaque espèce. En effet, parmi les familles de gènes qui montrent un rapide renouvellement en termes de gains ou de pertes, celles qui sont impliquées dans la réponse immunitaire sont encore une fois surreprésentées. Un exemple très significatif : concernant la famille des immunoglobulines et les gènes HLA – des piliers de l'immunité –, on observe des différences importantes, en termes de contenu de gènes, entre les hommes, les chimpanzés et les macaques.

Ces observations suggèrent dans l'ensemble que la sélection naturelle a joué un rôle important dans la différenciation de certains gènes ou de certaines familles de gènes liés à l'immunité selon les espèces de primates, ce qui pourrait expliquer les différences que l'on observe entre ces espèces en matière de réponse immunitaire et de manifestation clinique de certaines maladies infectieuses.

Empreintes des pathogènes passés sur nos génomes actuels

Au cours des dernières années, une pléthore d'études a exploré la façon dont la sélection naturelle a façonné les génomes dans l'espèce humaine. Une intuition paraissait s'imposer : la cause la plus évidente de sélection sous-jacente à la diversité observée dans les gènes de l'immunité devrait être la présence des pathogènes. Cette hypothèse a été testée par plusieurs études qui ont recherché des corrélations entre la variabilité génétique des populations humaines et la richesse en agents pathogènes dans différentes régions géographiques.

Une première étude, menée par Franck Prugnolle de l'IRD de Montpellier, a porté sur le complexe HLA. Celui-ci présente un niveau extraordinaire de diversité génétique, qu'on attribue aux effets de la sélection balancée. L'étude a révélé que, dans les populations habitant des régions présentant une grande diversité de pathogènes, on observe également une variabilité plus importante dans certains gènes *HLA* (dits de classe I), en particulier au niveau du gène *HLA-B*. Par la suite, de nombreuses études adoptant la même approche ont montré que d'autres gènes associés à la défense de l'hôte humain, comme les antigènes des groupes sanguins ou les interleukines, présentent des niveaux de diversité corrélés avec la présence de pathogènes spécifiques, comme les virus, les protozoaires ou les vers parasites. Certes, ces études contiennent l'hypothèse implicite que la richesse en agents pathogènes est restée inchangée au cours du temps, et elles ne prennent pas en compte leur degré de virulence ou de pathogénicité : ce sont là des points qui nécessitent confirmation. Néanmoins, leurs résultats viennent appuyer l'idée que la pression de sélection sous-jacente aux profils de diversité observés aujourd'hui dans les gènes de l'immunité serait en effet exercée par la présence des pathogènes.

Bien sûr, certaines des corrélations observées entre diversité génétique de l'homme et présence pathogénique pourraient être dues à d'autres variables environnementales, elles-mêmes associées à la présence des pathogènes, comme le climat, le régime alimentaire ou le style de vie. C'est ce point qu'ont voulu examiner en 2011 Matteo Fumagalli et Rasmus Nielsen de l'Université de Californie à Berkeley. À cet effet, ils ont étudié les corrélations des fréquences alléliques de près de 500 000 variants génétiques de 55 populations humaines avec un ensemble de variables écologiques décrivant chaque emplacement géographique : variables climatiques (température, humidité, précipitations, niveau d'ensoleillement, etc.), mode de vie et de régime alimentaire (chasse, cueillette, agriculture, pêche, élevage) et charge pathogénique (virus, bactéries, protozoaires et helminthes).

Parmi toutes ces variables, les chercheurs ont constaté que les agents pathogènes restent les principaux moteurs de l'adaptation locale des populations. Ils ont en effet identifié 103 gènes dont la diversité génétique est fortement corrélée avec celle des pathogènes, après correction des effets de la démographie des populations. Ils ont également montré que les gènes dont la diversité est corrélée avec la présence de pathogènes sont enrichis en fonctions biologiques logiques et pertinentes dans ce contexte, comme la réponse inflammatoire et la voie des récepteurs de type Toll (ou TLR de l'anglais *Toll-like receptors*), une voie majeure de l'immunité innée impliquée dans la reconnaissance précoce des pathogènes et la mise en place d'une réponse pour les éliminer.

En outre, il semblerait que des vers parasitaires, les helminthes, aient imposé à l'hôte des pressions de sélection plus fortes que les agents viraux, protozoaires ou bactériens. Cela pourrait être dû à une évolution plus lente des vers parasitaires, qui se traduirait par une distribution géographique plus stable. Une autre étude, recourant à une approche diamétralement différente fondée sur l'analyse des données interespèces, a suggéré que les virus seraient les agents infectieux qui ont eu le plus d'impact sur l'évolution des mammifères, façonnant la diversité d'un grand nombre de protéines humaines. Quoi qu'il en soit des pathogènes spécifiques qui sont à la base des pressions de sélection observées chez l'homme, ces études donnent un poids supplémentaire à l'idée que la diversité des gènes de la réponse immunitaire repose sur l'exposition humaine aux agents infectieux au cours de l'évolution. Nos ennemis nous ont façonnés, ce qui nous a menacé nous a aussi transformé.

Un héritage précieusement gardé

Il reste encore difficile d'identifier les agents infectieux à la base des patrons de sélection observés et de déterminer leur rôle causal. Malgré ces limites, l'étude de la manière dont la sélection naturelle a affecté nos génomes, l'étendue et la forme de son action, s'est révélée cruciale pour identifier les gènes et les fonctions immunitaires pour lesquels le maintien de la diversité, ou au contraire la nouveauté, a été bénéfique à l'hôte. Dans le cadre de la sélection balancée, nous avons vu que les niveaux de diversité génétique peuvent être maintenus sur des longues périodes, survivant même aux événements de spéciation : le fameux polymorphisme trans-espèces.

On en trouve un exemple avec la diversité extraordinaire du complexe majeur d'histocompatibilité chez les vertébrés, ou HLA chez l'homme. Dans ce cas, la diversité génétique a été héritée de lointains ancêtres, chez les primates, mais aussi chez d'autres mammifères, chez des oiseaux et des poissons. De même, on a montré que le système ABO des groupes sanguins est un polymorphisme trans-espèces, partagé par différentes espèces de primates, y compris l'homme. Mis à part les pressions liées aux pathogènes, il semble que d'autres facteurs, comme la sélection sexuelle, ont contribué au maintien de la diversité trans-spécifique dans les systèmes HLA et ABO.

En effet, on sait depuis longtemps que le système HLA, qui sert au système immunitaire à distinguer le « soi » du « non-soi », joue également un rôle important dans le choix du partenaire chez de nombreuses espèces de vertébrés. L'explication de ce phénomène repose sur l'hypothèse qu'en s'accouplant avec un partenaire ayant des gènes *HLA* différents des siens on s'assure que la descendance héritera d'un répertoire immunitaire varié, ce qui permettra de mieux faire face aux infections. Dans le cas de l'homme, les études de Raphaëlle Chaix (Muséum national d'histoire naturelle) et de Carole Ober (Université de Chicago) ont montré que le choix du partenaire est en fait influencé par la variabilité des gènes *HLA* : il semble que le choix privilégie (inconsciemment…) un conjoint avec des gènes *HLA* différents. Dans l'étude menée sur des Américains d'origine européenne, des Européens et des huttérites – un groupe ethnoreligieux chrétien anabaptiste vivant surtout au Canada et aux États-Unis –, ce qui est mis en évidence est donc un exemple de sélection sexuelle chez l'homme qui affecte le choix du conjoint.

En 2019, une autre étude de Raphaëlle Chaix, portant sur des populations de plus grande taille et de différentes origines géographiques, a clairement soutenu l'hypothèse selon laquelle les gènes *HLA* influencent le choix du partenaire, mais d'une façon fortement dépendante du contexte social. Ainsi, même si la règle générale dans les populations humaines est l'évitement des partenaires semblables génétiquement, dans certaines populations, des règles sociales spécifiques, comme l'homogamie (*i.e.* le fait de choisir des partenaires issus du même groupe social, ethnique ou religieux, par exemple), priment sur les facteurs biologiques qui interviennent lors du choix du partenaire fondé sur le statut HLA.

Mis à part le système HLA, un cas devenu classique de sélection balancée chez l'homme, des études plus récentes à l'échelle du génome entier ont montré que les fonctions immunitaires ont été tout particulièrement touchées par ce régime sélectif. On le vérifie sur des longues périodes, aussi bien chez plusieurs espèces de primates qu'au sein de notre espèce. Par exemple, une analyse des génomes des humains et des chimpanzés a détecté 125 régions génomiques contenant des polymorphismes trans-espèces présentant les signes d'une sélection balancée. Ces régions comprennent principalement des gènes impliqués dans la fonction immunitaire (par exemple le gène *IGFBP7* et des gènes de glycoprotéines membranaires), ce qui suggère le maintien de la diversité fonctionnelle dans ces protéines en raison des pressions exercées par les pathogènes chez les deux espèces de primates.

D'autres études, plus rares, se sont plutôt penchées sur la sélection balancée au sein de notre espèce. Outre le cas emblématique, présenté dans le chapitre précédent, de la mutation HbS dans des régions où le paludisme est endémique, d'autres gènes sujets à ce régime sélectif ont été identifiés, tels que les gènes *KIR* (*killer cell immunoglobulin-like receptors*), qui coévoluent avec le système HLA, ainsi que des gènes codant diverses molécules impliquées dans la migration cellulaire, la défense de l'hôte ou l'immunité innée. Bien que la sélection balancée demeure un phénomène rare, il semblerait qu'elle ait été particulièrement active dans le cas de la réponse immunitaire et des interactions hôte/pathogène, où la préservation de la diversité a été particulièrement bénéfique pour la survie.

L'amour au temps du paludisme

À la différence de la sélection balancée, la sélection positive agit sur des mutations nouvelles, ou existantes mais précédemment neutres, entraînant une augmentation de leur fréquence vers la fixation dans des populations vivant dans des environnements géographiques précis. La liste des gènes immunitaires sujets à ce régime de sélection augmente sans cesse, certains d'entre eux étant corrélés à des données fonctionnelles ou épidémiologiques.

Parmi les exemples significatifs d'adaptation locale liée aux pathogènes ou à la réponse immunitaire figurent des mutations dans des gènes intervenant dans différentes situations :

- la résistance au paludisme en Afrique et en Asie ;
- l'infection due au Trypanosome causant la maladie du sommeil en Afrique ;
- des réponses inflammatoires atténuées en Europe et en Afrique ;
- des réponses antivirales impliquant les interférons de type III en Europe et en Asie.

Même si ces cas de sélection positive semblent être confirmés d'un point de vue évolutif, l'identification du ou des pathogènes spécifiques responsables de ces événements reste toujours ardue. Jusqu'à présent, les preuves les plus convaincantes proviennent d'agents pathogènes qui ont eu des effets de longue durée sur les populations humaines. La plus emblématique est celle apportée par le *Plasmodium falciparum* – l'agent responsable du paludisme : il existe de fortes évidences cliniques, épidémiologiques et évolutives montrant ses effets sélectifs sur certains gènes humains.

C'est le cas pour le gène de la β-globine, pour lequel trois mutations conduisant à des changements d'acides aminés (HbS, HbC et HbE) confèrent différents niveaux de protection contre le paludisme. De la même façon que dans le cas de la mutation HbS, évoquée précédemment, les fréquences relativement élevées des mutations HbC et HbE, respectivement en Afrique de l'Ouest et en Asie du Sud-Est, témoignent des effets de sélection exercés par le paludisme dans ces régions géographiques.

On a identifié d'autres gènes qui à la fois sont associés à une protection contre le paludisme et présentent des signes de sélection positive dans différentes populations*. Les signaux de sélection positive peuvent être parfois très récents et limités géographiquement. C'est le cas pour le gène *CD36*, qui intervient dans la reconnaissance des globules rouges atteints par le *Plasmodium falciparum*. Ce gène présente des signaux de sélection positive ciblant une mutation *non-sens* (*i.e.* entraînant une protéine non fonctionnelle) limitée aux Africains de l'Ouest, qui serait apparue seulement dans les derniers 3 600 ans.

Un autre gène mérite d'être signalé : il est responsable du déficit d'une enzyme (G6PD). Cette pathologie, appelée favisme, est le déficit enzymatique d'origine génétique le plus répandu dans le monde. Il est à la base d'une anémie dite « hémolytique », résultant d'une destruction des globules rouges. Ce déficit est associé à différentes mutations dans le Bassin méditerranéen, au Moyen-Orient, en Afrique, en Inde et dans le Sud-Est asiatique : une répartition proche de celle du paludisme. Bien qu'une relation entre ce déficit enzymatique et le paludisme ait été montrée, les liens cliniques et évolutifs restent mal compris.

En 2009, une collaboration entre l'équipe d'Anavaj Sakuntabhai, de l'Institut Pasteur, et la mienne nous a conduits

* Notamment *G6PD*, *CD40LG*, *CD36* et *DARC*.

à étudier ce déficit enzymatique en Asie du Sud-Est. Il est dû à une mutation baptisée Mahidol (« la surface de la Terre » en thaï) – en possible relation avec le paludisme à *Plasmodium falciparum* et à *Plasmodium vivax*. Nos résultats ont montré que la mutation Mahidol réduit la densité parasitaire de *P. vivax*, mais non celle de *P. falciparum*. En outre, cette mutation aurait augmenté en fréquence en Thaïlande par sélection positive au cours des derniers 1 500 ans. Cette période correspond au moment où la population qui présente les fréquences les plus élevées de Mahidol, les Karens, est partie de l'Himalaya vers la Thaïlande, où la culture en rizière commençait à se développer. Les Karens auraient ainsi commencé à être exposés à *Plasmodium vivax* en arrivant dans la région où la déforestation et l'agriculture ont favorisé la prolifération de l'Anophèle, le moustique vecteur.

Entre la peste et le choléra

Mis à part le paludisme, il y a deux autres exemples de sélection par des pathogènes précis durant des époques particulières de l'histoire humaine. Le premier concerne le choléra, causé par la bactérie *Vibrio cholerae*. On l'a observé au Bangladesh, où le choléra est ancien et endémique. L'équipe de Pardis Sabeti (Université Harvard) a identifié des gènes associés au risque de développer le choléra. D'une façon intéressante, ces gènes présentent en même temps des signaux de sélection positive, ce qui suggère que l'agent causal du choléra serait en effet à la base des événements de sélection naturelle observée, en tout cas au Bangladesh.

La seconde étude, menée par Mihai Netea (Université Radboud de Nimègue, au Pays-Bas), a étudié deux populations d'origine différente mais vivant dans le même environnement :

les Européens et les Tsiganes. Ils ont identifié une signature de sélection positive ciblant des gènes de l'immunité innée (*TLR10-TLR1-TLR6*), qui codent des récepteurs présents à la surface des cellules de l'hôte et reconnaissent des motifs microbiens. Le fait que cette signature de sélection soit partagée par les deux populations a été interprété comme résultant d'une évolution convergente due possiblement à *Yersinia pestis,* l'agent causal de la peste. Cependant, bien que la peste ait été parmi les épidémies les plus dévastatrices en Europe au cours du dernier millénaire, et cela après l'arrivée des Tsiganes en Europe depuis le nord de l'Inde, le simple brassage génétique entre les deux groupes semblerait l'explication la plus parcimonieuse.

Ces études illustrent l'impact que certains pathogènes spécifiques peuvent avoir eu sur l'évolution de l'homme. Pour autant, il est difficile d'exclure la contribution d'autres agents pathogènes exerçant une pression sur les mêmes gènes ou les mêmes voies immunitaires. Cette possibilité est particulièrement critique pour les gènes codant les récepteurs de l'immunité innée, qui détectent des « groupes » d'agents pathogènes partageant des composés spécifiques. Une complication supplémentaire provient de l'interaction entre les gènes de l'hôte et les microbes non pathogènes, comme ceux qui sont présents dans le microbiote. Ces derniers ont probablement imposé leur propre pression sélective pour conserver une réponse équilibrée à l'infection et maintenir l'homéostasie, c'est-à-dire la capacité à maintenir l'équilibre des paramètres du milieu intérieur de l'organisme, comme la température corporelle, la glycémie, la pression sanguine ou le rythme cardiaque.

Mortui vivos docent : *les morts enseignent les vivants*

« Les morts enseignent les vivants », dit l'expression latine. Comme on l'a vu dans le cas des mutations associées à la digestion du lait ou à la pigmentation de la peau, l'étude de l'ADN d'individus anciens – les morts – peut nous renseigner sur l'évolution du système immunitaire à travers le temps. L'étude de David Reich sur 230 individus anciens ayant vécu entre il y a 8 500 ans et 2 300 ans, présentée dans le chapitre précédent, a identifié, encore une fois, le même *cluster* de gènes (*TLR10-TLR1-TLR6*) comme évoluant sous une forte pression de sélection positive en Europe. L'hypothèse proposée pour expliquer ce fait – qui nécessite d'être plus explorée – est que certains variants sélectionnés parmi ces gènes confèrent une protection face aux maladies infectieuses, telles que la tuberculose ou la lèpre. La même étude a détecté de forts signaux de sélection dans les gènes du système HLA et le gène *SLC22A4*, également associés à des phénotypes immunitaires, ce qui renforce l'hypothèse d'une adaptation génétique de l'homme aux agents pathogènes au cours de l'holocène.

Un autre élément venu d'outre-tombe vient étayer la thèse de l'impact évolutif de la charge pathogénique sur nos génomes durant ces dernières 10 000 années. Il s'agit d'un squelette mésolithique vieux de 7 000 ans. Le séquençage de son génome suggère que l'adaptation de l'homme aux pathogènes rencontrés en Europe, à travers des changements dans des gènes de l'immunité innée, se serait produite même avant l'éclaircissement de la pigmentation de la peau chez les peuples européens.

L'étude du génome d'individus disparus nous a également aidés à mieux comprendre la façon dont l'arrivée des Européens en Amérique a conduit au déclin des populations amérindiennes après l'introduction de nouveaux pathogènes. Une étude menée en 2016 par l'Université de l'Illinois a exploré la diversité génétique d'une population de membres des Premières Nations – le terme désigne les peuples autochtones du Canada, avant et après l'arrivée des Européens. Les génomes de ces individus anciens, qui ont vécu dans la région de Prince Rupert en Colombie-Britannique il y a entre 6 000 et 1 000 ans, ont été comparés à ceux d'individus des communautés Tsimshian habitant la même région aujourd'hui.

Tout d'abord, les chercheurs ont observé une réduction massive, d'environ 57 %, de la taille de la population des Premières Nations suite au contact avec les Européens. Puis, à l'issue d'une recherche de sélection positive chez les populations anciennes, ils ont trouvé que les fonctions immunitaires apparaissent en premier, indice potentiel d'une adaptation aux agents pathogènes présents dans l'environnement ancien. Toutefois, la région génomique qui montre les signaux de sélection les plus forts concerne un gène (*HLA-DQA1*), dont les mutations retenues par la sélection sont présentes chez tous les individus anciens et seulement chez 36 % des individus contemporains. La diminution de fréquence des allèles avantageux dans la population moderne suggère que l'arrivée des Européens a entraîné des changements environnementaux qui ont rendu ces mêmes mutations délétères, et ainsi sujettes à une sélection négative chez les peuples autochtones d'aujourd'hui.

Toutes ces études mettent en évidence le grand intérêt de l'analyse des données provenant de l'ADN de personnes disparues depuis très longtemps. Elle permet en effet de mesurer

« en temps réel » l'action de la sélection naturelle et de quantifier la façon dont la sélection, qu'elle soit positive ou négative, a contribué à façonner les phénotypes immunitaires chez l'homme d'aujourd'hui. Les morts nous renseignent sur notre présent.

De l'ADN fossile à la tuberculose

Dans une perspective analogue à celle de cette étude de l'ADN ancien chez les Premières Nations, dans une étude menée en collaboration avec l'équipe de Jean-Laurent Casanova et de Laurent Abel, nous nous sommes penchés sur la question de la sélection négative dans le cadre des infections mycobactériennes. Le bacille de la tuberculose est un exemple de mycobactérie, ces bacilles qui résistent aux acides et à l'alcool. La tuberculose est considérée comme l'infection la plus meurtrière de notre ère, avec plus de 1 milliard de décès au cours des deux mille dernières années. Elle est toujours responsable de plus de 1,5 million de décès par an. Les bases génétiques de la sensibilité à la tuberculose sont restées peu connues jusqu'au tournant du XXIe siècle. Ce n'est qu'en 2018 que la première mutation fréquente dans la population et conférant une prédisposition à la tuberculose a été identifiée par l'équipe de Jean-Laurent Casanova (il s'agit d'une mutation faux-sens dans le gène *TYK2*). Elle est observée uniquement chez les populations d'origine européenne, à une fréquence qui varie entre 2 et 4 % – ce qui correspond tout de même à des millions de personnes…

Nous avons tenté de comprendre l'histoire de la tuberculose en Europe en étudiant la trajectoire de fréquence de cette mutation, associée à un risque accru de développer la tuberculose, au cours des 10 000 dernières années de l'histoire européenne. En recherchant la présence de la mutation chez plus de

1 000 individus ayant vécu entre la période du mésolithique (il y a environ 9 000 ans) et le Moyen Âge (les derniers 2 000 ans), nous avons observé qu'elle apparaissait pour la première fois il y a 8 000 ans en Anatolie pour atteindre ensuite une fréquence de presque 10 % en Europe vers la fin de l'âge du bronze, il y a environ 3 000 ans. À partir de l'âge du fer, sa fréquence diminue d'une façon étonnante jusqu'au 2 à 4 % actuels. Nous nous sommes alors posé la question suivante : cette diminution de la fréquence est-elle due à l'arrivée en Europe de la tuberculose, qui aurait ainsi « purgé » la mutation par sélection négative ? Ou est-elle simplement due à la dérive génétique, donc au hasard ? En utilisant des méthodes statistiques, nous avons pu montrer que cette diminution en fréquence est bel et bien le résultat de la sélection négative, qui aurait commencé il y a environ 2 000 ans avec un coefficient de sélection parmi les plus forts du génome. Ces travaux fournissent des preuves génétiques montrant à quel point la tuberculose a représenté un fardeau pour la santé européenne au cours des deux derniers millénaires. C'est une nouvelle illustration de l'intérêt d'étudier l'ADN ancien : il a permis ici de reconstruire le passé d'une épidémie meurtrière qu'il est évidemment utile de connaître mieux, car elle n'a pas disparu.

Quand la perte d'un gène se révèle bénéfique

À ce stade, nous avons vu plusieurs exemples de nouvelles mutations, qui confèrent un avantage à leurs porteurs et sont ainsi soumises aux effets de la sélection positive. Elles modifient souvent la fonction d'une protéine, la rendant plus bénéfique pour la survie humaine. Cependant, il arrive parfois que le trait bénéfique ne soit pas dû à la modification de la fonction protéique, mais plutôt à la perte totale d'un gène.

La perte d'un gène (ou plutôt sa « pseudogénéisation », un pseudogène étant la version inactive d'un gène suite à des altérations génétiques le rendant incapable de conduire à l'expression d'une protéine) a longtemps été considérée comme étant associée systématiquement à des conséquences phénotypiques délétères. Mais elle peut s'avérer bénéfique dans certains cas et être ainsi soumise à la sélection positive : c'est l'hypothèse « moins, c'est plus » (en anglais *the less-is-more hypothesis*). Dans le cas de l'immunité, lorsqu'un pathogène utilise des récepteurs immunitaires comme mécanisme d'entrée dans la cellule de l'hôte, certaines mutations qui inactivent ces récepteurs sont susceptibles de représenter un avantage sélectif pour l'hôte, à supposer bien sûr qu'il n'y ait pas d'effets pléiotropiques importants – c'est-à-dire des dommages collatéraux éventuellement induits par d'autres fonctions du gène.

LE CAS DU PALUDISME

L'exemple du gène *DARC* (ou *ACKR1*), lié au paludisme, est aujourd'hui devenu un cas d'école, à l'appui de l'hypothèse « moins, c'est plus ». Le gène *DARC* code pour un corécepteur de *Plasmodium vivax* à la surface des érythrocytes, c'est-à-dire les globules rouges circulant dans le sang, qui sont les cellules cibles de ce parasite. Quand ce gène n'est pas exprimé, à cause d'une mutation dans son promoteur, son porteur bénéficie d'une protection presque complète contre l'infection par *P. vivax*. La mutation causale est baptisée « Duffy-nulle ». On ne la trouve pas dans les populations européennes ou asiatiques, alors que sa fréquence est extrêmement élevée (supérieure à 50 %) dans la plupart des populations africaines, arrivant quasiment à fixation (100 %) en Afrique centrale. Cette distribution suggère que *P. vivax* a exercé une pression sélective majeure et expliquerait l'absence actuelle du paludisme à *P. vivax* en Afrique. En 2017, une étude a confirmé la sélection positive sur la mutation Duffy-nulle, en montrant que cette mutation serait arrivée à quasi-fixation en Afrique à partir d'une fréquence initiale très faible (0,1 %), avec un coefficient de sélection parmi les plus forts qu'on ait jamais rencontrés dans le génome humain. À nouveau, on constate l'étonnante puissance de la génomique qui nous permet en quelque sorte de voir l'évolution à l'œuvre.

Il existe une autre mutation dans le gène *DARC*, complètement indépendante de celle retrouvée en Afrique, cette fois chez les Papous. Cette mutation diminue également l'expression de *DARC*. Elle est associée à une moindre efficacité de l'invasion des érythrocytes par *P. vivax*, ce qui soutient l'hypothèse de l'effet protecteur du déficit en *DARC*. Cependant, une étude en 2010 a montré que des individus malgaches porteurs de la mutation africaine, et donc supposés être résistants à l'infection par *P. vivax*, étaient néanmoins infectés par ce parasite. Il semblerait ainsi que ce parasite pourrait également utiliser des voies indépendantes de *DARC* pour envahir les érythrocytes, remettant en question l'étendue ou l'efficacité de la protection offerte par les mutations Duffy-nulles contre *vivax*. Cette observation met également en doute la nature de l'agent pathogène responsable de l'augmentation de fréquence de la mutation Duffy-nulle en Afrique et laisse supposer l'existence de pressions sélectives provenant d'autres pathogènes pouvant également utiliser *DARC* comme porte d'entrée dans la cellule de l'hôte.

LE CAS DU SIDA

Le problème de l'identification du véritable agent sélectif sous-jacent est également bien illustré par le gène *CCR5*, qui code pour un récepteur de chimiokine qui, avec un autre gène (*CD4*), sert de porte d'entrée au VIH, le virus du sida, dans les macrophages et monocytes humains. On a constaté que les individus qui sont porteurs homozygotes de mutations entraînant une perte de fonction de ce gène (*CCR5*) sont fortement protégés contre l'infection par le VIH. Cette découverte a eu un impact majeur dans la recherche sur le virus, en particulier pour le développement de nouvelles stratégies thérapeutiques. L'une de ces mutations, qui rend le récepteur CCR5 non fonctionnel, a été bien étudiée. Les individus porteurs hétérozygotes de cette mutation (nommée CCR5-Δ32 car elle entraîne la perte d'un segment de 32 paires de bases) affichent une sensibilité réduite à l'infection avec un début retardé du sida, tandis que les porteurs homozygotes sont résistants à l'infection. Cette mutation est observée uniquement en Europe à des fréquences qui peuvent aller jusqu'à 14 %, mais elle est presque absente ailleurs.

Tandis que le rôle clinique de la mutation est incontestable, son avantage évolutif est moins clair. D'une part, certaines études ont suggéré que la mutation serait apparue depuis 1 000 ans et qu'elle aurait atteint les fréquences actuelles par sélection positive. D'autre part, ces fréquences élevées pourraient être simplement expliquées par une évolution neutre. Reste que, pour atteindre une fréquence de 14 %, il aurait fallu des dizaines de milliers d'années, or différentes estimations de l'âge de cette mutation pointent vers 1 000 à 2 000 ans, ce qui va plutôt dans le sens de l'hypothèse sélective.

La controverse sur la nature adaptative de cette mutation vient également de la date d'émergence de l'épidémie de VIH, qui n'a pas plus de quarante ans. Pour accréditer l'hypothèse sélective, le ou les pathogènes responsables de la pression de sélection sur ce gène mutant *CCR5-Δ32* devraient donc être d'autres pathogènes que le VIH. Or il se trouve que l'époque d'apparition de cette mutation est proche de celle de l'apparition de la peste bubonique, qui a tué environ 30 % de la population européenne entre 1346 et 1352. Cette coïncidence a conduit à proposer l'hypothèse que le bacille de la peste, *Yersinia pestis*, pourrait être l'agent sélectif de la mutation. Mais ce n'est pas le seul candidat. Le nombre cumulé de décès de la variole au cours des sept cents dernières années a été bien plus important que ceux de la peste, puisque la variole affecte d'une façon disproportionnée les jeunes. Une étude de modélisation en génétique de populations a montré que le virus de la variole aurait pu en effet exercer une sélection suffisante pour expliquer la fréquence actuelle de la mutation CCR5-Δ32. La question n'est pas close…

NOROVIRUS ET GASTRO-ENTÉRITE

Les norovirus fournissent un exemple moins controversé des effets bénéfiques de la perte de gènes. Ces virus, qui incluent les virus de Norwalk, sont responsables de la majorité des épidémies de gastro-entérite. La résistance aux norovirus est associée à des mutations dans un gène (*FUT2*), responsable de la synthèse des antigènes ABO dans les cellules épithéliales et les muqueuses. Plusieurs mutations inactivant ce gène – et donc la sécrétion des antigènes – ont été identifiées, mais une mutation *non-sens* en particulier atteint des fréquences extrêmes : environ 95 % en Europe et en Afrique, avec 20 % des individus en moyenne portant la mutation à l'état homozygote et conduisant au phénotype appelé « non-sécréteur ». Plusieurs études en génétique des populations suggèrent que la prévalence élevée dans le monde de ce phénotype non-sécréteur est le résultat de la sélection balancée. C'est particulièrement clair dans les populations de l'Europe, du Moyen-Orient et de l'Afrique subsaharienne, où l'on trouve le phénotype sécréteur et le non-sécréteur à des fréquences intermédiaires. Les signatures de sélection observées pourraient donc être dues, au moins en partie, à la résistance accrue aux norovirus fournie par la mutation associée au phénotype non sécréteur.

Cependant, si la résistance aux norovirus était le seul moteur de l'évolution du gène en question, le phénotype non sécréteur aurait dû augmenter rapidement en fréquence pour atteindre la fixation. Néanmoins, dans la plupart des populations, les deux phénotypes sont maintenus à des fréquences intermédiaires, ce qui suggère que les individus sécréteurs jouissent également d'un certain avantage. À l'appui de cette hypothèse, il apparaît que les individus sécréteurs ont une sensibilité plus faible aux infections des voies urinaires et à celles dues au champignon *Candida*, et présentent une protection accrue contre les infections par *Neisseria meningitidis* – la bactérie impliquée dans les méningites – et les streptocoques. Voilà donc un exemple de sélection balancée dans lequel se maintiennent dans la population générale à la fois une mutation d'inactivation d'un gène mais aussi la version active du gène, les deux phénotypes apportant des avantages et des inconvénients selon la présence variable, dans le temps et dans l'espace, de différents agents pathogènes.

PERTE TOTALE D'UN GÈNE ET SEPTICÉMIE

Citons enfin le cas du gène *CASP12*, qui est probablement le meilleur exemple d'un gène qui a été presque complètement perdu dans l'espèce humaine, en raison de la sélection naturelle. La forme inactive de ce gène, causée par une mutation *non-sens* qui conduit à une protéine inactive, est pratiquement fixe hors d'Afrique et présente une fréquence d'environ 80 % dans les populations africaines. La fréquence extrêmement élevée de la forme inactive semble résulter d'un événement de sélection positive, qu'on explique par la résistance accrue à la septicémie conférée par cette absence. En effet, les individus portant la mutation présentent une plus forte réponse inflammatoire aux endotoxines : en cas de septicémie grave, leur taux de mortalité est trois fois plus faible que celui des porteurs homozygotes de la forme active, qui présentent une moindre réponse inflammatoire. Cette réponse abrogée pourrait être due à l'effet inhibiteur du gène en question (*CASP12*) sur un autre gène (*CASP1*) qui participe à l'activation de l'inflammation.

Dans ce cadre, il est intéressant de noter l'avantage évolutif potentiel conféré aux chimpanzés par la perte du gène nommé *ICEBERG*, dont le produit empêche également l'activation du gène *CASP1* et par conséquent la production de cytokines inflammatoires. Si cet avantage se confirmait, il constituerait à son tour une belle illustration de la façon dont humains et chimpanzés, au moyen de mécanismes différents, ont suivi deux trajectoires évolutives indépendantes pour faire face au risque des septicémies.

Sélection naturelle et pertinence immunologique

Quoi qu'il en soit, les exemples où la perte d'un gène est bénéfique restent rares, puisque dans la plupart des cas les mutations causant la perte d'un gène sont éliminées par la sélection négative. Plus la fonction d'un gène est importante et universelle, moins l'organisme va tolérer les mutations qui causent sa perte ou modifient sa séquence, et plus forte sera l'action de la sélection négative.

Pour cette raison, la détection des gènes évoluant sous une forte pression de sélection négative n'est pas sans intérêt, car elle peut nous renseigner sur des gènes codant des protéines responsables de fonctions essentielles et dont les variations d'activité peuvent entraîner des troubles graves. Le travail de mon laboratoire a montré, par exemple, que les gènes de l'immunité innée sont généralement contraints par ce régime sélectif. C'est vrai en particulier pour des gènes associés à des maladies immunitaires sévères chez l'enfant, comme les immunodéficiences primaires. Parmi les gènes de l'immunité évoluant sous l'effet de la sélection négative, certains ont été associés par l'équipe de Jean-Laurent Casanova à des maladies graves, telles que l'encéphalite herpétique, les infections bactériennes pyogéniques, la prédisposition mendélienne aux infections mycobactériennes ou les maladies inflammatoires graves. Autant d'exemples provenant de la génétique clinique qui mettent clairement en évidence l'intérêt d'utiliser la détection de la sélection négative : elle permet en effet d'identifier des gènes d'intérêt majeur pour notre survie.

Revenons aux mutations qui conduisent à la perte d'un gène. À l'exception des exemples d'inactivation bénéfique que nous venons d'évoquer, dans la plupart des cas les mutations de perte de fonction présentes dans la population générale sont simplement dues à la redondance des gènes qui les portent. Plusieurs études récentes, à l'échelle du génome entier, ont cherché la présence de mutations de perte de fonction dans diverses populations humaines à travers le monde. Elles ont montré que chaque individu porte en moyenne 35 mutations à l'état homozygote associées à la perte d'un gène et que, au total, on peut trouver environ 900 gènes arborant des mutations conduisant à une perte de fonction à une fréquence supérieure à 1 % dans au moins une des populations étudiées. Ces observations pointent vers des gènes qui ont des fonctions redondantes et, pour les mutations à fréquences élevées dans la population en bonne santé, vers des gènes peu susceptibles de jouer un rôle majeur dans la survie de l'homme, c'est-à-dire des gènes dont la redondance immunologique est presque complète.

Les mutations de certains gènes bien connus des immunologistes soutiennent cette hypothèse. C'est le cas des gènes codant les interférons (IFN) de type I – un vaste groupe de protéines qui aident à réguler l'activité du système immunitaire, induisant en particulier une réponse antivirale. Deux membres de cette famille (nommés *IFNA10* et *IFNE*), présentent dans la population générale des mutations *non-sens* à des fréquences élevées, qui peuvent atteindre 50 % en Asie. En 2011, mon équipe a mené une étude de génétique évolutive des IFN humains et a montré que la présence de ce type de mutations dans les gènes codant les *IFNA10* et *IFNE* est compatible avec la neutralité. Ce n'est pas le cas pour d'autres interférons (comme l'IFN-γ) qui montrent une signature forte de sélection négative, ce qui semble indiquer qu'ils jouent un rôle essentiel. Cela suggère que les gènes *IFNA10* et *IFNE* sont largement redondants dans la défense de l'hôte humain contre les pathogènes.

Citons également l'exemple du gène *TLR5*, qui code un récepteur de type Toll reconnaissant les bactéries pourvues d'un flagelle, c'est-à-dire la structure filamentaire leur permettant de se déplacer. On trouve dans ce gène une mutation *non-sens* qui abolit les réponses cellulaires à la flagelline, une protéine qui structure le flagelle de ces bactéries, à des fréquences relativement élevées dans la plupart des populations humaines – jusqu'à 13 % dans le Sud-Est asiatique. En outre, la base de données internationale gnomAD (Genome Aggregation Database), agrégeant les données génétiques de plus de 140 000 individus de nombreuses populations à travers le monde, contient 497 individus homozygotes pour cette mutation, ce qui indique que les humains peuvent conduire une vie normale avec un déficit complet en *TLR5*, en tout cas aujourd'hui. Cela est cohérent avec nos études en génétique des populations : elles ont montré que la fréquence élevée de cette mutation dans la population générale est compatible avec la neutralité. Ces observations suggèrent également que des mécanismes additionnels de reconnaissance des bactéries flagellées peuvent fournir une protection suffisante en l'absence de *TLR5*.

Ces exemples de gènes dont la perte est tolérée par la sélection naturelle nous aident, d'une part, à identifier des fonctions biologiques présentant une redondance immunologique et, d'autre part, à identifier d'autres fonctions immunologiques dont la perte ou l'altération peut être fatale en cas d'attaque par des agents infectieux.

Ensemble, c'est mieux

Les exemples de sélection naturelle discutés dans ce chapitre, qu'ils concernent des populations vivant aujourd'hui ou ayant vécu dans le passé, illustrent l'adaptabilité des gènes de la réponse immunitaire sous l'effet de la sélection positive ou balancée.

Cependant, comme nous l'avons vu dans le chapitre précèdent, il existe un régime sélectif plus subtil, la sélection polygénique, dans lequel des changements de fréquence de mutations sur plusieurs gènes contribuent *ensemble* à l'adaptation. Nous en avons donné un exemple emblématique : celui de la taille. La détection de la sélection polygénique chez l'homme reste encore difficile, mais elle pourrait nous aider à mieux comprendre les bases génétiques de nombreux phénotypes variables dans notre espèce, surtout ceux dans lesquels on ne sait pas encore quels facteurs génétiques sont impliqués.

Dans le cas des relations hôte-pathogène, comme pour bien d'autres traits phénotypiques, l'étendue de la sélection polygénique est peu connue. Cependant, l'équipe de Laurent Excoffier a développé une méthode pour détecter la sélection polygénique agissant au niveau de réseaux ou de sous-réseaux de gènes. Ces travaux ont montré que des groupes de gènes impliqués dans la réponse immunitaire ou dans des voies de signalisation particulières présentent des indices clairs de sélection polygénique. Ils incluent des gènes dont la variabilité est associée notamment au paludisme, à l'infection par la bactérie *Escherichia coli* ou aux interactions entre les cytokines et leurs récepteurs. L'importance de la plupart de ces groupes de gènes n'est pas due à des signaux forts pour quelques gènes mais à de petits effets sur plusieurs, ce qui confirme l'hypothèse selon laquelle la sélection polygénique a été un mécanisme clé pour l'adaptation de l'homme aux agents pathogènes.

On connaît peu de cas de sélection polygénique chez l'homme. Cela ne veut pas forcément dire qu'ils n'existent pas, mais nous ne disposons peut-être pas de la puissance statistique nécessaire pour les détecter. C'est pourquoi la recherche de méthodes statistiques robustes pour détecter l'ampleur de la sélection polygénique chez l'homme est un domaine en pleine expansion en génétique des populations. La génétique a parcouru beaucoup de chemin – c'était inimaginable au moment de la découverte de la structure moléculaire de l'ADN en 1953. Mais son avenir est ouvert.

PARTIE V

MÉTISSAGE, CULTURE ET MÉDECINE

Notre histoire, en tant qu'espèce, comme l'histoire de tous les vivants, est consignée dans nos gènes. Mais l'histoire humaine n'est pas seulement une histoire génétique. Les humains ont également une histoire culturelle, qui quelquefois intervient dans leur histoire génétique et l'infléchit. Et il arrive que la génétique permette de retracer l'histoire des pratiques culturelles (l'adoption des vêtements, par exemple) et de répondre à des questions qui restaient énigmatiques pour les sciences humaines.

Dans cette partie, nous nous intéressons à la manière dont le brassage génétique et culturel a façonné le destin des humains : gènes, langues, peuples et cultures sont inséparables. Et, à ce titre, il faut souligner que brassage et métissage ont été une ressource adaptative extraordinairement précieuse : notre diversité génétique, qui en est le résultat, est un trésor vital. En retraçant l'histoire des mouvements de populations et des métissages tels qu'ils sont révélés par la génétique, la génomique fait à nouveau la preuve de son étonnante capacité à relier le présent au passé, les réponses immunitaires d'aujourd'hui à la sélection naturelle au cours des temps évolutifs, et aussi à expliquer pourquoi certaines mutations sélectionnées jadis pour les avantages qu'elles procuraient ont pu, dans l'environnement nouveau qui est le nôtre, devenir parfois des fardeaux. Ces savoirs, en retour, ouvrent des perspectives nouvelles et prometteuses pour la médecine.

« Rien n'a de sens en biologie si ce n'est à la lumière de l'évolution »

Cette formule est le titre de l'essai du biologiste évolutionniste Theodosius Dobzhansky, paru en 1973 (en anglais : *Nothing in Biology Makes Sense Except in the Light of Evolution*). Dans son ouvrage, il se livre à une critique du créationnisme en défendant la théorie de l'évolution. Cette phrase célèbre est toujours utilisée chez les opposants au créationnisme ou à son avatar plus récent nommé *intelligent design*. Car la formule prend tout son sens dans le cadre de la biologie évolutive ou de la génétique des populations : c'est en reconstituant ce que les gènes nous disent de l'histoire du vivant, en décortiquant ce que la nature a déjà réalisé au cours de l'évolution, qu'on peut aujourd'hui comprendre les mécanismes sur lesquels repose le vivant. En étudiant le passé de notre espèce, on comprend mieux son présent et on peut éventuellement tirer des enseignements pour envisager son futur.

Une chose est sûre : ceux dont nous descendons sont ceux, parmi nos ancêtres, qui ont eu le bonheur de survivre aux grandes épidémies du passé, aux guerres ou aux conditions climatiques extrêmes, et sont parvenus à se reproduire et à nous transmettre les ressources génétiques qui les avaient si bien servis. Ce que nous sommes aujourd'hui est le fruit de cette résilience qui s'est inscrite dans nos gènes à travers l'action de la sélection naturelle.

De même, nous ne pouvons ignorer que nous sommes le résultat d'une longue histoire de métissages qui a commencé il y a environ 60 000 ans, entre nos ancêtres et d'autres hominines, qui s'est poursuivie tout au long de notre dispersion à travers le monde et lors des migrations forcées liées par exemple à la traite des esclaves, et qui persiste aujourd'hui encore entre les différentes populations humaines. Comment cette très longue histoire évolutive dont nous sommes le produit et dont nous portons les traces a-t-elle façonné notre espèce, et en particulier la diversité actuelle de nos gènes et nos relations à la maladie ? La génétique, nous l'avons vu, fournit des outils nouveaux pour apporter des réponses. Ce savoir est précieux : en nous éclairant sur ce que nous sommes et sur le parcours qui nous a façonnés, il est porteur de promesses pour l'avenir, en particulier pour la médecine.

Nous sommes tous des métis

Le génome de chacun de nous est une mosaïque composée à partir des génomes de tous nos ancêtres. Il constitue un livre de 3 milliards de lettres dans lequel on peut lire notre histoire. Comme on l'a compris en découvrant la structure de l'ADN en 1953, le grand livre du vivant est écrit en langage génétique. Nous apprenons peu à peu à le déchiffrer. Nous y retrouvons les traces d'une multitude de rencontres qui ont abouti à notre diversité génétique actuelle. Ces rencontres passées font de nous, de chacun de nous, quelles que soient nos origines géographiques, ethniques ou culturelles, des métis. Il n'y a pas de lignage « pur », toutes les revendications identitaires appuyées sur des héritages exclusifs du « sang » ou de la race ne sont que des fantasmes, au regard de la réalité génétique. Le concept de race n'a pas lieu d'être d'un point de vue biologique chez les humains, et la « race » est pour l'essentiel une construction culturelle. Notre génome est en réalité une sorte de gigantesque puzzle auquel chacun de nos ancêtres, avec ses origines variées, apporte des pièces, et qui forme un tableau aux nuances si nombreuses qu'il est original et différent pour chaque être humain. C'est un fait : aucun de nous ne porte un génome d'origine ancestrale unique.

Quelques illustrations. En Afrique subsaharienne, par exemple, toutes les populations sont métissées à différents degrés. L'épisode de métissage probablement le plus marquant – mais il est loin d'être le seul – est celui qui a été associé aux expansions bantoues. Les données génétiques montrent clairement que les populations de langues bantoues se sont métissées avec les populations locales qu'elles ont rencontrées tout au long de leur périple à travers l'Afrique : avec les Pygmées en Afrique centrale, avec les peuples pastoralistes de l'Afrique de l'Est et avec les groupes Khoïsan de l'Afrique méridionale. À leur tour, les populations d'Afrique du Nord sont une mosaïque de trois composantes, celle venant du Moyen-Orient, celle d'origine maghrébine et, à un moindre degré, celle d'origine subsaharienne. Quant aux Européens, comme nous l'avons vu en détail, leur génome révèle qu'ils sont issus d'un fort métissage entre chasseurs-cueilleurs mésolithiques de l'ouest de l'Europe, fermiers néolithiques de l'Anatolie et peuples pastoralistes des steppes de l'Asie centrale.

Des histoires analogues, c'est-à-dire des rencontres, à différentes époques, entre différents peuples présentant des profils génétiques distincts, on en retrouve également dans les différentes régions d'Asie et dans le Pacifique. L'Empire mongol fondé par Gengis Khan connaît différentes expansions après 1206 : à son apogée vers la fin du XIIIe siècle, il s'étend de l'océan Pacifique jusqu'à la Méditerranée orientale (la Turquie actuelle).

Si les effets culturels de la présence mongole sont bien documentés, son empreinte démographique, et donc génétique, l'était beaucoup moins jusqu'à ces dernières années. Mais les études génétiques récentes ont montré que les expansions mongoles ont bel et bien eu un impact génétique dans différentes régions de l'Eurasie, soutenant des événements de métissage entre les peuples d'origine mongole et les populations qu'ils ont rencontrées en Asie centrale, dans le subcontinent indien, au Moyen-Orient ou même en Europe de l'Est. Toutefois, même si les dates estimées de métissage se chevauchent avec celles de l'Empire mongol, ses traces génétiques pourraient se confondre, au moins en partie, avec celles associées aux expansions des peuples de langues turciques, dont l'aire de répartition et l'influence culturelle sont très proches de celles des armées de Gengis Khan.

Même dans des régions géographiques plus circonscrites, les études génétiques mettent en lumière des histoires de métissage surprenantes. Par exemple, une étude menée par Chris Tyler-Smith du Wellcome Sanger Institute au Royaume-Uni s'est penchée sur l'analyse génomique de 13 individus ayant vécu entre les IIIe et XIIIe siècles de notre ère dans la région correspondant au Liban actuel. Neuf d'entre eux ont été découverts dans une fosse commune, à Sidon dans le sud du Liban, site qui, selon les données archéologiques, correspond à une tombe de croisés tués lors d'une bataille au XIIIe siècle. Les données génétiques ont montré que les croisés étaient soit d'origine européenne, soit d'origine locale, ou, pour deux d'entre eux, d'origine mixte européenne et moyen-orientale, preuve que les croisés se métissaient avec la population locale. Cependant, ces événements semblent avoir été momentanés, puisque les populations actuelles de la région ne présentent pas de signature génétique caractéristique d'une origine européenne. Cet exemple illustre une situation probablement généralisable à toute l'histoire de l'homme : les signatures génétiques de métissage que l'on observe dans les populations humaines d'aujourd'hui ne seraient que le sommet de l'iceberg, c'est-à-dire qu'elles ne révéleraient qu'une partie des événements de métissage – ceux qui ont été soit continus dans le temps, soit d'une ampleur suffisante pour que leurs traces soient encore visibles dans le présent.

C'est en Amérique que l'on trouve le paroxysme du métissage. On y rencontre pratiquement toutes les composantes génétiques possibles : la diversité génétique d'origine amérindienne, elle-même d'origine asiatique, cohabite – à partir de la période coloniale, et à différents degrés selon les régions géographiques et les pratiques culturelles – avec celles d'origine européenne et africaine ! Et c'est sans compter leur proportion respective d'héritage néandertalien, apporté par les Européens, et d'héritage dénisovien, apporté par les ancêtres asiatiques des Amérindiens. En dehors de l'Amérique, il existe d'autres populations, certes plus circonscrites géographiquement, qui résultent également d'un fort métissage entre composantes génétiques provenant de régions géographiques éloignées. C'est le cas des métis du Cap, une population d'Afrique du Sud qu'on appelle en anglais *Cape Coloureds*. Les études génétiques ont montré que cette population est issue d'un métissage entre au moins cinq composantes génétiques différentes au cours des cinq cents dernières années. Celles-ci proviennent de la rencontre entre colons européens, populations locales bantoues et Khoïsan, et populations issues de la traite d'esclaves provenant de la région du Bengale (Asie du Sud), et de la Malaisie (Asie du Sud-Est).

De la même façon, Madagascar représente un cas de métissage extrême. Même si l'île se trouve à peine à 400 kilomètres des côtes africaines, les données génétiques des populations malgaches montrent que les premiers habitants de l'île étaient de langue austronésienne et provenaient du Sud-Est asiatique, probablement du sud de Bornéo : elles seraient arrivées à Madagascar dans les derniers 2 000 à 3 000 ans. Puis, il y a environ 1 500 ans, des populations bantoues de l'Afrique méridionale seraient arrivées sur l'île, et les deux populations se seraient métissées il y a 500 à 1 000 ans. À ces deux composantes majoritaires s'ajoute, dans une moindre mesure et principalement portée par des hommes, une composante d'origine européenne/moyen-orientale, vraisemblablement associée à l'arrivée de groupes d'origine swahilie ou provenant du monde arabe. Ainsi, chez les populations malgaches, la composante africaine est présente en moyenne à hauteur de 60 %, celle d'origine austronésienne à 36 %, et celle provenant du Moyen-Orient et d'Europe à 4 %, même si la présence des composantes africaine et austronésienne varie beaucoup d'un individu à l'autre (entre 20 et 90 %).

Le métissage : accélérateur de l'adaptation et facteur de survie ?

Le métissage étant établi comme un fait illustré par des données génétiques, revenons à la question qui nous intéresse, dans la perspective de Dobzhansky dont la formule ouvre ce chapitre : quel est le sens du métissage « à la lumière de l'évolution » ? Peut-il être un facteur d'adaptation de l'homme à son environnement, et dans quelle mesure ? Autrement dit, le métissage peut-il être une source de variants génétiques conférant de meilleures chances de survie face à un environnement donné ? L'adaptation est le processus par lequel une population acquiert des caractéristiques qui lui permettent de mieux répondre aux défis environnementaux. C'est normalement un effet de la sélection naturelle : celle-ci, en principe, peut retenir et diffuser toute nouvelle mutation bénéfique. Cependant, la génétique des populations prédit en théorie qu'une population peut également acquérir un variant adaptatif, dans un environnement donné, au travers des échanges génétiques, c'est-à-dire par le métissage avec d'autres populations ou espèces étroitement apparentées et qui sont, quant à elles, déjà adaptées à cet environnement. Les enfants issus de ces métissages bénéficient donc d'un apport d'éléments génétiques adaptatifs : une formidable économie de temps évolutif.

CHEZ LES PLANTES ET LES ANIMAUX

Chez les plantes ou d'autres animaux, de nombreuses observations empiriques soutiennent l'acquisition des mutations et des traits adaptatifs par hybridation avec des espèces apparentées, un phénomène appelé *introgression adaptative*. Par exemple, plusieurs régions génomiques chez l'arabette des sables (*Arabidopsis arenosa*), une plante présente notamment dans le nord-est de la France, montrent des signaux d'adaptation aux sols serpentins, généralement considérés comme des sols pauvres. Ces régions génomiques sont le résultat d'introgressions à partir d'une autre plante, l'arabette lyrée (*Arabidopsis lyrata*). On trouve d'autres exemples d'introgression adaptative chez différentes espèces de papillons *Heliconius*, dont la couleur des ailes provient d'autres espèces sympatriques ; chez la souris domestique (*Mus musculus domesticus*) également, qui a acquis par ce moyen une résistance aux raticides (la warfarine en particulier), à partir de la souris algérienne (*Mus spretus*) ; ou chez le moustique *Anopheles coluzzii*, qui a acquis une résistance aux insecticides grâce à l'hybridation avec un autre moustique, *Anopheles gambiae*, tous deux étant d'ailleurs vecteurs du paludisme.

MÉTISSAGE ET ADAPTATION CHEZ L'HOMME

Dans l'espèce humaine, ce n'est que très récemment que nous avons commencé à étudier le rôle du métissage dans l'adaptation à l'environnement. Ce phénomène peut se produire entre différentes populations, on parle alors de *métissage adaptatif*, ou entre hommes modernes et hommes archaïques, c'est-à-dire par *introgression adaptative*, processus qui sera évoqué plus loin. Les multiples épisodes de métissage qui ont marqué, comme nous l'avons vu, l'histoire du continent africain ont fait des populations africaines actuelles des puzzles génomiques dérivés de multiples héritages. Et c'est précisément en Afrique que l'on a identifié pour la première fois des événements de métissage adaptatif chez l'homme. En 2012, une étude génétique menée par l'équipe de Chris Tyler-Smith dans différentes populations éthiopiennes, de langues sémitiques et couchitiques, a montré que celles-ci sont issues d'un événement de métissage, daté d'il y a environ 3 000 ans, entre une composante génétique originaire d'Afrique subsaharienne et une composante non africaine venue du Levant. Les migrations provenant du Levant ont également introduit dans les populations éthiopiennes une mutation d'un gène associée à une pigmentation plus claire de la peau : celle-ci est présente à des fréquences plus élevées qu'attendu dans ces populations. Ce phénomène témoigne de l'action du métissage adaptatif, probablement comme résultat de certains facteurs sociaux comme la sélection sexuelle.

MÉTISSAGE ADAPTATIF EN AFRIQUE : LE CAS DES BANTOUS

Depuis ce premier travail, des études étayant le rôle adaptatif du métissage chez l'homme se sont accumulées. C'est le cas des travaux d'Étienne Patin sur l'histoire des populations bantoues de l'Afrique. Nous avons vu que les peuples de langues bantoues, initialement des chasseurs-cueilleurs vivant dans une région située entre le Cameroun et le Nigeria, ont progressivement étendu leur zone d'habitat. Suivant un périple de plusieurs millénaires qui aurait démarré il y a environ 4 000 ans, ils se sont répandus dans toute l'Afrique subsaharienne, où ils ont rencontré des conditions écologiques très variées : forêt équatoriale, savane, désert, etc. Comment ces peuples sont-ils parvenus à s'adapter à des environnements aussi différents ? L'étude d'Étienne Patin, publiée dans le journal *Science* en 2017, a montré que le métissage des peuples de langues bantoues avec les populations locales qu'ils ont rencontrées leur a permis d'acquérir des mutations génétiques avantageuses facilitant leur adaptation à leurs nouveaux habitats. Ainsi, en arrivant en Afrique de l'Est, les populations bantoues héritent de populations locales pastoralistes une *variation* associée au gène de la lactase, qui permet de continuer à digérer du lait à l'âge adulte. Autre élément important mis en évidence par cette étude : grâce à leur métissage avec les Pygmées en Afrique centrale, les Bantous ont acquis une nouvelle forme du système HLA, contribuant à la mise en place d'une réponse immunitaire plus adaptée en cas d'infection.

SURVIVRE AU PALUDISME : LE CAS DES PYGMÉES ET DES PEULS

Les Bantous ne sont pas les seuls gagnants de ces rencontres : nos travaux sur la mutation HbS du gène de la β-globine montrent en effet que ces métissages ont également été bénéfiques pour les Pygmées. Cette mutation est presque exclusivement observée en Afrique, où elle est présente à des fréquences qui peuvent aller jusqu'à 20 % dans certaines populations de l'Afrique centrale. Cette mutation, nous l'avons vu, est responsable de la drépanocytose à l'état homozygote, mais, à l'état hétérozygote, elle augmente la protection contre le paludisme. En absence de paludisme, la mutation devrait disparaître en douze générations environ. D'où notre raisonnement : la datation de la mutation devrait nous renseigner sur l'époque à partir de laquelle le paludisme a commencé à être un véritable fléau pour les populations africaines. Nous avons pu montrer qu'elle est apparue chez les ancêtres des agriculteurs africains il y a plus de 20 000 ans, ce qui suggère que ces populations ont été exposées au paludisme bien plus tôt qu'on ne le pensait.

En revanche, la présence de cette mutation HbS chez les chasseurs-cueilleurs pygmées, qui auraient acquis la mutation *via* le métissage avec les peuples bantous, semble être bien plus récente, et remonterait aux 6 000 dernières années. Ainsi, l'arrivée des populations fermières dans les milieux forestiers et la déforestation ou la manipulation de l'environnement qui s'ensuivit dans les 4 000-5 000 dernières années auraient créé un terrain propice pour la transmission du paludisme aux populations pygmées. Suivant l'hypothèse du modèle dit « poison-antidote », les Bantous auraient à la fois introduit chez les Pygmées un nouveau poison, le paludisme, et leur auraient aussi transmis en parallèle l'antidote, la mutation de protection HbS, grâce encore une fois au métissage adaptatif.

Le cas des Peuls, qu'on appelle également Fulani, mérite également d'être évoqué. Il s'agit d'un peuple traditionnellement pasteur établi à travers le Sahel, de la côte atlantique à la mer Rouge. Une étude génétique sur les Peuls de Gambie a montré qu'ils sont issus d'un métissage entre des Eurasiens et des populations originaires d'Afrique de l'Ouest, qui aurait eu lieu il y a environ 1 800 ans. Depuis, les Peuls ont conservé de hauts niveaux d'héritage eurasien dans le gène *LCT* qui contient l'allèle facilitant la digestion du lait chez l'adulte, ainsi qu'un héritage africain élevé au niveau du gène *DARC*, dont l'allèle nommé « Duffy-nul » leur confère une résistance à la forme de paludisme due au *Plasmodium vivax*. La nature avantageuse de l'allèle Duffy-nul semble confirmée par le fait qu'on le retrouve également au Pakistan et à Madagascar – où le paludisme à *vivax* est endémique –, dans certaines populations métissées qui présentent un niveau élevé d'héritage africain.

UNE RÉPONSE IMMUNITAIRE ÉGALEMENT MÉTISSÉE

Le rôle du métissage adaptatif dans le cadre de la réponse immunitaire est également étayé par certaines études portant sur le système HLA, puisque certains variants génétiques d'importance majeure pour la mise en place de la réponse immunitaire acquise ont été ciblés par la sélection depuis le métissage il y a seulement quelques centaines d'années. On observe, par exemple, que, dans certaines populations du Mexique, de Porto Rico ou de Colombie, au niveau de la région HLA du génome, l'héritage africain est supérieure aux attentes théoriques. On peut y voir ainsi l'effet d'une tendance à la conservation des haplotypes

HLA d'origine africaine au sein de ces populations métissées, peut-être due au fait que ces haplotypes ont été bénéfiques pour l'adaptation des populations aux pathogènes rencontrés dans l'environnement du Nouveau Monde. Dans ce contexte, deux études récentes ont également rapporté un lien entre héritage africain et effet protecteur contre des atteintes sévères de dengue dans des populations métissées à Cuba et en Colombie. Lorsque c'est avec de vieux pots génétiques qu'on fait la meilleure soupe adaptative, autant les conserver…

Cet ensemble d'études fournit la preuve que l'adaptation de l'hôte aux agents pathogènes peut être accélérée par le métissage entre différentes populations humaines, même si pour l'instant ces observations se limitent souvent à quelques cas au sein des populations d'ascendance africaine. La détection systématique des signatures génomiques du métissage adaptatif au sein des populations humaines fait foi, à présent, pour déterminer le rôle de ce processus dans l'évolution des caractères liés à l'immunité. Il fournit des indications précieuses sur les risques de maladies infectieuses.

Ce que nous devons aux humains « archaïques »

L'étude de nos génomes montre sans équivoque, nous l'avons souligné, que la plupart des individus et des populations de la planète, sauf celles d'origine africaine, ne sont pas Sapiens à 100 %. Ironiquement, les seuls groupes qui seraient Sapiens à 100 %, car ils n'ont pas (ou ont peu) de matériel « archaïque » dans leurs génomes, sont ceux d'origine africaine : détail de poids qu'il faudrait rappeler aux défenseurs d'idéologies racistes comme les suprémacistes blancs ! Ainsi, tous les individus d'origine européenne, asiatique, pacifique ou amérindienne contiennent dans leurs génomes entre 1 et 5 % de matériel génétique d'origine néandertalienne ou dénisovienne, témoignant d'un ancien métissage avec ces autres formes humaines.

Dans la plupart des cas, cependant, l'introgression de matériel archaïque dans le génome des hommes modernes a été contre-sélectionnée, entraînant un appauvrissement en héritage archaïque, en particulier dans les régions génomiques codant des gènes – les fameux « déserts archaïques ». À l'inverse, les niveaux élevés d'héritage archaïque que l'on observe dans le génome des populations actuelles indiquent soit une tolérance de ces variants archaïques – qui auraient évolué de façon neutre sans nuire à l'adaptabilité des hommes modernes –, soit la sélection de ces variants par sélection positive ou balancée, car ils amélioreraient l'adaptabilité des hommes modernes après métissage. On a rapporté des cas de sélection de variants archaïques, faisant suite à des processus d'introgression adaptative, pour des gènes liés à la morphologie, au métabolisme et aux réponses à des facteurs environnementaux tels que la température, l'altitude, l'ensoleillement ou les agents pathogènes. Étant donné que les néandertaliens et les dénisoviens ont habité l'Eurasie pendant au moins 300 000 ans avant l'arrivée des humains modernes, ils étaient probablement déjà bien adaptés aux nutriments locaux, ainsi qu'aux agents pathogènes et aux conditions environnementales de la région. Ainsi, pour les hommes modernes provenant d'Afrique, le métissage avec les populations archaïques qu'ils ont rencontrées en investissant de nouvelles régions du monde, il y a environ 50 000 ans, aurait eu un effet avantageux : il a facilité leur adaptation aux nouveaux environnements.

LES BÉNÉFICES DE L'INTROGRESSION NÉANDERTALIENNE

Ces dernières années, un nombre croissant d'études se sont attachées à identifier les gènes et les fonctions biologiques soumis à l'introgression adaptative, et présentant des apports provenant à la fois des néandertaliens, dans les populations hors d'Afrique, et des dénisoviens, dans les populations du Pacifique, et, dans une moindre mesure, chez les Asiatiques. Plusieurs fonctions apparaissent de façon récurrente comme cibles de l'introgression adaptative : la morphologie et la pigmentation de la peau, le métabolisme, l'adaptation à l'hypoxie et la réponse immunitaire. Quant aux néandertaliens, pour plusieurs gènes impliqués dans la variation de la pigmentation de la peau, dans la différenciation des kératinocytes ou de leur réponse aux rayons UV (il s'agit notamment des gènes *BNS2*, *MC1R*, *POU2F3* et *HYAL2*), l'apport de variants d'origine néandertalienne semble avoir été bénéfique pour l'adaptation des populations humaines aux latitudes nord. Les néandertaliens ont également apporté des variants liés au catabolisme des lipides, que l'on retrouve dans les populations européennes et qui auraient rapidement augmenté en fréquence en raison des avantages adaptatifs qu'ils procuraient en Europe. D'autres gènes impliqués dans le métabolisme des lipides, tels que ceux codant les protéines de transport membranaire *SLC16A11* et *SLC16A3*, ont été associés à la fois à un risque accru de développer le diabète de type 2 chez des populations d'Amérique latine et à un héritage néandertalien. On ignore en quoi ces variants auraient été adaptatifs : peut-être conféraient-ils un avantage aux populations amérindiennes associé à des changements de régime alimentaire.

DÉNISOVIENS EN ALTITUDE

Si l'on a quelques hypothèses concernant la contribution des néandertaliens, par contre, les avantages adaptatifs éventuels qu'aurait apportés à l'homme moderne son métissage avec les dénisoviens restent bien moins connus. L'exemple le plus iconique concerne le gène *EPAS1*, associé à la concentration d'hémoglobine dans le sang et à la réponse à l'hypoxie. En 2014, le groupe de Rasmus Nielsen de l'Université de Californie à Berkeley a montré que ce gène affiche une forte proportion d'héritage dénisovien chez les Tibétains, suggérant que cette population aurait reçu des dénisoviens des allèles avantageux pour l'adaptation à la vie en haute altitude, où la concentration en oxygène est extrêmement faible. Les dénisoviens ont également transmis des variants bénéfiques localisés dans d'autres gènes (*TBX15* et *WARS2*) aux populations actuelles de l'Asie du Sud et de l'Est, aux Amérindiens et aux Groenlandais. On a établi que la région contenant ces gènes était associée à une grande variété de caractères, allant de la différenciation du tissu adipeux et de la distribution de la graisse corporelle à la morphologie du visage, à la stature, à la pigmentation des cheveux et au développement du squelette. Ces quelques exemples soulignent la contribution importante des dénisoviens à la variabilité phénotypique de certaines populations humaines d'aujourd'hui.

INTROGRESSION ARCHAÏQUE ET IMMUNITÉ

Mais, s'il y a une fonction biologique qui semble avoir été principalement affectée par l'introgression archaïque, qu'elle soit d'origine néandertalienne ou dénisovienne, c'est bien la réponse immunitaire. Le premier lien entre introgression archaïque et immunité a été identifié dans la région HLA, impliquée dans l'immunité acquise et où plusieurs haplotypes semblent avoir été acquis par métissage avec les néandertaliens ou les dénisoviens. Depuis la première étude consacrée à cette question, la liste des gènes de l'immunité pour lesquels l'introgression archaïque s'est avérée bénéfique pour les populations humaines hors d'Afrique n'a cessé de s'allonger.

En 2016, mon équipe a montré que les gènes impliqués dans le système immunitaire inné – c'est-à-dire la première ligne de défense contre les agents infectieux – sont particulièrement enrichis en héritage néandertalien. Ce résultat vient étayer l'hypothèse que le métissage entre néandertaliens et hommes modernes aurait facilité l'adaptation de ces derniers aux maladies infectieuses qu'ils ont rencontrées lors du peuplement de la planète. Par exemple, des variants avantageux, d'origine néandertalienne, de gènes ou de familles de gènes impliqués dans la réponse antivirale (notamment le gène *STAT2* ou la famille des gènes *OAS*), sont présents à des fréquences élevées dans la plupart des populations hors d'Afrique. De façon plus restreinte et limitée à certaines populations, un *cluster* de gènes (*TLR1-TLR6-TLR10*) codant des récepteurs de l'immunité innée qui reconnaissent les microbes à la surface des cellules montre des signaux d'introgression adaptative provenant des néandertaliens, aussi bien en Europe qu'en Asie. Les dénisoviens eux aussi ont apporté leur contribution : on leur doit certaines mutations avantageuses associées à la réponse immunitaire dans les populations du Pacifique, en particulier chez les Mélanésiens. C'est le cas par exemple d'un gène (*TNFAIP3*) qui régule la réponse immunitaire et permet d'éviter une réponse excessive pouvant entraîner des pathologies inflammatoires ou auto-immunes.

LES DÉFENSES DES DÉNISOVIENS DANS LE PACIFIQUE

L'introgression adaptative dans les populations du Pacifique mérite une attention toute particulière. En effet, cette région est d'une importance majeure pour mieux comprendre la façon dont les interactions avec les hominines archaïques ont participé à l'adaptation humaine, puisque les populations du Pacifique présentent les plus hauts niveaux d'héritage archaïque au monde – ils s'élèvent à environ 6 % si l'on combine l'héritage néanderthalien et l'héritage dénisovien. Une étude récente de mon équipe, publiée dans la revue *Nature* en 2021, a montré que les apports néandertaliens ont facilité l'adaptation des populations du Pacifique pour de multiples traits phénotypiques, tels que l'immunité, le développement neuronal, le métabolisme ou la pigmentation de la peau. Fait surprenant, la nature adaptative de l'introgression dénisovienne est presque exclusivement associée aux fonctions immunitaires ! Des gènes impliqués dans la réponse immunitaire avec un fort héritage dénisovien incluent entre autres un gène régulateur de la réponse immunitaire mentionné au paragraphe précédent (*TNFAIP3*), d'autres impliqués dans les interactions cellulaires (*CD33*), ou régulant la voie des récepteurs Toll et celle de la réponse antivirale médiée par les interférons (*IRF4*). Pour ces exemples, les variants dénisoviens se retrouvent à des fréquences extrêmement élevées, à hauteur de 60-70 %, ce qui suggère que l'homme de Denisova a facilité l'adaptation humaine en servant de réservoir d'allèles de résistance contre les agents pathogènes dans la région du Pacifique.

DES VARIANTS ARCHAÏQUES PROTECTEURS CONTRE LES VIRUS

De plus en plus d'études montrent que les variants archaïques résultant d'introgressions ont une incidence sur les phénotypes humains au niveau moléculaire, comme l'expression génique. Par exemple, les variants d'origine néandertalienne impactent tout particulièrement l'expression des gènes de l'immunité. C'est le cas de la famille des gènes *OAS* où ils sont associés à une réduction de l'expression d'*OAS3* en réponse à une infection virale. Plus généralement, les mutations associées à la variabilité de l'expression génique – on parle de locus de caractères quantitatifs d'expression (de l'anglais *expression quantitative trait loci*, ou eQTL) – sont également enrichies en héritage néandertalien, en particulier dans les macrophages et les monocytes, des types cellulaires qui jouent un rôle majeur dans la réponse immunitaire innée.

À titre d'exemple, une étude de notre équipe, publié dans la revue *Cell* en 2016, a révélé que les néandertaliens ont en effet transmis aux Européens des mutations clés pour le contrôle de la réponse immunitaire, notamment associées à la réponse contre les infections virales, comme le virus de la grippe. Le lien entre introgression adaptative et réponse antivirale est renforcé par une autre étude, publiée également dans *Cell* en 2018 par l'équipe de David Enard et Dmitri Petrov de l'Université de Stanford, qui montre que les protéines humaines interagissant avec les virus (ou VIP, de l'anglais *viral interacting proteins*) sont enrichies en héritage néandertalien, en particulier celles qui interagissent avec les virus à ARN comme le virus de la grippe ou les virus de la famille des *coronaviridae* (dont fait partie le SARS-CoV-2 responsable du COVID-19 !). Ces études, dans leur ensemble, soulignent le potentiel adaptatif du métissage avec d'autres hominines comme les néandertaliens, et révèlent que ces derniers, déjà adaptés à leur environnement infectieux, ont facilité l'adaptation des premiers Européens aux pressions sélectives infligées par les maladies infectieuses d'origine virale.

UN HÉRITAGE À DOUBLE TRANCHANT... SUR LES PHÉNOTYPES CONTEMPORAINS

Qu'en est-il des phénotypes qui vont au-delà des phénotypes moléculaires comme l'expression génique ? Autrement dit, même si l'on observe du matériel d'origine archaïque dans des gènes associés à diverses fonctions biologiques, en particulier l'immunité, ces segments archaïques ont-ils un véritable effet sur les phénotypes humains d'aujourd'hui ? Plusieurs études se sont attardées sur cette question en examinant dans quelle mesure les segments archaïques présents dans nos génomes, et tout particulièrement les mutations d'origine archaïque, ont déjà été associés, à l'occasion d'études médicales, à des variations de phénotype chez l'homme, qu'il s'agisse de phénotypes pathologiques ou bénins, comme certains traits morphologiques. Plusieurs travaux ont observé des chevauchements entre la présence de ces variants archaïques et différents phénotypes, notamment liés à l'immunité comme le lupus érythémateux, d'autres maladies auto-immunes et des allergies.

Deux études se sont penchées sur ce sujet de façon systématique en utilisant de grandes cohortes humaines pour lesquelles un nombre élevé de phénotypes était disponible. La première, publiée dans *Science* en 2016, a évalué la façon dont les mutations archaïques ont pu contribuer à la variabilité de plus de 1 000 phénotypes humains, en étudiant 28 000 individus d'origine européenne et leurs dossiers médicaux. Les chercheurs ont découvert que les variants d'origine néandertalienne auraient contribué à la variabilité de certains phénotypes humains d'ordre neurologique, psychiatrique, immunologique et dermatologique. Par exemple, une partie de cet héritage néandertalien serait aujourd'hui responsable d'un risque accru de lésions de la peau suite à l'exposition au soleil, de dépression, d'accoutumance à la nicotine ou encore d'infarctus du myocarde.

La seconde étude, publiée en 2017 dans l'*American Journal of Human Genetics*, a utilisé la même approche. Elle a cherché des corrélations entre variants néandertaliens et caractères phénotypiques en analysant les données d'environ 112 000 individus provenant de la UK Biobank (*i.e.* une grande cohorte anglaise pour laquelle des données génétiques et phénotypiques ont été recueillies afin de mieux comprendre les différents facteurs contribuant à la vulnérabilité aux maladies humaines). Les chercheurs ont observé un lien entre héritage néandertalien et phénotypes divers, tels que la pigmentation de la peau et les cheveux, les rythmes de sommeil, l'humeur et l'addiction au tabac. L'hypothèse que l'introduction de ce matériel néandertalien confère un avantage évolutif aux populations concernées reste sujette à controverse, mais ces deux études montrent néanmoins que la détection de l'introgression de matériel génétique provenant des hominines archaïques nous éclaire sur la variabilité morphologique et physiologique des populations humaines d'aujourd'hui.

Ainsi, l'héritage néandertalien que nous portons dans nos génomes, pour ceux d'entre nous qui sont d'origine européenne ou asiatique, est à double tranchant : d'une part, il a permis à nos ancêtres de mieux s'adapter au froid ou aux pathogènes, mais, d'autre part, suite aux changements d'environnement et de style de vie qui ont eu lieu dans les derniers 40 000 ans, ce même héritage peut également avoir des conséquences délétères pour notre santé, comme c'est le cas pour les maladies auto-immunes ou les allergies. Et c'est dans ce cadre qu'une étude parue dans *Nature* en 2020, menée par l'équipe de Svante Pääbo, a identifié un lien pour le moins surprenant : un morceau d'ADN hérité de Neandertal serait aujourd'hui un facteur aggravant du COVID-19 !

DE L'HOMME DE NEANDERTAL À LA PANDÉMIE DE COVID-19

Le COVID-19, une maladie respiratoire aiguë causée par un nouveau coronavirus (SARS-CoV-2), est apparu en décembre 2019 dans la ville de Wuhan en Chine et s'est rapidement propagé dans le monde entier. Les infections et les décès se sont multipliés : on comptait presque 4 millions de morts dans le monde après un an et demi de pandémie. Depuis le début, il est clairement apparu que l'âge avancé, le fait d'être un homme et d'autres facteurs de comorbidité tels que le poids, le diabète ou l'hypertension augmentent le risque de contracter une forme sévère de COVID-19. Cependant, la forte variabilité interindividuelle de la réponse à l'infection, même au sein du même groupe d'âge et en particulier chez les personnes âgées, suggère fortement un rôle clé des facteurs génétiques de l'hôte en réponse à l'infection par le SARS-CoV-2. En effet, comment expliquer qu'au sein d'un groupe d'individus partageant les mêmes facteurs de risque certains individus développent des formes relativement bénignes de la maladie tandis que d'autres développent des formes graves de COVID-19 conduisant au décès pour certains d'entre eux ?

Très vite, plusieurs études ont donc été lancées afin d'essayer de comprendre pourquoi la réponse individuelle à l'infection par le virus SARS-CoV-2 varie autant d'une personne à l'autre. Les premiers résultats provenant de la génétique sont venus de l'équipe franco-américaine de Jean-Laurent Casanova et de Laurent Abel. En étudiant des patients atteints de formes graves de la maladie, ils ont mis en évidence qu'environ 20 % des formes sévères de COVID-19 résultent d'anomalies génétiques ou immunologiques qui altèrent la production de certaines protéines jouant un rôle majeur dans la réponse antivirale (les IFN de type I). Depuis cette première découverte, un nombre toujours croissant d'études s'est intéressé à la génétique de la sévérité du COVID-19, et plusieurs gènes ou régions génomiques ont été identifiées comme facteurs de risque. C'est notamment le cas d'une région dans le chromosome 3 contenant 6 gènes, le système des groupes sanguins ABO, les gènes codant des protéines antivirales *OAS1-OAS2-OAS3* ou le gène *TYK2*, ce dernier notamment connu pour être associé à la fameuse « tempête cytokines », c'est-à-dire une réaction immunitaire excessive (ou hyperinflammatoire) pouvant causer la mort.

Il est intéressant de noter qu'il existe également des différences entre populations humaines quant à la vulnérabilité à l'infection par le SARS-CoV-2 et à la sévérité de la maladie elle-même. Une grande étude transethnique réalisée aux États-Unis a montré que le fait d'être d'origine latino-américaine ou afro-américaine est un facteur de risque. Par exemple, l'incidence d'hospitalisation pour les formes sévères de COVID-19 est très élevée pour les Afro-Américains par rapport aux individus d'origine européenne. Ce qu'il est important de souligner est que ce risque accru persiste même après ajustement par d'autres facteurs de risque, comme le statut socioéconomique, l'âge, le sexe, l'obésité, le diabète de type 2 ou l'hypertension, ce qui suggère que des facteurs génétiques propres à cette population ont une incidence sur la sévérité du COVID-19.

À ce jour, plusieurs études indépendantes ont produit des résultats convergents montrant l'association entre la présence de variants génétiques localisés dans le chromosome 3 et une sévérité accrue du COVID-19. Or c'est précisément cette région, composée d'un bloc de 50 000 paires de bases (on parle d'haplotype), qui a été identifiée par l'équipe de Svante Pääbo comme étant également un héritage des néandertaliens... : un cadeau empoisonné, car être porteur de cet haplotype augmente de 60 % le risque de développer une forme grave de la maladie. Ce facteur de risque génétique est présent chez environ 16 % des Européens, 50 % des Indiens et 63 % des Bangladais. Une étude menée indépendamment a conforté la thèse des effets délétères de cet haplotype sur la santé, en montrant que les individus d'origine bangladaise vivant au Royaume-Uni ont un risque deux fois plus élevé de succomber du COVID-19 que la population générale.

LES ASIATIQUES DE L'EST SONT-ILS PLUS « ADAPTÉS » AUX CORONAVIRUS ?

Un fait surprenant concernant ce facteur de risque lié au chromosome 3 est qu'il est pratiquement absent dans les populations de l'Asie de l'Est, comme les Chinois, les Japonais ou les Vietnamiens. Sans négliger la part des facteurs socioculturels, des différences de style de vie ou de gestion de la pandémie, comme un confinement plus sévère, peut-on penser que l'absence de ce facteur de risque aggravant le COVID-19 pourrait expliquer la très faible mortalité observée, par rapport au nombre de cas, dans la plupart des pays de l'Asie de l'Est ? Les Asiatiques seraient-ils biologiquement mieux protégés ? Nous avons des éléments de réponse. D'une part, certaines études conduisent à penser que ces différences pourraient être dues à une immunité naturellement acquise par les Asiatiques suite à de nombreuses expositions préalables à d'autres coronavirus, comme l'épidémie de SRAS partie de Chine fin 2002 qui s'est propagée au niveau mondial en 2003. D'autre part, il apparaît que les personnes ayant été affectées par un coronavirus causant un rhume voient leur risque de mourir du COVID-19 diminuer de 70 %.

L'exposition accrue des populations asiatiques aux coronavirus par le passé suggère que celles-ci seraient plus « adaptées » pour répondre à ces infections, ce qui pourrait en partie expliquer la fréquence quasi nulle dans cette région du monde du facteur de risque du chromosome 3. Celui-ci aurait été « purgé » de la population par la sélection naturelle. On a cherché à tester cette hypothèse. Ainsi, l'équipe de David Enard, maintenant à l'Université de l'Arizona, s'est intéressée aux forts signaux de sélection touchant des protéines humaines qui interagissent avec les coronavirus (CoV-VIP) dans 26 populations humaines réparties sur les cinq continents. Ce faisant, ils ont identifié un ensemble de 42 de ces protéines qui présentent des signaux élevés d'adaptation à l'environnement et ont pu dater le début de la sélection naturelle à environ 25 000 ans. Détail de poids : les signaux d'adaptation génétique (ou de sélection naturelle) aux coronavirus sont uniquement observés chez les populations originaires de l'Asie de l'Est et absents dans toutes les autres populations du monde, y compris celles originaires d'Asie du Sud ! En outre, les 42 protéines CoV-VIP identifiées comme cibles potentielles d'anciennes épidémies de coronavirus (ou de virus apparentés) pourraient jouer un rôle fonctionnel dans l'étiologie du SARS-CoV-2, puisque certaines d'entre elles sont actuellement utilisées dans des essais cliniques pour atténuer les symptômes du COVID-19.

Tous ces exemples apparaissent comme autant d'indices convergents : ils viennent renforcer l'hypothèse selon laquelle le métissage ancien de Sapiens avec d'autres formes humaines, comme les néandertaliens ou les dénisoviens, a joué un rôle d'accélérateur de l'adaptation de notre espèce aux nouvelles pressions environnementales qu'elle a rencontrées lors de son périple à travers le monde. Mais l'évolution est un jeu d'interactions toujours changeantes où rien n'est jamais (définitivement) acquis – ni la force ni la faiblesse... Ce qui a été bénéfique pour une meilleure adaptation à l'époque du métissage, il y a environ 40 000 ou 50 000 ans, ne l'est plus nécessairement aujourd'hui, comme en témoigne le facteur de risque sur le chromosome 3 hérité des néandertaliens, et qui aggrave le COVID-19.

Quoi qu'il en soit, notre histoire évolutive peut bel et bien avoir des effets très concrets sur notre état de santé actuel et sur le risque de développer certaines maladies. Ainsi, ce que nous sommes aujourd'hui, avec nos forces et nos vulnérabilités, nous le devons en partie aux échanges entretenus, en des temps immémoriaux, avec nos lointains cousins, les hommes archaïques, dont la lignée s'est éteinte depuis fort longtemps.

Pratiques culturelles et diversité génétique : comment la culture modifie nos gènes

Tout au long de cet ouvrage, nous avons vu que différents facteurs affectent la diversité génétique : certains la créent (les mutations), d'autres favorisent ou au contraire érodent son maintien dans les populations humaines (migration, dérive génétique et sélection naturelle). Mais une des spécificités de notre espèce est sa très grande diversité culturelle. Celle-ci, tout comme les gènes, est transmise de génération en génération. Les traits culturels prennent chez l'homme une place prépondérante y compris pour sa survie. Ils sont transmis au cours des générations de manière beaucoup plus importante que chez les autres animaux. La question des liens entre gènes et culture est posée depuis longtemps maintenant – on parle souvent de coévolution gène-culture –, mais la connaissance du génome ne cesse de progresser. D'où la question suivante : s'il y a, dans les populations humaines, des interactions entre différences culturelles et diversité biologique, qu'est-ce que la génétique peut nous apprendre de nouveau à ce sujet ? Comment la culture influence-t-elle notre évolution biologique ?

ÉCHANGER DES MOTS, ÉCHANGER DES GÈNES

Le mode de vie constitue une part intégrante et distinctive de l'identité culturelle d'une population. Nous savons aujourd'hui que certains traits culturels propres à notre espèce, tels que la langue, la religion ou l'organisation sociale – par exemple, le système des castes en Inde –, limitent les échanges génétiques entre populations et accentuent ainsi leurs différences génétiques. La langue est probablement l'exemple le plus emblématique. Pour s'entendre, il faut pouvoir se comprendre : il nous semblerait difficile aujourd'hui de vivre ensemble sans parler la même langue. De même, historiquement, il apparaît que les gens qui parlaient la même langue avaient bien plus de chances de se marier et d'avoir des enfants que ceux qui parlaient des langues différentes. C'est ce qui ressort des travaux de Luca Cavalli-Sforza, dans les années 1990. Il a établi des arbres phylogénétiques fondés sur les distances linguistiques et d'autres fondés sur les distances génétiques : en les comparant, il a constaté une concordance frappante. Autrement dit, la proximité génétique entre les individus a tendance à être plus grande entre populations parlant la même langue qu'entre populations parlant des langues différentes. C'est un exemple de la façon dont un trait culturel peut influencer la distribution de la diversité génétique entre populations humaines.

Les effets de la culture sur notre diversité génétique ne se limitent pas à ces aspects : les humains ont pu également créer de nouvelles « niches écologiques » suite à des changements culturels majeurs, comme l'introduction de l'agriculture et la croissance démographique qui s'est ensuivie. Ainsi, la sélection naturelle a pu être modifiée du fait de ces innovations culturelles : certains variants génétiques deviennent avantageux et permettent de s'adapter à ce nouvel environnement créé par l'homme. Exemple classique, l'adaptation à la digestion du lait à l'âge adulte en est une excellente illustration. Dans les populations qui pratiquent l'élevage, le lait devient une source d'alimentation majeure, et le variant génétique permettant de métaboliser le lait devient avantageux : cette pratique culturelle a donc eu un impact sur l'augmentation de la fréquence de ce variant.

Examinons quelques exemples pour comprendre comment culture et biologie interagissent dans l'évolution génétique de notre espèce et dans sa relation avec les maladies.

DES MIGRATIONS DIFFÉRENTES SELON LE SEXE

Outre la corrélation entre diversité linguistique et diversité génétique, on peut mentionner un autre exemple montrant l'impact des pratiques culturelles sur la diversité génétique : il est lié à la différence des migrations selon le sexe. Imaginons qu'un groupe composé uniquement d'hommes entreprenne une longue migration à travers une région géographique donnée et se métisse ensuite avec des femmes appartenant aux différentes populations locales qu'il rencontre. Les populations métissées résultant de cette migration montreront une certaine homogénéité au niveau de leurs chromosomes Y, puisque la plupart descendent du même groupe de mâles, tandis qu'au niveau de leurs ADN mitochondriaux ces populations seront assez diverses puisqu'elles descendent de différents groupes de femmes. Voilà un exemple de la manière dont une pratique culturelle – ici la migration différentielle selon le sexe – influence le niveau de variabilité génétique de la population. Ce qui est particulièrement intéressant en génétique des populations est que, par analogie, on peut faire l'inverse, c'est-à-dire analyser la variabilité du chromosome Y et de l'ADN mitochondrial pour étudier certaines pratiques culturelles d'une population qui sont bien distinctes selon le sexe.

Plusieurs études s'y sont essayées depuis la fin des années 1990. Une étude pionnière, menée par Mark Seielstad et Luca Cavalli-Sforza en 1998, a montré que, si l'on compare des populations localisées à une distance géographique donnée, elles tendent à montrer plus de différences génétiques par rapport à leur chromosome Y que par rapport à leur ADN mitochondrial. On peut interpréter ces observations comme le signe d'un taux de migration plus élevé pour les femmes que pour les hommes, qui se traduit en une homogénéité plus forte des ADN mitochondriaux (qui bougent avec les femmes) que des chromosomes Y (provenant des hommes et qui restent sur place). En effet, même si l'on connaît des exemples de migrations à grande échelle impliquant principalement des hommes, comme celles qui sont associées aux armées de Gengis Khan ou, dans une moindre mesure, à la traite d'esclaves transatlantique, les données génétiques s'accordent sur le fait que, historiquement, les femmes ont été plus « mobiles » que les hommes. C'est une conséquence des *règles de résidence*, qui déterminent le lieu où le couple va s'établir après le mariage. Il se trouve que la pratique de résidence la plus fréquente dans les populations humaines est la résidence patrilocale : dans environ 80 % des cas, après le mariage, le couple va s'installer dans le village de l'époux. La *patrilocalité* pourrait ainsi expliquer les différences génétiques plus importantes que l'on observe chez les hommes (les variations concernant le chromosome Y, porteur de l'histoire paternelle, reflétant la diversité locale de la population mâle) par rapport aux femmes (signant un apport féminin ponctuel, retracé par l'étude de l'ADN mitochondrial).

Cette hypothèse a été étayée en 2001 par une étude de Mark Stoneking qui s'est attaché à comparer l'histoire génétique paternelle et maternelle de groupes pratiquant la *patrilocalité* ou la *matrilocalité*, cette dernière pratique étant rare dans les populations humaines : la matrilocalité – où c'est l'homme qui part s'installer dans le village de l'épouse après le mariage – concerne en effet moins de 20 % des sociétés. Cependant, on trouve encore dans une région du nord de la Thaïlande des groupes pratiquant les deux règles de résidence, ce qui a permis de tester l'hypothèse. En parfait accord avec les données attendues, au sein des groupes pratiquant la matrilocalité, on observe plus de différences entre les individus au niveau de l'ADN mitochondrial, tandis que, dans les groupes pratiquant la patrilocalité, les différences les plus marquées se trouvent au niveau du chromosome Y. Ainsi, à l'échelle de notre espèce, on peut dire que les femmes ont plus bougé que les hommes ! C'est pour cette raison qu'en général les populations se ressemblent beaucoup plus du point de vue de l'ADN mitochondrial que du point de vue du chromosome Y. Dans l'ensemble, ces études et d'autres menées dans différentes régions du monde démontrent comment un choix culturel lié à l'organisation sociale influe sur la répartition de la diversité génétique entre les populations humaines.

EFFETS GÉNÉTIQUES DES RÈGLES D'ALLIANCE ET DE FILIATION

Les *règles d'alliance* peuvent aussi déterminer l'organisation sociale des populations et influencer ainsi leur diversité génétique. Il y a des sociétés monogames : elles sont environ 17 %. D'autres pratiquent différentes formes de polygynie – c'est-à-dire le fait qu'un homme puisse avoir plusieurs femmes : elles représentent entre 30 et 80 % des populations. Quant aux sociétés qui pratiquent la polyandrie, où une femme épouse plusieurs hommes, elles sont très rares : moins de 1 %. Par exemple, dans une société ou la polygynie est généralisée, les enfants présenteront plus de ressemblances au niveau des chromosomes Y qu'au niveau de l'ADN mitochondrial. Imaginons qu'un homme se marie avec dix femmes et qu'avec chacune d'elles il ait cinq enfants. Imaginons aussi que ces cinquante enfants soient des hommes. Dans ce cas, ils vont tous partager le même chromosome Y hérité du père, tandis qu'ils auront dix versions différentes de l'ADN mitochondrial, héritées des dix mères.

Les choses ne s'arrêtent pas là en ce qui concerne les facteurs culturels qui influencent la diversité génétique. En effet, les sociétés humaines ne diffèrent pas seulement par leurs règles de résidence ou d'alliance. D'autres paramètres de l'organisation sociale peuvent également influencer la diversité génétique liée au sexe. C'est le cas par exemple des *règles de filiation*. La filiation est la transmission de la parenté lorsqu'une personne descend d'une autre, elle définit « à qui on appartient », pour ainsi dire. Les règles de filiation définissent, par exemple, la transmission du nom de famille, comme c'est le cas dans la plupart des sociétés occidentales, mais aussi du clan ou de la tribu à laquelle un individu appartient dans les sociétés plus traditionnelles. Il y a trois grands types de filiation : la filiation *patrilinéaire*, pour laquelle c'est le père qui transmet la parenté (45 % des sociétés), la filiation *matrilinéaire* (12 %), où c'est la mère qui transmet la parenté, et la filiation *cognatique* (39 %), où les deux parents transmettent la parenté. Dans la plupart des sociétés occidentales, comme en Europe, c'est la filiation de type cognatique qui prédomine, puisque nous « appartenons » aussi bien à la famille de notre père qu'à celle de notre mère. Reste à comprendre si les règles de filiation affectent aussi la diversité génétique des populations, et dans quelle mesure.

Une étude menée en 2004 par Raphaëlle Chaix s'est intéressée au rôle des filiations en se focalisant sur un groupe de populations de l'Asie centrale. Ces sociétés « traditionnelles » sont organisées en groupes de filiation de type patrilinéaire. Un individu appartient à un lignage, les lignages sont regroupés en clans, et les clans, en tribus. D'après la tradition orale, les membres d'un même groupe de filiation descendent d'un ancêtre commun en ligne paternelle. La question posée par les chercheurs est la suivante : ces groupes de filiation correspondent-ils à des entités biologiques ou s'agit-il uniquement d'une construction sociale ? Dans l'hypothèse d'une concordance entre groupes social et biologique, deux individus appartenant au même groupe social (lignage, clan et tribu) devraient se ressembler davantage, génétiquement, que deux individus pris au hasard dans la population. L'apparentement génétique de ces populations a été mesuré par l'analyse du chromosome Y, qui est transmis aussi de façon patrilinéaire. Les résultats de cette étude ont été surprenants : tandis que les individus appartenant à un même lignage ou à un même clan se ressemblent plus génétiquement, les individus appartenant à une même tribu ne se ressemblent pas plus génétiquement que des individus pris au hasard dans la population. Ces résultats démontrent ainsi que les lignages et les clans correspondent à de véritables entités génétiques, alors que les tribus résultent d'un regroupement social, et non biologique, de clans d'origines diverses. L'ancêtre commun d'une tribu correspondrait plus à un ancêtre mythique qu'à un ancêtre biologique, dont la fonction sociale pourrait être de renforcer la cohésion du groupe.

LE SYSTÈME DES CASTES EN INDE

Le système de castes en Inde, qui était pratiqué jusqu'à très récemment, nous apporte un autre exemple de l'influence de facteurs culturels sur la diversité génétique. Les castes sont des divisions des sociétés en groupes héréditaires, hiérarchisés et souvent endogames, les mariages au sein de la même caste étant fortement encouragés. Cependant, de façon occasionnelle, les hommes pouvaient se marier avec des femmes d'une caste inférieure, tandis qu'un mariage entre un homme d'une caste inférieure et une femme d'une caste supérieure était impensable ! Cette organisation hiérarchique entraînait entre les castes des mouvements différents selon le sexe. Comme dans le cas de la patrilocalité, la mobilité des femmes semble plus grande : elles ont tendance à changer de caste plus souvent que les hommes. Ce phénomène devrait avoir eu un impact sur la distribution de la diversité génétique observée d'une part au niveau du chromosome Y et d'autre part au niveau de l'ADN mitochondrial.

Une étude de Michael Bamshad et de Lynn Jorde de l'Université de l'Utah a confirmé ces prédictions pour la première fois en 1998. Si l'on compare les castes, la diversité génétique entre elles est dix fois plus élevée pour les hommes (qui restent souvent dans la même caste et accumulent ainsi des différences au niveau de leurs chromosomes Y entre castes) que pour les femmes (qui sont plus mobiles et homogénéisent ainsi la distribution des ADN mitochondriaux). Une fois de plus, ces résultats illustrent la contribution des pratiques culturelles au modelage de la variabilité génétique des populations humaines.

ET L'HOMME S'HABILLA

On sait que les pratiques culturelles affectent la diversité génétique : avec un peu d'astuce, il devient alors possible, à rebours, d'utiliser cette même diversité génétique pour repérer et identifier certaines pratiques culturelles à partir des traces qu'elles ont laissées dans le génome au cours de l'évolution humaine. En voici un exemple que j'ai choisi pour son originalité. Il s'agit d'une étude concernant l'apparition des tout premiers vêtements chez l'homme : elle cherche à dater le moment où l'homme a commencé à s'habiller. L'originalité de l'étude repose sur le fait que, pour traiter cette question, l'équipe de Mark Stoneking a utilisé non pas la diversité génétique de l'homme, mais la diversité génétique… du pou !

Le pou est ce parasite qui accompagne invariablement l'homme, et dont on connaît deux variétés, le pou de tête (*Pediculus humanus capitis*) et le pou du corps (*Pediculus humanus corporis*). Ces parasites « obligatoires » diffèrent principalement par leur habitat : le pou de tête vit et se nourrit exclusivement du cuir chevelu, alors que le pou du corps se nourrit du corps mais vit dans les vêtements. L'équipe de Stoneking a eu l'intuition que cette différenciation écologique est probablement apparue lorsque les humains ont adopté l'utilisation fréquente de vêtements, un événement pour lequel il n'y a pas de preuves archéologiques directes. En comparant la diversité génétique des poux de tête et de ceux du corps, les chercheurs ont daté leur divergence à il y a au moins 100 000 ans en Afrique. Ce résultat suggère que l'homme moderne a commencé à utiliser les premiers vêtements en Afrique au cours du pléistocène moyen à supérieur. Ingénieux usage de la génétique pour retracer l'histoire des cultures humaines…

L'AVÈNEMENT DE L'AGRICULTURE : UN EXEMPLE DE COÉVOLUTION GÈNE-CULTURE

Mais la pratique culturelle qui a probablement le plus marqué l'histoire de notre espèce est la transition d'un mode de vie basé sur la chasse et la cueillette à un mode de vie basé sur l'agriculture et l'élevage durant le néolithique. C'est un moment clé du cheminement qui a façonné notre monde. Cette transition, qui a commencé il y a environ 10 000 ans et s'est répartie dans différentes régions du globe, a conduit les humains à adopter un mode de vie sédentaire, entraînant une augmentation de la densité de la population et des modifications de son environnement chimique, nutritionnel et infectieux. Selon une hypothèse courante, par exemple, le développement de l'agriculture et la domestication des animaux auraient facilité la transmission de certains agents infectieux entraînant une exposition à de nouvelles zoonoses.

Depuis les années 1990, une question majeure a émergé, s'imposant aux chercheurs : puisqu'on retrouve des traces d'activités agricoles similaires dans des régions très distantes les unes des autres à partir du néolithique, *comment* le nouveau mode de vie basé sur l'agriculture s'est-elle déplacée à travers les continents ? Deux modèles opposés sont en lice, comme nous l'avons rapidement évoqué dans un chapitre précédent. D'un côté, le modèle de *diffusion culturelle*. Il postule que ce sont les techniques, non les gens, qui ont voyagé : les premiers fermiers auraient simplement enseigné ces nouvelles pratiques aux chasseurs-cueilleurs, sans qu'il y ait un véritable mouvement des populations. Ainsi, la diffusion aurait eu lieu sans métissage notable entre les deux groupes. De l'autre côté, le modèle rival de *diffusion démique* défend au contraire l'idée que l'agriculture se serait imposée à travers les continents à la faveur des migrations de peuples fermiers. Ceux-ci auraient alors transmis aux chasseurs-cueilleurs non seulement de nouvelles techniques, mais aussi des gènes *via* le métissage. Là encore, la génétique a montré qu'elle devenait un formidable outil pour les préhistoriens. Elle a permis en effet de départager les deux hypothèses, puisque les données génétiques allaient clairement dans le sens du modèle de diffusion démique. En Europe, les peuples fermiers provenant du Moyen-Orient ont bel et bien laissé leurs traces génétiques dans la plupart des populations européennes. En Afrique, les peuples fermiers locuteurs de langues bantoues ont fait de même. L'analyse du génome confirme ainsi que l'adoption de l'agriculture ne s'est pas faite par simple transmission culturelle mais qu'il y a eu également des mouvements de populations accompagnés de métissages.

Les études génétiques ont également étayé l'idée que la transition vers un mode de vie basé sur l'agriculture a entraîné des phénomènes d'adaptation génétique aux nouvelles conditions environnementales auxquelles les premiers agriculteurs ont dû faire face. Par exemple, une étude de mon laboratoire réalisée en

2016, s'est intéressée aux signaux de sélection naturelle sur environ 1 500 gènes impliqués dans la réponse immunitaire innée dans différentes populations d'Afrique, d'Europe et d'Asie. Nous avons ainsi identifié 57 gènes qui montrent de forts signaux de sélection positive dans au moins une des trois grandes populations continentales. De façon intéressante, nous avons trouvé que la plupart des événements de sélection sont intervenus dans une période allant de 6 000 à 13 000 ans, ce qui correspond à la période où la plupart des populations humaines ont commencé à adopter les nouvelles technologies associées à l'agriculture. Or l'élevage, par exemple, suppose une proximité avec le bétail, un contact régulier avec les déchets biologiques, etc. Ce mode de vie a exposé les populations à de nouveaux pathogènes et, comme le suggèrent nos résultats, a conduit à des phénomènes d'adaptation génétique de l'hôte humain aux agents infectieux.

DEVENIR FERMIER : CAUSE OU CONSÉQUENCE DE L'EXPLOSION DÉMOGRAPHIQUE ?

L'hypothèse dominante, au début de ce siècle, était que l'agriculture avait constitué sur chaque continent le point de départ des plus grandes explosions démographiques que notre espèce ait connues. On pensait que les ressources générées par l'agriculture, associée à la sédentarisation et à la domestication des végétaux et des animaux, avaient ouvert une ère d'abondance permettant cette croissance des populations. La génétique, encore elle, allait apporter des faits – et quelque peu renverser les idées reçues.

C'est d'Afrique que sont venues les données. Pour qui cherche à comprendre la façon dont l'émergence de l'agriculture a impacté l'histoire démographique et adaptative de l'homme, l'Afrique fournit en effet un modèle d'étude sans égal. L'Afrique centrale, par exemple, héberge le plus grand nombre de chasseurs-cueilleurs actifs dans le monde : les chasseurs-cueilleurs de la forêt ou Pygmées. Ils cohabitent dans la même région avec leurs voisins de langue bantoue qui, eux, vivent dans des villages et mènent une vie d'agriculteurs sédentaires. C'est là qu'en 2014 nous avons mené avec Étienne Patin des travaux sur la variabilité génomique de plus de 300 individus issus des populations pygmées et des populations sédentaires d'agriculteurs. Nos résultats ont quelque peu mis à mal la théorie dominante, en ce qui concerne le continent africain.

Selon les données provenant de l'archéologie et de la linguistique, le développement de l'agriculture en Afrique subsaharienne aurait commencé il y a environ 5 000 ans. Or notre étude génomique a montré que la principale explosion démographique que les ancêtres des agriculteurs ont connue est bien antérieure. Même si nous n'excluons pas que les premières communautés de fermiers soient également entrées en expansion il y a 5 000 ans, nos données suggèrent qu'en réalité les ancêtres des agriculteurs, alors chasseurs-cueilleurs, auraient connu dès la période qui s'étend entre 10 000 ans et 7 000 ans avant le présent un remarquable essor démographique. Ce succès les aurait contraints à adopter un nouveau mode de vie, à s'établir et à recourir à l'agriculture pour subvenir à leurs besoins croissants. Cette étude remet donc en cause nos représentations concernant l'impact de l'agriculture dans l'histoire néolithique africaine : l'agriculture ne serait pas la cause directe du succès démographique des populations qui l'ont adoptée, elle en serait plutôt la conséquence.

Nous avons également montré que le métissage entre les Pygmées et les peuples fermiers n'auraient commencé qu'il y a environ 1 000 ans. Or nous savions, grâce à l'étude de leurs traditions orales et de leurs langues, ainsi qu'à la diversité génétique de certains microbes qu'ils partagent, que ces populations cohabitent et entretiennent des contacts depuis au moins 5 000 ans. Ce mélange tardif, qui n'entre pas dans le schéma démographique classique et témoigne de la structure socio-économique particulière de ces populations, a néanmoins été très intense par la suite, à tel point qu'aujourd'hui les génomes de certaines populations pygmées présentent jusqu'à 50 % de mélange avec les populations d'agriculteurs. Ce brassage montre en outre une particularité, que révèle l'analyse génétique. Il s'est opéré en effet de manière unilatérale : les hommes agriculteurs se sont métissés avec les femmes pygmées, mais l'inverse est rare ! Comme on le voit, les pratiques culturelles liées au sexe peuvent laisser dans le génome des traces que les outils modernes de la génétique nous révèlent.

CHASSEURS-CUEILLEURS ET AGRICULTEURS : UNE ADAPTATION DIFFÉRENTE AUX PATHOGÈNES

Les ancêtres des Pygmées et des agriculteurs, nous l'avons indiqué, ont commencé à diverger il y a au moins 100 000 ans, ce qui suggère que ces deux populations ont une longue histoire d'adaptation à différentes niches écologiques. On a mis en évidence chez les Pygmées des signaux de sélection concernant la taille – un caractère phénotypique qui semble polygénique et qui évolue de façon convergente –, ainsi que des fonctions liées à l'immunité. Chez les agriculteurs, la plupart des gènes candidats à l'adaptation, mais non tous, sont liés à la résistance au paludisme, surtout en Afrique occidentale et centrale, ce qui souligne le lien entre déforestation et exposition accrue au paludisme. Une étude menée par l'équipe de Mattias Jakobsson, à l'Université d'Uppsala en Suède, a exploré l'adaptation génétique aux maladies infectieuses dans deux groupes de chasseurs-cueilleurs Khoïsan de l'Afrique du Sud : les ‡Khomani, qui ont eu de nombreux contacts avec les agriculteurs et éleveurs venus s'installer dans la région, et les Ju|'hoansi, qui sont restés historiquement plus isolés. Ils ont remarqué que les gènes de l'immunité révélaient des signaux forts de sélection naturelle chez les ‡Khomani, mais non chez les Ju|'hoansi, suggérant que l'adaptation des fonctions immunitaires peut être rapidement déclenchée par contact avec des groupes extérieurs apportant de nouveaux agents pathogènes.

Jusqu'à une période très récente, une question restait en suspens : dans quelle mesure le passage d'un mode de vie de chasseurs-cueilleurs nomades à un mode de vie sédentaire essentiellement agricole a-t-il véritablement modifié la réponse immunitaire de ces populations ? Selon l'idée la plus répandue, l'avènement de l'agriculture aurait imposé de fortes pressions sélectives chez les populations agricoles, en raison de l'exposition à de nouveaux agents pathogènes.

De fait, les études reposant sur la détection de signaux de sélection dans ces populations suggèrent qu'il existe un lien entre les modes de vie et la manière dont les hôtes s'adaptent aux agents pathogènes au cours de leur histoire évolutive. Mais on connaît mal les phénotypes immunologiques sous-jacents qui pourraient être à l'origine des signaux moléculaires de la sélection observée. Pour en savoir plus, l'équipe de Luis Barreiro, à l'Université de Chicago, s'est intéressée aux Pygmées Batwa et à leurs voisins agriculteurs Bakiga d'Ouganda. En combinant des approches de génétique des populations et d'immunologie fonctionnelle, ils ont démontré que les plus grandes différences en matière de réponse immunitaire entre ces deux groupes étaient liées aux réponses aux infections virales plutôt que bactériennes. Détail remarquable, les signaux de sélection associés à ces différences de réponses antivirales sont observés de façon disproportionnée parmi les chasseurs-cueilleurs… et non chez les agriculteurs ! Ce résultat, pour le moins surprenant, va à l'encontre de l'idée courante et suggère que l'exposition aux agents pathogènes – et aussi, par conséquent, les processus d'adaptation génétique qui en découlent chez l'hôte – est bien plus dépendante des facteurs écologiques (forêt équatoriale *versus* milieux ruraux) que du mode de subsistance, comme ici le passage à l'agriculture. La culture joue son rôle, certes, mais elle n'efface pas les contraintes écologiques, qui restent dominantes…

VIE RURALE, VIE URBAINE : EFFETS SUR L'IMMUNITÉ

Les derniers outils d'analyse génétique ouvrent des perspectives nouvelles pour comprendre l'influence des modes de vie sur certains paramètres biologiques, tels que l'immunité. Des études récentes s'intéressent à l'effet des conséquences écologiques liées aux modes de vie des populations sur la réponse immunitaire. Ainsi, des chercheurs ont examiné l'expression des gènes dans différentes communautés berbères et arabes du sud du Maroc, en les distinguant notamment selon qu'elles vivent en milieu rural ou urbain. Ces travaux ont montré qu'une grande partie de la variation de l'expression des gènes de l'immunité est dictée par l'exposition urbaine ou rurale. Ils soulignent que les facteurs écologiques associés au lieu de résidence ont une incidence importante sur nos relations avec les agents infectieux. Certes, on pouvait intuitivement supposer que les différences de mode de vie et de conditions écologiques, notamment lorsqu'elles sont liées à l'exposition aux agents pathogènes, devaient avoir un effet sur les réponses immunitaires et ainsi moduler le risque face aux maladies. Les données génomiques confirment cette intuition et permettent désormais de caractériser et de mesurer ces effets.

DES LIENS ENTRE STATUT SOCIAL ET RÉPONSE IMMUNITAIRE ?

C'est donc un fait devenu mesurable : les facteurs culturels ont un effet sur la distribution de la diversité génétique. Cet effet peut être appréhendé de plus en plus finement. On dispose par exemple de données concernant l'impact du statut social d'un individu sur la réponse immunitaire et sur la santé. Il ne fait guère de doute que la pauvreté est mauvaise pour la santé : ce n'est un secret pour personne. La biologie permet d'en savoir un peu plus. Les disparités en matière de santé liées au statut social peuvent s'expliquer par des facteurs tels que l'accès aux ressources ou les comportements à risque, mais il existe également des preuves des effets physiologiques directs de l'environnement social. On a pu montrer ainsi que la solitude était associée chez les humains à des niveaux élevés d'expression des gènes de la réponse inflammatoire. Cependant, pour des raisons évidentes, les études expérimentales sur l'homme sont exclues. La plupart des études dans ce domaine ont donc eu recours à la manipulation du rang social chez des primates non humains.

L'équipe de Jenny Tung, de l'Université Duke en Caroline du Nord, s'est intéressée à l'influence du rang social sur la réponse immunitaire, en utilisant comme modèle d'étude les femelles macaques rhésus, qui vivent dans des groupes très hiérarchisés, avec des statuts sociaux bien définis. Ces travaux ont donné lieu à l'une des plus belles études de la dernière décennie. Leur publication dans la revue *Science* en 2016 montrait que le rang social a un impact direct sur plusieurs phénotypes immunitaires, comme les proportions de différents types cellulaires dans le sang, la réponse immunitaire déclenchée par l'exposition des cellules au lipopolysaccharide (ou LPS, un composant essentiel de la paroi bactérienne qui mime les infections bactériennes) et même les voies de signalisation qui sont utilisées suite à l'infection. Fait particulièrement notable, on observe une réponse plus forte et beaucoup plus inflammatoire chez les femelles de rang inférieur, tandis que les femelles de rang supérieur produisent une forte réponse antivirale. Ces résultats sont frappants : en mettant en évidence des effets biologiques directs de l'inégalité sociale sur la fonction immunitaire chez des grands singes, ils ouvrent des horizons nouveaux pour étudier également les conséquences potentielles des inégalités sociales sur la santé chez l'homme.

Toutefois, les mécanismes sous-jacents de ces changements de réponse immunitaire selon le rang social restent encore incertains. Chez les macaques, le statut social affecte un marqueur épigénétique, l'accessibilité de la chromatine, et ainsi l'expression génique. Chez l'homme en revanche, les conditions environnementales de la petite enfance, de type nutritionnel, microbien ou psychosocial, semblent affecter un autre marqueur épigénétique à l'âge adulte, la méthylation de l'ADN, qui modifie à son tour la réponse immunitaire.

Comme on le voit, la dimension épigénétique de la question prend ici une importance capitale : il est donc nécessaire de l'examiner de plus près, puisque cette discipline fait le pont entre l'environnement et le fonctionnement de notre génome.

Épigénétique : une autre réponse aux changements environnementaux

Il est impossible d'expliquer la variabilité d'un grand nombre de traits phénotypiques uniquement par des facteurs génétiques. De fait, chez l'homme comme dans diverses espèces, pour répondre aux pressions environnementales, l'organisme dispose d'autres moyens que la seule adaptation génétique, dont nous avons traité dans la partie III. Ce constat s'appuie sur des études épidémiologiques ainsi que sur d'innombrables études génétiques menées au cours des vingt dernières années. L'exemple des travaux menés sur les jumeaux homozygotes est parlant : même si leur génome est identique, ces jumeaux peuvent présenter des phénotypes différents, avec une incidence différente de certaines maladies. Des données épidémiologiques à grande échelle indiquent, par exemple, que le fait de développer un cancer dépend *plus ou moins* de facteurs génétiques en fonction du type de cancer. Ces observations ont permis de remettre sur le devant de la scène la notion de facteurs externes au génome, sensibles à l'environnement et capables d'influencer la variabilité phénotypique sans modifier l'information génétique : les mécanismes épigénétiques.

Le mot épigénétique signifie étymologiquement « au-dessus de la génétique ». Nous l'employons ici pour désigner toute modification moléculaire altérant le phénotype qui n'implique pas de modification de la séquence génétique proprement dite de l'ADN. Ainsi, alors que le génome désigne l'ensemble du matériel d'une cellule portant l'information génétique (l'ADN chez l'homme), l'épigénome désigne l'état épigénétique de la cellule, c'est-à-dire l'ensemble des acteurs non génétiques participant à la régulation de l'expression des gènes. Il est à noter qu'il existe très peu de preuves attestant d'une héritabilité des marques épigénétiques chez l'homme. Néanmoins, la diversité des profils épigénétiques observée dans les populations humaines pourrait expliquer une part importante des variations phénotypiques. Dans ce contexte, les variations épigénétiques, comme les modifications d'histones, l'action des ARN non codants tels que les micro-ARN, ou la méthylation de l'ADN, représentent un outil crucial pour étudier l'interface entre l'environnement et le génome.

LA MÉTHYLATION DE L'ADN ET LA VARIABILITÉ PHÉNOTYPIQUE

La méthylation de l'ADN, c'est-à-dire l'ajout des groupes méthyle à la molécule d'ADN, est sans doute la composante la mieux comprise de la machinerie épigénétique. Elle peut être altérée par des facteurs environnementaux tels que l'exposition au soleil, le tabagisme, la nutrition, le stress ou l'exposition aux agents infectieux. Toutefois, la variabilité de la méthylation de l'ADN peut être également affectée par des facteurs génétiques – des mutations dans la séquence de l'ADN : on parle alors de locus de caractères quantitatifs de méthylation (ou meQTL). Environ 20 % des différences interindividuelles de la méthylation de l'ADN peuvent être attribuées à des facteurs génétiques.

Au cours des dix dernières années, les études cherchant des associations entre des variations de méthylation de l'ADN et certains traits phénotypiques se sont multipliées. Ces études, à l'échelle du génome, sont nommées EWAS (pour *epigenome-wide association studies*), par analogie aux études de type GWAS, dont j'ai parlé précédemment. Le plus emblématique des facteurs associés à la méthylation est l'âge, les profils de méthylation variant considérablement au cours de la vie. La relation entre méthylation et âge est si marquée que l'on peut utiliser les profils de méthylation de l'ADN pour prédire l'âge d'un individu avec un faible taux d'erreur : en général, l'écart entre l'âge biologique et l'âge épigénétique dépasse à peine un ou deux ans. D'autres traits phénotypiques ont été corrélés à des variations de la méthylation : certains cancers, des maladies auto-immunes comme la sclérose en plaques ou le diabète de type I, l'indice de masse corporelle ou la schizophrénie. Cependant, l'interprétation des résultats d'EWAS n'est pas aussi simple que celle des GWAS, en partie à cause des effets confondants des différents types cellulaires dans le sang (l'hétérogénéité des types cellulaires dans le sang influence aussi les profils de méthylation), de la difficulté à établir la direction du lien (lequel, du phénotype ou de la méthylation, influence l'autre ?), ainsi que de la causalité de l'association (est-elle dépendante d'autres facteurs génétiques ou épigénétiques ?).

CE QUE LA MÉTHYLATION DE L'ADN NOUS RÉVÈLE DES POPULATIONS

Indépendamment de la façon dont la méthylation affecte la variabilité phénotypique, plusieurs études se sont intéressées aux différences de méthylation qui pouvaient exister entre populations humaines. Ces études ont mis en évidence des différences dans la méthylation de l'ADN du sang entre populations européennes et africaines : entre 13 et 21 % des sites testés sont méthylés de façon différente entre ces populations. De plus, la comparaison de cinq populations réparties dans le monde, permettant une large couverture de l'histoire migratoire de notre espèce, a mis en évidence l'importance des facteurs génétiques pour expliquer les différences de méthylation entre populations humaines. Ainsi, les profils de méthylation de l'ADN permettent de distinguer les principaux groupes ethniques, soulignant la contribution des modifications épigénétiques à la variation phénotypique, comme l'apparence physique, le métabolisme des médicaments, la perception sensorielle ou la susceptibilité à certaines maladies.

Ces études ont également révélé que les différences de méthylation entre populations résultent d'une combinaison entre les différences de fréquences alléliques des variants génétiques associés à la variation de la méthylation de l'ADN (les meQTL) et les interactions entre gènes et environnement.

Une étude récente menée dans notre laboratoire s'est concentrée plus spécifiquement sur la façon dont les différences entre populations humaines affectent la variation de la méthylation de l'ADN dans le cadre de la réponse immunitaire. Nous avons étudié la méthylation de l'ADN à l'échelle du génome dans les monocytes – des globules blancs présents dans le sang jouant un rôle majeur dans la réponse immunitaire innée –, et exploré sur ce point les différences entre les individus d'origine africaine et ceux d'origine européenne. De fortes distinctions entre populations ont été détectées, principalement pour des gènes liés à la régulation des réponses immunitaires. En particulier, environ 70 % des sites présentant une méthylation différentielle entre Africains et Européens se sont avérés être associés à un meQTL, confirmant l'idée que les différences de méthylation de l'ADN entre populations humaines sont principalement dues… à la génétique elle-même !

ÉPIGÉNÉTIQUE ET MODES DE VIE EN AFRIQUE

Enfin, dans la continuité de nos travaux sur la façon dont notre espèce a pu s'adapter génétiquement à l'environnement, nous avons voulu comprendre comment les changements d'habitat et de mode de vie, d'une part, et la variabilité génétique, d'autre part, affectent les profils de méthylation des populations humaines : un effet de la culture sur les gènes. Dans cette intention, nous nous sommes concentrés une fois encore sur l'Afrique centrale car elle abrite des populations dont les caractéristiques se prêtent à cette étude : les Pygmées, chasseurs-cueilleurs nomades vivant dans la forêt, et les villageois bantous, agriculteurs sédentarisés dans des habitats urbains, ruraux ou forestiers. En comparant tout d'abord les profils de méthylation d'un groupe de Bantous forestiers avec des Bantous urbains ou ruraux, nous avons observé que le changement récent d'habitat a provoqué des modifications de l'épigénome concernant principalement les fonctions du système immunitaire. En revanche, en comparant le groupe de Bantous forestiers et les Pygmées, qui partagent le même habitat mais diffèrent par leur mode de vie historique (chasseurs-cueilleurs *versus* agriculteurs), nous avons constaté que les principales différences au niveau de l'épigénome concernaient des fonctions liées au développement, comme la taille ou la minéralisation osseuse.

Par la suite, nous nous sommes intéressés à la manière dont la variabilité génétique altère les profils de méthylation de ces populations et avons ainsi cherché à identifier des meQTL. Nous avons constaté que les changements « récents » de l'épigénome affectant l'immunité sont indépendants de la variabilité génétique, alors que les différences de méthylation « historiques » entre chasseurs-cueilleurs et agriculteurs sont souvent associées à la génétique, et sont donc héritables. En outre, et de façon intéressante, les données génétiques indiquent que ces variants contrôlant les profils de méthylation sont le produit d'une sélection positive. Ces résultats suggèrent que les populations humaines peuvent répondre initialement à des variations environnementales *via* des changements épigénétiques qui ne sont pas liés à des variations de l'ADN, témoignant ainsi d'une certaine plasticité phénotypique. Mais, au fil du temps, des modifications génétiques peuvent apparaître et stabiliser les phénotypes, permettant une adaptation au milieu plus pérenne.

L'étude de la variabilité épigénétique des populations humaines nous renseigne ainsi sur les fonctions biologiques qui seraient les plus « sensibles » aux changements d'environnement, qu'ils soient liés à l'habitat, au mode de vie ou à l'exposition aux pathogènes. Par exemple, le fait qu'on ait pu mettre en lumière l'impact conséquent qu'a eu l'urbanisation des populations sur les profils épigénétiques du système immunitaire montre à quel point il est important de s'intéresser, en complément des études de génétique, à la façon dont les changements épigénétiques pourraient créer un terrain immunitaire plus propice au développement de certaines pathologies liées au système immunitaire, comme les maladies auto-immunes, allergiques ou inflammatoires. Génétique, épigénétique et culture se répondent, et l'étude de leurs interactions nous apporte des informations précieuses.

Sélection naturelle par le passé et réponse immunitaire d'aujourd'hui

Nous avons vu que les pathogènes et les maladies infectieuses ont été une cause majeure de mortalité tout au long de l'histoire de notre espèce. Par conséquent, l'action de la sélection naturelle exercée par les agents infectieux sur la variabilité de notre génome a été forte et incontestable. Peut-on en mesurer les effets ? Ces liaisons dangereuses entretenues dans le passé entre les hommes et les pathogènes ont-elles des conséquences sur notre système immunitaire d'aujourd'hui ? Dans quelle mesure les populations humaines présentent-elles des différences en termes de réponse immunitaire et de risque de développer certaines maladies immunitaires ou infectieuses ? Enfin, quels sont les facteurs qui contribuent à la diversité de la réponse immunitaire entre individus et entre populations humaines ? Au cours de ces dernières années, un nombre croissant d'études en génétique des populations et en immunologie de systèmes se sont penchées sur ces questions. Leur but est de mieux comprendre l'étendue de la variabilité du système immunitaire chez l'homme, les différents facteurs – génétiques, évolutifs et environnementaux – qui façonnent la diversité de la réponse immunitaire et, enfin, la façon dont une telle diversité modifie le risque de développer une maladie immunitaire ou infectieuse.

DIVERSITÉ GÉNÉTIQUE ET IMMUNITÉ : L'APPORT DES ÉTUDES DE L'EXPRESSION GÉNIQUE

Malgré l'apport des études en génétique des populations pour mieux comprendre comment la sélection naturelle a ciblé les gènes du système immunitaire, les liens entre diversité génétique, qu'elle soit neutre ou sélectionnée, et phénotypes immunitaires restent encore mal compris. Même si une grande partie des différences interindividuelles, en matière de réponse immunitaire, est due aux facteurs environnementaux, une proportion non négligeable de cette variabilité est attribuable à la génétique de l'hôte. Les études d'association pangénomiques, ou GWAS, ont permis de mieux comprendre les facteurs génétiques responsables de la variabilité de la réponse immunitaire, y compris celle conduisant à un état pathologique. La plupart de ces études montrent également que les variants génétiques associés au risque de maladies sont souvent localisés dans les régions régulatrices de l'expression génique, comme, par exemple, les promoteurs. Dans ce contexte, la cartographie des locus de caractères quantitatifs d'expression (les eQTL) s'est révélée de grande valeur ces dernières années : ces variants ont fourni des informations permettant d'établir des liens entre variabilité génétique, phénotypes intermédiaires – tels que l'expression des gènes – et phénotypes au niveau de l'organisme – tels qu'une susceptibilité accrue à la septicémie, la maladie inflammatoire de l'intestin, l'hépatite virale, la fièvre typhoïde ou la tuberculose.

Les données épidémiologiques montrent que des individus de différentes origines ethniques peuvent différer quant à leur sensibilité aux maladies infectieuses ainsi qu'aux maladies inflammatoires ou auto-immunes. Des travaux récents suggèrent que de telles disparités peuvent en partie être expliquées par des différences de réponse immunitaire entre des individus d'origine différente. Par exemple, deux études se sont penchées sur les différences de réponse immunitaire entre individus d'origine africaine ou européenne, mesurant en particulier les niveaux d'expression génique des cellules immunitaires en présence soit d'activateurs de la réponse immunitaire innée, soit de bactéries ou de virus (par exemple *Mycobacterium tuberculosis*, *Listeria monocytogenes* ou le virus de la grippe). Les deux études ont révélé des différences marquées de réponse à l'infection entre les deux populations. En moyenne, entre les individus africains et européens, 21 % des gènes semblent présenter une expression différente. Cette observation pourrait ainsi expliquer les différences observées entre populations humaines quant à leur risque de développer certaines maladies infectieuses ou inflammatoires. À l'appui de cette hypothèse, on a observé que les gènes qui s'expriment différemment entre les populations correspondent souvent à des gènes qui ont été associés par les GWAS à des maladies immunitaires, telles que la polyarthrite rhumatoïde, la sclérose systémique ou la colite ulcéreuse, pour lesquelles l'incidence diffère également entre individus de différentes populations humaines.

RÉPONSE INFLAMMATOIRE : DIFFÉRENCES ENTRE POPULATIONS EUROPÉENNES ET AFRICAINES

Plusieurs études basées sur la cartographie des eQTL, soutenues également par des études épidémiologiques, indiquent que les individus d'origine africaine présentent une réponse inflammatoire plus forte que les individus d'origine européenne. Il paraît de plus en plus vraisemblable que, si l'on écarte les effets sociaux et environnementaux, une part importante de ces différences soit également due à la génétique de l'hôte. Parfois, un seul variant génétique suffit pour expliquer de telles différences de réponse immunitaire entre populations. Par exemple, dans une étude publiée dans la revue *Cell* en 2016, mon équipe a montré qu'une seule mutation, localisée dans le gène *TLR1*, présente chez environ 70 % des Européens et quasiment absente en Afrique (moins de 2 %), est à l'origine de différences majeures de réponse inflammatoire entre les deux populations. En effet, la présence de cette mutation entraîne une diminution de l'expression d'environ 80 gènes liés à la réponse inflammatoire (cette mutation étant donc un *trans*-eQTL ou « régulateur maître »), ce qui explique en grande partie la plus faible réponse inflammatoire observée chez les individus d'origine européenne par rapport à ceux d'origine africaine.

Le gène *IRF2* a également été identifié comme un régulateur maître ; une seule mutation dans ce gène a un effet régulateur sur des centaines de gènes. Elle est également présente à des fréquences très différentes entre les populations africaines et européennes. Par conséquent, cette mutation pourrait être la cause des différences observées entre populations concernant leur réponse à une cytokine importante (IFN-γ) associée à de multiples troubles auto-immunes et inflammatoires. Dans l'ensemble, ces études indiquent que les facteurs génétiques de l'hôte peuvent contribuer fortement aux différences de réponse immunitaire observées entre les populations humaines.

SÉLECTION NATURELLE ET DIFFÉRENCES IMMUNITAIRES ENTRE POPULATIONS

De plus en plus d'éléments suggèrent que non seulement les différences de réponse immunitaire entre populations sont en grande partie dues à la génétique de l'hôte, mais aussi que la sélection naturelle a joué un rôle important pour façonner ces différences. En effet, parmi les gènes présentant les signatures de sélection les plus fortes, on observe un enrichissement important en gènes dont l'expression est différente chez les Africains et chez les Européens, en particulier dans les macrophages et les monocytes, des types cellulaires d'importance majeure dans la réponse immunitaire innée. Cette observation est importante : elle constitue la preuve empirique la plus forte dont nous disposions à ce jour pour montrer que la sélection naturelle exercée par les agents infectieux a influencé de façon cruciale les disparités observées entre les populations actuelles en termes de réponse immunitaire innée aux infections.

Parmi les exemples de mutations régulatrices de l'expression génique ciblées par la sélection naturelle, on trouve celle qui est associée à une réponse inflammatoire atténuée chez les Européens (elle concerne le *trans*-eQTL de *TLR1*). Le fait que cette mutation présente un fort signal de sélection positive chez les Européens suggère qu'une réponse inflammatoire plus tempérée leur aurait été bénéfique. Plus généralement, cette observation soulève des questions sur un conflit évolutif entre deux contraintes : d'une part, développer une forte réponse inflammatoire destinée à combattre les agents pathogènes et, d'autre part, éviter dans le même temps les conséquences nuisibles de l'inflammation aiguë et chronique, qui peut entraîner des lésions tissulaires et conduire à des maladies inflammatoires et auto-immunes.

DOMMAGES COLLATÉRAUX : AUTO-IMMUNITÉ, INFLAMMATION ET OBÉSITÉ

Tout au long de cet ouvrage, nous avons évoqué de nombreux exemples de gènes et de fonctions biologiques, observant ou bien que leur diversité a été préservée durant des millions d'années, ou bien que, suite à un changement environnemental, certaines mutations ont augmenté en fréquence au sein de notre espèce en raison de la nature bénéfique qu'elles conféraient face à la présence de pathogènes par exemple.

Néanmoins, certaines études en génétique des populations ont abouti à une observation surprenante et apparemment contre-intuitive : les gènes dont la diversité est corrélée avec la présence de pathogènes sont également enrichis en gènes associés aux maladies auto-immunes, telles que la maladie cœliaque, la colite ulcéreuse, le diabète de type 1, la maladie de Crohn ou la sclérose en plaques. Comment la sélection positive a-t-elle pu cibler des mutations ne conférant pas de protection contre les maladies, comme on s'y attendrait, mais augmentant au contraire le risque de les développer ? La réponse à cette question se trouve dans la nature même de ces maladies : il s'agit surtout de maladies auto-immunes et non pas de maladies infectieuses.

L'adaptation aux agents pathogènes peut, en effet, entraîner des dommages collatéraux dans certains cas. Comme l'a montré Jean-François Bach, académicien et immunologiste à l'hôpital Necker, l'augmentation actuelle de l'incidence des troubles immunitaires semble être concomitante avec la « stérilisation » croissante des sociétés modernes au cours du xxe siècle, en raison de l'arrivée des antibiotiques et des vaccins. Ces travaux d'ordre épidémiologique soutiennent ainsi la théorie hygiéniste, formulée en 1989 par David P. Strachan de la London School of Hygiene and Tropical Medicine. Cette théorie postule que, après un changement environnemental, certaines mutations qui étaient avantageuses par le passé en permettant de combattre l'infection seraient aujourd'hui responsables, dans les pays industrialisés où l'exposition aux infections est moindre, de la susceptibilité plus importante aux maladies auto-immunes, inflammatoires ou allergiques.

Un nombre croissant d'études en génétique des populations soutient également cette hypothèse, en montrant que la sélection positive aurait ciblé des mutations qui augmentent le risque de certaines maladies auto-immunes ou inflammatoires. En outre, les fréquences plus élevées de ces variants de risque sont souvent observées dans des populations exposées à une forte pression pathogénique, ce qui laisse penser qu'elles ont eu un rôle bénéfique dans la défense de l'hôte face aux infections par le passé.

Le lien possible entre maladies infectieuses et maladies inflammatoires chroniques est étayé par des études selon lesquelles certains agents pathogènes peuvent être un facteur causal dans les maladies inflammatoires et auto-immunes, comme, par exemple, le virus d'Epstein-Barr et le lupus érythémateux, *Mycobacterium avium* et la maladie de Crohn, ou *Yersinia enterocolica* et la maladie inflammatoire de l'intestin. La maladie cœliaque fournit une belle métaphore de ce compromis évolutif puisque des mutations dans des gènes tels que *IL12A*, *IL18RAP* et *SH2B3* ont été ciblées par la sélection positive : les individus porteurs de ces allèles, s'ils présentent un risque accru de développer cette maladie, bénéficient en contrepartie d'une certaine protection contre les infections bactériennes.

Plus généralement, la fréquence des variants associés à plusieurs maladies auto-immunes présente une forte différenciation entre populations humaines, étayant davantage le lien entre adaptation passée et risque actuel de maladie. Cependant, à la vue de la nature hautement pléiotropique des gènes de l'immunité, impliqués dans des phénotypes qui vont au-delà de l'immunité comme, par exemple, la reproduction, il reste délicat d'établir un lien direct entre sélection passée favorisant un phénotype spécifique et maladaptation actuelle.

Ce type de compromis évolutif ne se limite pas aux maladies infectieuses et aux maladies auto-immunes ou inflammatoires. Des données d'ordre épidémiologique et génétique montrent que de tels compromis ou inadéquations évolutives auraient pu également affecter l'incidence actuelle de certaines maladies métaboliques, dont le diabète de type 2, l'obésité ou la goutte. James Neel, généticien américain, proposa déjà en 1962 l'idée, révolutionnaire à l'époque, qu'il nomma l'hypothèse du « gène économe » (la *thrifty genotype hypothesis* en anglais). Selon lui, il y aurait eu au cours de l'évolution un avantage sélectif en faveur des individus bénéficiant de gènes capables de stocker et d'utiliser au mieux les nutriments dans des périodes de famine, c'est-à-dire durant la plus grande partie de notre histoire. Suite à de brusques changements de mode de vie et à une alimentation abondante, riche en sucres raffinés et en gras, ces mêmes variants génétiques « d'épargne » seraient aujourd'hui responsables du bouleversement métabolique de certaines populations, expliquant l'épidémie de diabète et d'obésité qui les frappe aujourd'hui.

L'hypothèse du gène économe est étudiée depuis presque soixante ans. Pourtant, malgré sa popularité, les données pour la soutenir restent faibles et très fragmentées. Elle est souvent invoquée pour expliquer l'incidence accrue de l'obésité ou du diabète dans certaines populations. Ainsi, les Indiens Pimas d'Amérique ou les peuples du Pacifique Sud comme les Polynésiens ont souvent été considérés comme des archétypes de l'hypothèse du gène économe « en action ». En réalité, la plupart des études génomiques ont mis à mal cette hypothèse, et très peu de gènes « économes » ont été identifiés de façon convaincante. Une étude parue en 2016 a toutefois identifié, dans la population de Samoa en Polynésie, une mutation (dans le gène *CREBRF*) associée à un indice de masse corporelle élevé et qui présente des signatures fortes de sélection positive, suggérant ainsi qu'il pourrait s'agir d'un gène économe.

D'autres facteurs peuvent également expliquer la forte incidence des maladies métaboliques dans le Pacifique. Par exemple, ces mêmes mutations associées à un risque accru de maladies métaboliques chez les peuples du Pacifique, mais que l'on retrouve aussi dans d'autres populations, peuvent avoir augmenté en fréquence par simple dérive génétique. On sait que, dans de petites populations, la dérive est plus forte et donc, en raison de la moindre efficacité de la sélection naturelle, ces mutations délétères peuvent avoir augmenté en fréquence dans la population simplement par des processus aléatoires. Des études approfondies, combinant des données historiques, culturelles, épidémiologiques, génétiques et physiologiques, sont alors nécessaires afin de mieux comprendre les causes de l'incidence élevée de certaines maladies métaboliques, mais aussi infectieuses ou inflammatoires, dans différentes populations humaines.

De Claude Bernard à l'immunologie des systèmes : vers une médecine de précision

Au cours de ces dernières années, les études en immunologie des systèmes se sont multipliées, cherchant à mieux comprendre les différents facteurs façonnant la diversité du système immunitaire. La majorité des études ont classiquement examiné individuellement l'impact de chacun de ces déterminants (génétique, âge, sexe, etc.) sur la réponse immunitaire, souvent dans le contexte d'une pathologie donnée et sur certains types de cellules ou tissus d'intérêt. Depuis quelques années, cependant, plusieurs projets ont été initiés pour réaliser une analyse intégrée de l'impact de différents cofacteurs sur l'hétérogénéité du système immunitaire. Ces nouvelles études utilisent des approches d'immunologie des systèmes ou d'immunologie des populations (*systems or population immunology* en anglais) pour étudier la variabilité d'un système immunitaire sain soit dans des cohortes de jumeaux, soit dans des cohortes bien définies d'enfants ou d'adultes sains.

C'est dans ce cadre qu'en 2010, lors d'une discussion avec Matthew Albert, immunologiste dirigeant à l'époque un laboratoire d'immunologie humaine à l'Institut Pasteur, nous avons entamé une importante étude d'immunologie des systèmes, en combinant nos expertises différentes mais complémentaires : l'immunologie humaine, d'une part, la génétique humaine et l'évolution, d'autre part. Nous nous interrogions sur plusieurs sujets : qu'est-ce qu'une réponse immunitaire « saine » ? Pouvons-nous définir les paramètres qui caractérisent une réponse immunitaire saine afin d'identifier les seuils à partir desquels une défaillance du système immunitaire conduit à une pathologie ?

Quels sont les facteurs qui contribuent à la diversité du système immunitaire chez l'homme ? Et, enfin, *last but not least*, une fois ces facteurs identifiés, pouvons-nous prédire la façon dont les individus vont répondre à l'infection ou à un traitement thérapeutique afin de nous servir de ces informations pour dresser les bases d'une médecine de précision qui permettrait de soigner mieux et plus efficacement ? L'enjeu potentiel est éloigné, mais il n'est pas mince, pour les patients comme pour les sociétés, en termes de qualité des soins et de coûts des traitements.

Nos discussions ont conduit au projet *Milieu Intérieur*, initié en 2011. Ce projet, toujours en cours et codirigé aujourd'hui par Darragh Duffy et moi-même à l'Institut Pasteur, réunit l'expertise multidisciplinaire de chercheurs dans les domaines de l'immunologie, de l'infectiologie, de la microbiologie, de la virologie, de la génétique humaine, de la bio-informatique, de la statistique et de la biologie évolutive et systémique. Le projet tire son nom du concept développé au XIXe siècle par le physiologiste Claude Bernard selon lequel le « milieu intérieur », c'est-à-dire l'ensemble des liquides internes essentiels à la vie des animaux, régit les principes mêmes de la vie. Il se nourrit également de la longue tradition de recherche translationnelle initiée par Louis Pasteur. Son but est d'élucider les facteurs environnementaux et héréditaires qui façonnent le système immunitaire dans la population en bonne santé.

L'étude *Milieu Intérieur* repose sur l'analyse d'échantillons prélevés chez 1 000 donneurs sains, stratifiés par âge (cinq décennies de 20 à 69 ans) et par sexe (500 femmes et 500 hommes). Les échantillons prélevés comprenaient du sang périphérique frais, qui a été stimulé avec environ 30 agents pathogènes ou molécules qui activent la réponse immunitaire innée ou acquise, de l'ADN et de l'ARN extraits du sang, des selles, des écouvillons nasaux et des biopsies de peau. Des tests biochimiques et hématologiques classiques ont été effectués, et, pour chaque participant, des renseignements détaillés sur les antécédents médicaux, le mode de vie, l'alimentation, le tabagisme et d'autres paramètres pouvant avoir un impact sur le système immunitaire ont été collectés. Dix ans après le démarrage de ce projet, nous avons accumulé de nombreuses données sur la variabilité des différents phénotypes immunitaires et sur les facteurs contribuant à celle-ci. Ces données et approches analytiques peuvent servir de référence pour des études comparatives avec différentes maladies du système immunitaire.

Deux études du projet *Milieu Intérieur* me semblent importantes pour mieux appréhender les facteurs contribuant à la diversité de notre réponse immunitaire. La première posait la question suivante : quels sont les facteurs qui modifient les proportions des différentes cellules immunitaires du sang ? Pour y répondre, on a étudié la composition du sang périphérique en cellules immunitaires pour évaluer la variabilité du système immunitaire des 1 000 individus sains. Cent soixante-huit paramètres ont été quantifiés, comprenant le nombre absolu et la fréquence des cellules immunitaires, ainsi que le niveau d'expression des marqueurs spécifiques présents sur ces cellules. En corrélant ces mesures immunitaires aux 140 variables que nous avions obtenues pour chaque individu (âge, sexe, état nutritionnel, poids, taille, passé vaccinal, variables associées au mode de vie, etc.), nous avons observé que seules 5 variables sur les 140 ont un véritable impact sur la variabilité des cellules immunitaires dans le sang : la génétique de l'hôte, le sexe, l'âge, l'infection chronique par le cytomégalovirus (CMV) et le tabagisme.

Cependant, ces facteurs n'affectent pas de la même façon tous les types cellulaires : tandis que les proportions de cellules impliquées dans la réponse immunitaire innée (monocytes, macrophages, cellules dendritiques, etc.) varient surtout en fonction de la diversité génétique de l'hôte, les proportions de cellules de la réponse immunitaire adaptative (lymphocytes T et B) sont plutôt influencées par des facteurs non génétiques. Ayant une plus longue durée de vie, ces dernières sont plus susceptibles d'être affectées par l'âge, le tabagisme, les infections latentes, les vaccins et d'autres facteurs non héréditaires résultant du mode de vie de l'individu.

Dans la seconde étude, nous nous sommes penchés sur la même question, mais dans le cadre de la réponse immunitaire consécutive à une infection par des agents pathogènes. Nous avons ainsi analysé la variabilité de l'expression génique dans le sang total des 1 000 individus, après stimulations bactériennes (par exemple *Escherichia coli*, *Staphylococcus aureus* ou le bacille Calmette-Guérin ou BCG, utilisé comme vaccin contre la tuberculose), virales (le virus de la grippe) et fongiques (*Candida albicans*). Les données obtenues ont révélé les résultats suivants : environ 20 % de la variance de la réponse immunitaire à l'infection est due à la variabilité naturelle des différents types cellulaires dans le sang de chaque individu ; 10 % de la variance s'explique par les effets de la génétique humaine, et, enfin, le sexe et l'âge n'interviennent qu'à raison d'environ 5 % de la variance totale. Toutefois, ces proportions ne sont que des moyennes concernant les 572 gènes de l'immunité étudiés : or la variabilité de certains gènes, comme *TLR1*, s'explique surtout par les effets de la génétique de l'hôte, tandis que la majorité de la variabilité d'expression d'autres gènes, comme *STAT1* ou *STAT2*, s'explique respectivement par l'âge ou par le sexe.

D'autres études ont montré que d'autres facteurs, comme la diversité épigénétique de l'hôte ou les variations au sein du microbiote intestinal, ont également une incidence sur les phénotypes immunitaires. Ainsi, la quantification des incidences relatives des facteurs héritables et non héritables – âge, sexe, régime nutritionnel, infections virales chroniques ou même statut social – sur la variation des phénotypes immunitaires est la clé pour connaître les paramètres qui contribuent à transformer une réponse immunitaire « saine » en réponse pathologique. Une telle compréhension est cruciale pour accomplir la promesse d'une médecine de précision qui pourra tenir compte de la spécificité de la réponse immunitaire d'un individu et ainsi s'assurer que les stratégies de santé publique tirent profit des progrès scientifiques récents.

ÉPILOGUE

Il est temps à présent de nous tourner une nouvelle fois vers le tableau de Gauguin évoqué au début de cet ouvrage, et vers les trois questions qui composent son titre. Nous avons essayé de montrer comment la génomique et la génétique des populations fournissaient des outils nouveaux qui permettaient de revisiter ces questions et d'apporter des réponses d'une ampleur et d'une précision tout à fait inédites. L'étude génétique de notre passé – « d'où venons-nous ? » – nous permet de mieux comprendre les sources de notre diversité génétique actuelle et nos relations aux maladies, et de donner des éléments de réponse à la question : « Que sommes-nous ? » Pouvons-nous aujourd'hui, au terme de cette exploration des connaissances acquises dans un vaste éventail de domaines, tenter de répondre à la question sans doute la plus épineuse : « Où allons-nous ? » Pouvons-nous exploiter la connaissance du passé pour mieux comprendre la façon dont nous allons réagir à des changements futurs ? La réponse est oui, en partie.

Reprenons l'exemple des maladies infectieuses. À travers l'étude du passé évolutif du système immunitaire et de la façon dont la sélection a par le passé ciblé les gènes de la réponse immunitaire, nous avons beaucoup appris sur les gènes et les fonctions qui ont joué un rôle primordial dans nos défenses face aux agents infectieux. Notre système immunitaire est le résultat d'au moins 60 000 ans de métissages : des variants immunitaires bénéfiques ont parfois été acquis par croisement avec des humains archaïques, puis ont continué à être assimilés par métissage entre différentes populations d'humains modernes. Rien ne permet de penser que ces mêmes variants, gènes ou fonctions ne joueront pas un rôle important face aux épidémies futures : nous pouvons donc d'ores et déjà nous orienter vers des cibles potentielles qui pourraient être utilisées comme traitements thérapeutiques pour des futures infections. Mais les choses ne sont pas si simples. Parfois ce qui a été bénéfique dans le passé ne l'est pas nécessairement aujourd'hui, et ne le sera pas demain, car les modes de vie des populations humaines changent, ainsi que leurs environnements. Le cas de la région du chromosome 3 héritée des néandertaliens et associée aujourd'hui à un risque accru d'hospitalisation par le COVID-19 en est un bon exemple. Ainsi, bien des liens entre la génétique des populations et l'immunologie humaine restent à explorer.

Malgré les limites inhérentes à l'approche évolutionniste, l'étude des facteurs génétiques, évolutifs et environnementaux qui font de nous ce que nous sommes nous donne des pistes importantes pour mieux entrevoir *où nous allons* en ce qui concerne les maladies, par exemple. Les gènes qui évoluent sous de fortes pressions de sélection négative, qui ne tolèrent pas (ou tolèrent peu) de mutations dans leur région codante, sont des candidats idéaux pour jouer un rôle important dans les maladies sévères. Il est donc opportun de leur accorder une attention prioritaire dans les études cliniques sur la recherche des bases génétiques des maladies graves. De la même façon, l'étude de la fréquence, dans les populations humaines, des variants génétiques dont l'incidence clinique est importante, comme ceux qui sont impliqués dans la réponse immunitaire, a un intérêt évident : elle peut nous aider à mieux cibler des populations à risque. Par exemple, en 2009, une mutation dans un interféron de type III a été associée à une élimination spontanée du virus de l'hépatite C et à une meilleure réponse au traitement thérapeutique. Mais la mutation en question présente des fréquences très variables selon les populations humaines : les plus élevées sont en Asie, les plus faibles, en Afrique. Ce constat permet de mieux distinguer les populations à risque et celles où le traitement serait le plus efficace. Nous avons ici un exemple concret de ce que pourrait être une « médecine de précision », illustrant la façon dont l'étude de la distribution de la variabilité génétique dans les populations humaines, la connaissance de ce que nous sommes, peut avoir des répercussions dans la prédiction de certains phénotypes cliniques.

Hélas, des cas si simples sont rares, car bien d'autres facteurs entrent en jeu quand il s'agit de prédire le risque de développer une maladie ou la réponse à un traitement donné. Pour la plupart des phénotypes, les bases génétiques sont bien plus complexes et polygéniques : des dizaines, voire des centaines de variants peuvent expliquer le phénotype, comme dans le cas de la taille ou de la plupart des cancers. Ces observations ont conduit les chercheurs à proposer l'utilisation des *scores de risque polygénique*, qui résument l'effet de nombreux variants sur le phénotype d'un individu. De surcroît, la génétique n'est pas le seul facteur expliquant la variabilité phénotypique. D'autres paramètres, tels que le sexe, l'âge, les comorbidités ou d'autres variables démographiques ou liées au mode de vie, s'ajoutent aux facteurs génétiques.

Les études en biologie des systèmes (ou biologie intégrative) ont pour but de comprendre et d'intégrer les différents facteurs qui participent au fonctionnement des systèmes biologiques et à leur diversité. À terme, elles permettront d'améliorer, par exemple, l'estimation de la susceptibilité aux maladies ou de la réponse aux traitements selon les populations. C'est dans ce cadre que de vastes études de cohortes impliquant des milliers de participants, telles que UK Biobank, Biobank Japan, Estonian Genome Project, ou encore le projet de la société de biotechnologie 23andMe, ont été lancées dans plusieurs régions du monde au cours de la dernière décennie, afin de trouver des associations entre un grand nombre de variables biologiques et environnementales d'une part, et différents phénotypes de l'autre. C'est aussi le cas du projet *Milieu Intérieur*, décrit auparavant, par lequel nous essayons de mieux comprendre comment différents paramètres, dont l'âge, le sexe, la génétique, la composition du microbiote ou le mode de vie, affectent la variabilité de la réponse immunitaire chez l'homme. Une fois que nous aurons identifié avec précision la façon dont la combinaison de ces facteurs fait que certains d'entre nous, par exemple, présentent une réponse immunitaire très réactive tandis que chez d'autres elle est plus tempérée, nous pourrons utiliser ces informations pour tenter de *prédire* la façon dont chaque individu va répondre à l'infection ou aux traitements anti-infectieux.

Le but ultime de ces études intégratives est d'ouvrir la voie à une médecine personnalisée ou de précision, caractérisée par l'adaptation fine du traitement thérapeutique en fonction des caractéristiques des individus. Cette stratégie permettra de prévoir quels seront les médicaments les plus efficaces pour chaque patient tout en évitant les effets secondaires. Par exemple, dans le cas des vaccins, elle permettrait d'optimiser le nombre de doses en fonction des caractéristiques immunitaires des individus. Pour l'instant nous n'en sommes qu'aux prémices. Pour en arriver là, il nous faudra acquérir bien plus de connaissances sur les facteurs qui expliquent les différences face à la maladie ou aux traitements, et cela pour un grand nombre d'individus aux origines ethniques, géographiques et culturelles variées. Toutes ces données permettront alors, grâce à des modèles mathématiques fondés sur l'intelligence artificielle ou le *machine learning*, de faire des prédictions à l'échelle de phénotypes cliniques. Voilà un aperçu des réponses à la question : « Où allons-nous ? »

Dans toutes ces études – qu'il s'agisse d'analyses d'association génétique avec des maladies, d'estimations de scores de risque polygénique ou de l'établissement de grandes cohortes pour poser les bases d'une médecine de précision –, un facteur reste considérablement sous-estimé : c'est la diversité qu'on observe entre les populations humaines. Ce qui est valable pour une population, par exemple la valeur prédictive des scores de risque polygénique, ne l'est pas nécessairement pour une autre. Autrement dit, les valeurs prédictives du risque de développer une maladie ou d'avoir une réponse peu efficace à un médicament ne sont pas automatiquement extrapolables entre les différentes populations humaines, en raison de leurs différences : diversité génétique, différences d'exposition à l'environnement, diversité des modes de vie, etc.

Malheureusement, la plupart des études en génomique humaine et en biologie médicale portent sur des populations urbaines, d'origine principalement européenne. Les populations d'origine européenne ne représentent que 16 % des habitants de la planète, alors qu'elles sont l'objet de plus de 78 % des études génomiques. Pour des raisons aussi bien scientifiques que sociétales, ces études devraient être étendues à d'autres populations d'ascendance non européenne, et en particulier aux populations dites « négligées » (*i.e.* sous-représentées), afin de mieux représenter la diversité humaine. Par exemple, des études en génétique des populations et en génétique médicale dans des populations d'origine africaine, amérindienne ou du Pacifique, entre autres, ayant différents modes de vie et étant exposées à différents environnements devraient nous fournir des informations bien plus complètes sur les fonctions biologiques impliquées dans l'adaptation de notre espèce aux différents milieux, ce qui renforcerait nos connaissances sur les liens entre diversité génétique, sélection naturelle, facteurs culturels et maladie.

Toujours à propos de l'avenir, on peut se poser encore une autre question : dans quelle mesure notre espèce continue-t-elle à évoluer ? Avec les changements de mode de vie, avec l'exploitation de l'environnement pour la production de nourriture et l'accès à la médecine moderne, la sélection naturelle est-elle toujours active dans notre espèce ? La réponse est oui. Elle prend certes des formes différentes, mais elle est toujours active. Prenons encore une fois l'exemple des maladies infectieuses. Vers la fin du XIXe siècle, seulement 35 % de la population européenne atteignait l'âge de 40 ans, et seulement la moitié des enfants atteignaient 15 ans au XVIIIe siècle. Mais, avec l'amélioration des conditions d'hygiène et l'arrivée des antibiotiques et des vaccins, l'espérance de vie s'est aujourd'hui considérablement allongée. Toutefois, cela ne vaut que pour les pays ayant accès aux progrès de la médecine, ce qui n'est pas le cas de tous, et surtout en Afrique. À titre de repère, au début de ce siècle, 98 % de la population atteignait l'âge de 40 ans au Royaume-Uni, avec une espérance de vie à la naissance autour de 75 à 80 ans, tandis que dans d'autres pays comme le Mozambique, à la même période, seule la moitié de la population atteignait les 40 ans.

Même dans les régions du monde où l'homme a pu *modifier* son environnement à travers la médecine moderne, la sélection naturelle continue à agir, mais autrement. L'arrivée des traitements anti-infectieux ou des techniques de reproduction assistée a certes modifié la nature et l'intensité de la sélection naturelle, permettant à des millions de personnes de vivre plus longtemps, de se reproduire et ainsi de transmettre leurs génomes. Dans les populations humaines, en raison de leur faible taux d'évolution génétique, les conséquences de cette situation sur la variabilité du génome ne seront visibles que dans quelques milliers d'années. En revanche, pour les microbes, qui sont à évolution rapide, les traitements anti-infectieux ont d'ores et déjà conduit à des phénomènes d'adaptation : on entend souvent parler de l'apparition de la résistance aux antibiotiques chez les bactéries – une des plus graves menaces pesant sur la santé mondiale aujourd'hui, entraînant une hausse de la mortalité, une prolongation des hospitalisations et une augmentation des dépenses médicales.

Revenons à la sélection naturelle chez les humains. Son intensité a certainement été amoindrie dans les pays industrialisés, mais elle a surtout changé de cible : tandis que par le passé la sélection a principalement agi sur la mortalité, il semblerait qu'aujourd'hui elle opère plutôt sur la reproduction. Plus de 186 millions de personnes souffrent d'infertilité dans le monde : entre 8 et 12 % des couples en âge de procréer sont touchés par cette difficulté. Parmi les facteurs impliqués dans une baisse de la fertilité masculine, par exemple, citons l'obésité, le tabagisme, l'alcool et l'exposition aux perturbateurs endocriniens. Plus frappant encore : au cours des quarante dernières années, le nombre de spermatozoïdes par millilitre s'est réduit de plus de moitié. Mis à part l'influence des facteurs environnementaux, professionnels et ceux liés au mode de vie, l'infertilité et la sous-fertilité chez l'homme peuvent avoir des bases génétiques, notamment liées au chromosome Y. De surcroît, une étude dans la population danoise, qui nécessite confirmation, a montré que certaines lignées du chromosome Y seraient associées à une production anormalement faible de spermatozoïdes (oligospermie), ce qui va dans le sens d'une permanence de l'action de la sélection naturelle dans les populations modernes.

Une étude de Molly Przeworski et de Joseph Pickrell en 2017 s'est attaquée à la question en se penchant directement sur l'action de la sélection naturelle dans les générations présentes. En analysant les génomes de 60 000 personnes d'origine européenne de la cohorte GERA (Genetic Epidemiology Research on Adult Health and Aging) et de 150 000 personnes de la UK Biobank, ils ont cherché des variants génétiques ayant changé de fréquence entre individus d'âges différents afin de révéler si la sélection naturelle pouvait agir en une ou deux générations. Leurs analyses ont montré que la sélection naturelle a affecté les fréquences alléliques des variants dans certains gènes, par exemple un gène associé au risque de développer la maladie d'Alzheimer (*APOE*) et un autre à l'addiction au tabac (*CHRNA3*). Autre point notable, les chercheurs ont également trouvé une association entre un allongement de la durée de vie et des variants génétiques impliqués dans la reproduction, comme l'âge à la puberté et au premier accouchement, ce qui vient étayer l'idée que la sélection naturelle continue à opérer de nos jours.

Indépendamment de sa nature ou de son intensité actuelle, la sélection naturelle n'est qu'un des mécanismes par lesquels l'évolution se produit. Il va de soi que notre espèce continue à évoluer, puisque l'évolution n'est que le changement progressif d'une population dans un environnement donné, qui change lui aussi au fil du temps. Nous avons vu comment le métissage entre populations humaines, particulièrement en Amérique latine, en Afrique ou à Madagascar, est non seulement un catalyseur de la diversité humaine, à la fois génétique et culturelle, mais aussi un accélérateur de l'adaptation biologique des humains à leurs milieux changeants. Il est donc probable qu'au rythme auquel les environnements sont aujourd'hui modifiés (par le changement climatique, l'exploitation massive des ressources naturelles, la déforestation et l'arrivée de nouveaux défis infectieux comme le COVID-19, etc.) les migrations et les métissages grandissants entre populations humaines suite à la mondialisation représentent des mécanismes primordiaux d'évolution de notre espèce dans le futur proche. De ce fait, *Homo sapiens* n'a pas fini d'évoluer…

« Diversité, c'est ma devise », disait Jean de La Fontaine. C'est aussi la diversité, et elle seule, en fait, qui est le moteur de l'évolution et le fondement de l'adaptation de l'homme aux changements environnementaux. Dans ce livre, j'espère avoir montré deux choses. La première : que l'étude de la diversité de nos génomes permet de répondre à des questions capitales en anthropologie, en biologie de l'évolution, en histoire mais aussi, et c'est important pour l'avenir, en santé humaine. La seconde : que, sans diversité, sans différence, il n'y a pas d'évolution ni de progrès, et cela dans tous les sens du terme.

Bibliographie

Partie I – DE DARWIN À LA GÉNOMIQUE

Allison, A. C., « Protection Afforded by Sickle-Cell Trait against Subtertian Malareal Infection », *Br. Med. J.*, 1, 4857 (1954), p. 290-294.

Anderson, S., Bankier, A. T., Barrell, B. G., de Bruijn, M. H., Coulson, A. R., Drouin, J., Eperon, I. C., *et al.*, « Sequence and Organization of the Human Mitochondrial Genome », *Nature*, 290, 5806 (1981), p. 457-465.

Auton, A., Brooks, L. D., Durbin, R. M., Garrison, E. P., Kang, H. M., Korbel, J. O., Marchini, J. L., *et al.*, « A Global Reference for Human Genetic Variation », *Nature*, 526, 7571 (2015), p. 68-74.

Bergstrom, A., McCarthy, S. A., Hui, R., Almarri, M. A., Ayub, Q., Danecek, P., Chen, Y., *et al.*, « Insights into Human Genetic Variation and Population History from 929 Diverse Genomes », *Science*, 367, 6484 (2020).

Bycroft, C., Freeman, C., Petkova, D., Band, G., Elliott, L. T., Sharp, K., Motyer, A., *et al.*, « The Uk Biobank Resource with Deep Phenotyping and Genomic Data », *Nature*, 562, 7726 (2018), p. 203-209.

Cann, R. L., Stoneking, M., Wilson, A. C., « Mitochondrial DNA and Human Evolution », *Nature*, 325, 6099 (1987), p. 31-36.

Cavalli-Sforza, L. L., Menozzi, P., Piazza, A., *The History and Geography of Human Genes*, Princeton, Princeton University Press, 1994.

Chimpanzee, Sequencing, and Analysis Consortium, « Initial Sequence of the Chimpanzee Genome and Comparison with the Human Genome », *Nature*, 437, 7055 (2005), p. 69-87.

Currat, M., Excoffier, L., « Modern Humans Did Not Admix with Neanderthals During Their Range Expansion into Europe », *PLoS Biol.*, 2, 12 (2004), e421.

Darwin, C., *On the Origin of Species by Means of Natural Selection, or Preservation of Favoured Races in the Struggle for Life*, Londres, John Murray, 1859.

Darwin, C., *The Descent of Man, and Selection in Relation to Sex*, Londres, John Murray, 1871.

Enard, W., Przeworski, M., Fisher, S. E., Lai, C. S., Wiebe, V., Kitano, T., Monaco, A. P., Pääbo, S., « Molecular Evolution of Foxp2, a Gene Involved in Speech and Language », *Nature*, 418, 6900 (2002), p. 869-872.

Fisher, R. A., *The Genetical Theory of Natural Selection*, Oxford, Clarendon Press, 1930.

Fu, Q., Li, H., Moorjani, P., Jay, F., Slepchenko, S. M., Bondarev, A. A., Johnson, P. L., *et al.*, « Genome Sequence of a 45,000-Year-Old Modern Human from Western Siberia », *Nature*, 514,7523 (2014), p. 445-449.

Fu, W., O'Connor, T. D., Jun, G., Kang, H. M., Abecasis, G., Leal, S. M., Gabriel, S., *et al.*, « Analysis of 6,515 Exomes Reveals the Recent Origin of Most Human Protein-Coding Variants », *Nature*, 493, 7431 (2013), p. 216-220.

Hajdinjak, M., Fu, Q., Hubner, A., Petr, M., Mafessoni, F., Grote, S., Skoglund, P., *et al.*, « Reconstructing the Genetic History of Late Neanderthals », *Nature*, 555, 7698 (2018), p. 652-656.

Haldane, J. B. S., « Disease and Evolution », *Ric. Sci.*, 19 (Suppl. A) (1949), p. 68-76.

Hart, D. L., Clark, A. G., *Principles of Population Genetics*, Sunderland, Sinauer Associates, Inc. Publishers, 2007.

Higuchi, R., Bowman, B., Freiberger, M., Ryder, O. A., Wilson, A. C., « DNA Sequences from the Quagga, an Extinct Member of the Horse Family », *Nature*, 312, 5991 (1984), p. 282-284.

International Human Genome Sequencing, Consortium, « Finishing the Euchromatic Sequence of the Human Genome », *Nature*, 431, 7011 (2004), p. 931-945.

Johanson, D. C., White, T. D., Coppens, Y., « A New Species of the Genus Australopithecus (Primates : *Hominidae*) from the Pliocene of Eastern Africa », *Kirtlandia*, 28 (1978), p. 1-14.

Kimura, M., « Evolutionary Rate at the Molecular Level », *Nature*, 217, 5129 (1968), p. 624-626.

Kimura, M., *The Neutral Theory of Molecular Evolution*, Cambridge, Cambridge University Press, 1984.

Krings, M., Stone, A., Schmitz, R. W., Krainitzki, H., Stoneking, M., Pääbo, S., « Neandertal DNA Sequences and the Origin of Modern Humans », *Cell*, 90, 1 (1997), p. 19-30.

Kuderna, L. F., Esteller-Cucala, P., Marques-Bonet, T., « Branching Out : What Omics Can Tell Us About Primate Evolution », *Curr. Opin. Genet. Dev.*, 62 (2020), p. 65-71.

Kuhlwilm, M., de Manuel, M., Nater, A., Greminger, M. P., Krutzen, M., Marques-Bonet, T., « Evolution and Demography of the Great Apes », *Curr. Opin. Genet. Dev.*, 41 (2016), p. 124-129.

Lander, E. S., Linton, L. M., Birren, B., Nusbaum, C., Zody, M. C., Baldwin, J., Devon, K., *et al.*, « Initial Sequencing and Analysis of the Human Genome », *Nature*, 409, 6822 (2001), p. 860-921.

Landsteiner, K., « Über Agglutinationserscheinungen Normalen Menschlichen Blutes », *Wiener klinische Wochenschrift*, 14 (1901), p. 1132-1134.

Lek, M., Karczewski, K. J., Minikel, E. V., Samocha, K. E., Banks, E., Fennell, T., O'Donnell-Luria, A. H., *et al.*, « Analysis of Protein-Coding Genetic Variation in 60,706 Humans », *Nature*, 536, 7616 (2016), p. 285-291.

Lewontin, R. C., « The Apportionment of Human Diversity », *in* T. H. Dobzhansky, M. K. Hecht et W. C. Steere (dir.), *Evolutionary Biology*, New York, Appleton-Century-Crofts, 1972, p. 381-398.

Locke, D. P., Hillier, L. W., Warren, W. C., Worley, K. C., Nazareth, L. V., Muzny, D. M., Yang, S. P., *et al.*, « Comparative and Demographic Analysis of Orang-Utan Genomes », *Nature*, 469, 7331 (2011), p. 529-533.

Mafessoni, F., Grote, S., de Filippo, C., Slon, V., Kolobova, K. A., Viola, B., Markin, S. V., *et al.*, « A High-Coverage Neandertal Genome from Chagyrskaya Cave », *Proc. Natl Acad. Sci. USA*, 117, 26 (2020), p. 15132-15136.

Maixner, F., Krause-Kyora, B., Turaev, D., Herbig, A., Hoopmann, M. R., Hallows, J. L., Kusebauch, U., *et al.*, « The 5300-Year-Old Helicobacter Pylori Genome of the Iceman », *Science*, 351, 6269 (2016), p. 162-165.

Mallick, S., Li, H., Lipson, M., Mathieson, I., Gymrek, M., Racimo, F., Zhao, M., *et al.*, « The Simons Genome Diversity Project : 300 Genomes from 142 Diverse Populations », *Nature*, 538, 7624 (2016), p. 201-206.

Marques-Bonet, T., Ryder, O. A., Eichler, E. E., « Sequencing Primate Genomes : What Have We Learned ? », *Annu. Rev. Genomics Hum. Genet.*, 10 (2009), p. 355-386.

Meyer, M., Kircher, M., Gansauge, M. T., Li, H., Racimo, F., Mallick, S., Schraiber, J. G., *et al.*, « A High-Coverage Genome Sequence from an Archaic Denisovan Individual », *Science*, 338, 6104 (2012), p. 222-226.

Perry, G. H., Yang, F., Marques-Bonet, T., Murphy, C., Fitzgerald, T., Lee, A. S., Hyland, C., *et al.*, « Copy Number Variation and Evolution in Humans and Chimpanzees », *Genome Res.*, 18, 11 (2008), p. 1698-1710.

Petr, M., Hajdinjak, M., Fu, Q., Essel, E., Rougier, H., Crevecoeur, I., Semal, P., *et al.*, « The Evolutionary History of Neanderthal and Denisovan Y Chromosomes », *Science*, 369, 6511 (2020), p. 1653-1656.

Prufer, K., de Filippo, C., Grote, S., Mafessoni, F., Korlevic, P., Hajdinjak, M., Vernot, B., *et al.*, « A High-Coverage Neandertal Genome from Vindija Cave in Croatia », *Science*, 358, 6363 (2017), p. 655-658.

Prufer, K., Racimo, F., Patterson, N., Jay, F., Sankararaman, S., Sawyer, S., Heinze, A., *et al.*, « The Complete Genome Sequence of a Neanderthal from the Altai Mountains », *Nature*, 505, 7481 (2014), p. 43-49.

Quintana-Murci, L., Semino, O., Bandelt, H. J., Passarino, G., McElreavey, K., Santachiara-Benerecetti, A. S., « Genetic Evidence of an Early Exit of Homo Sapiens Sapiens from Africa through Eastern Africa », *Nat. Genet.* 23, 4 (1999), p. 437-441.

Rasmussen, M., Li, Y., Lindgreen, S., Pedersen, J. S., Albrechtsen, A., Moltke, I., Metspalu, M., *et al.*, « Ancient Human Genome Sequence of an Extinct Palaeo-Eskimo », *Nature*, 463, 7282 (2010), p. 757-762.

Reich, D., Green, R. E., Kircher, M., Krause, J., Patterson, N., Durand, E. Y., Viola, B., *et al.*, « Genetic History of an Archaic Hominin Group from Denisova Cave in Siberia », *Nature*, 468, 7327 (2010), p. 1053-1060.

Sikora, M., Carpenter, M. L., Moreno-Estrada, A., Henn, B. M., Underhill, P. A., Sanchez-Quinto, F., Zara, I., *et al.*, « Population Genomic Analysis of Ancient and Modern Genomes Yields New Insights into the Genetic Ancestry of the Tyrolean Iceman and the Genetic Structure of Europe », *PLoS Genet.*, 10, 5 (2014), e1004353.

Skoglund, P., Mathieson, I., « Ancient Genomics of Modern Humans : The First Decade », *Annu. Rev. Genomics Hum. Genet.*, 19 (2018), p. 381-404.

Slon, V., Mafessoni, F., Vernot, B., de Filippo, C., Grote, S., Viola, B., Hajdinjak, M., *et al.*, « The Genome of the Offspring of a Neanderthal Mother and a Denisovan Father », *Nature*, 561, 7721 (2018), p. 113-116.

Watson, J. D., Crick, F. H., « Molecular Structure of Nucleic Acids; a Structure for Deoxyribose Nucleic Acid », *Nature*, 171, 4356 (1953), p. 737-738.

Wright, S., *Evolution and the Genetics of Populations. The Theory of Gene Frequencies*, Chicago, University of Chicago Press, 1969.

Yang, M. A., Fu, Q., « Insights into Modern Human Prehistory Using Ancient Genomes », *Trends Genet.*, 34, 3 (2018), p. 184-196.

Partie II – CONQUÊTES ET PEUPLEMENT

Adhikari, K., Chacon-Duque, J. C., Mendoza-Revilla, J., Fuentes-Guajardo, M., Ruiz-Linares, A., « The Genetic Diversity of the Americas », *Annu. Rev. Genomics Hum. Genet.*, 18 (2017), p. 277-296.

Bae, C. J., Douka, K., Petraglia, M. D., « On the Origin of Modern Humans : Asian Perspectives », *Science*, 358, 6368 (2017).

Behar, D. M., Harmant, C., Manry, J., Van Oven, M., Haak, W., Martinez-Cruz, B., Salaberria, J., *et al.*, « The Basque Paradigm : Genetic Evidence of a Maternal Continuity in the Franco-Cantabrian Region since Pre-Neolithic Times », *Am. J. Hum. Genet.*, 90, 3 (2012), p. 486-493.

Belbin, G. M., Nieves-Colon, M. A., Kenny, E. E., Moreno-Estrada, A., Gignoux, C. R., « Genetic Diversity in Populations across Latin America : Implications for Population and Medical Genetic Studies », *Curr. Opin. Genet. Dev.*, 53 (2018), p. 98-104.

Berniell-Lee, G., Calafell, F., Bosch, E., Heyer, E., Sica, L., Mouguiama-Daouda, P., Van der Veen, L., *et al.*, « Genetic and Demographic Implications of the Bantu Expansion : Insights from Human Paternal Lineages », *Mol. Biol. Evol.*, 26, 7 (2009), p. 1581-1589.

Blum, M. G., Jakobsson, M., « Deep Divergences of Human Gene Trees and Models of Human Origins », *Mol. Biol. Evol.*, 28, 2 (2011), p. 889-898.

Bräuer, G., « The Evolution of Modern Humans : A Comparison of the African and Non-African Evidence », *in* P. Mellars et C. B. Stringer (dir.), *The Human Revolution. Behavioural and Biological Perspectives in the Origins of Modern Humans*, Edinbourg, Edinburgh University Press, 1989, p. 123-154.

Browning, S. R., Browning, B. L., Zhou, Y., Tucci, S., Akey, J. M., « Analysis of Human Sequence Data Reveals Two Pulses of Archaic Denisovan Admixture », *Cell*, 173, 1 (2018), p. 53-61, e9.

Brunet, M., Guy, F., Pilbeam, D., Mackaye, H. T., Likius, A., Ahounta, D., Beauvilain, A., *et al.*, « A New Hominid from the Upper Miocene of Chad, Central Africa », *Nature*, 418, 6894 (2002), p. 145-151.

Bryc, K., Auton, A., Nelson, M. R., Oksenberg, J. R., Hauser, S. L., Williams, S., Froment, A., *et al.*, « Genome-Wide Patterns of Population Structure and Admixture in West Africans and African Americans », *Proc. Natl Acad. Sci. USA*, 107, 2 (2010), p. 786-791.

Campbell, M. C., Hirbo, J. B., Townsend, J. P., Tishkoff, S. A., « The Peopling of the African Continent and the Diaspora into the New World », *Curr. Opin. Genet. Dev.*, 29 (2014), p. 120-132.

Campbell, M. C., Tishkoff, S. A., « African Genetic Diversity : Implications for Human Demographic History, Modern Human Origins, and Complex Disease Mapping », *Annu. Rev. Genomics Hum. Genet.*, 9 (2008), p. 403-433.

Cann, R. L., Stoneking, M., Wilson, A. C., « Mitochondrial DNA and Human Evolution », *Nature*, 325, 6099 (1987), p. 31-36.

Choin, J., Mendoza-Revilla, J., Arauna, L. R., Cuadros-Espinoza, S., Cassar, O., Larena, M., Ko, A. M., *et al.*, « Genomic Insights into Population History and Biological Adaptation in Oceania », *Nature*, 592, 7855 (2021), p. 583-589.

de Filippo, C., Barbieri, C., Whitten, M., Mpoloka, S. W., Gunnarsdottir, E. D., Bostoen, K., Nyambe, T., *et al.*, « Y-Chromosomal Variation in Sub-Saharan Africa : Insights into the History of Niger-Congo Groups », *Mol. Biol. Evol.*, 28, 3 (2011), p. 1255-1269.

de Filippo, C., Bostoen, K., Stoneking, M., Pakendorf, B., « Bringing Together Linguistic and Genetic Evidence to Test the Bantu Expansion », *Proc. Biol. Sci.*, 279, 1741 (2012), p. 3256-3263.

Ehret, C., « Bantu Expansions : Re-Envisioning a Central Problem of Early African History », *Int. J. Afr. Hist. Stud.*, 34, 1 (2001), p. 5-41.

Fu, Q., Hajdinjak, M., Moldovan, O. T., Constantin, S., Mallick, S., Skoglund, P., Patterson, N., *et al.*, « An Early Modern Human from Romania with a Recent Neanderthal Ancestor », *Nature*, 524, 7564 (2015), p. 216-219.

Fu, Q., Meyer, M., Gao, X., Stenzel, U., Burbano, H. A., Kelso, J., Pääbo, S., « DNA Analysis of an Early Modern Human from Tianyuan Cave, China », *Proc. Natl Acad. Sci. USA*, 110, 6 (2013), p. 2223-2227.

GenomeAsia100K Consortium, « The GenomeAsia 100k Project Enables Genetic Discoveries across Asia », *Nature*, 576, 7785 (2019), p. 106-111.

Gomez, F., Hirbo, J., Tishkoff, S. A., « Genetic Variation and Adaptation in Africa : Implications for Human Evolution and Disease », *Cold Spring Harb. Perspect. Biol.*, 6, 7 (2014), a008524.

Gosling, A. L., Matisoo-Smith, E. A., « The Evolutionary History and Human Settlement of Australia and the Pacific », *Curr. Opin. Genet. Dev.*, 53 (2018), p. 53-59.

Gravel, S., Zakharia, F., Moreno-Estrada, A., Byrnes, J. K., Muzzio, M., Rodriguez-Flores, J. L., Kenny, E. E., *et al.*, « Reconstructing Native American Migrations from Whole-Genome and Whole-Exome Data », *PLoS Genet.*, 9, 12 (2013), e1004023.

Greenberg, J. H., « Linguistic Evidence Regarding Bantu Origins », *J. Afr. Hist.*, 13 (1972), p. 189-216.

Grollemund, R., Branford, S., Bostoen, K., Meade, A., Venditti, C., Pagel, M., « Bantu Expansion Shows That Habitat Alters the Route and Pace of Human Dispersals », *Proc. Natl Acad. Sci. USA*, 112, 43 (2015), p. 13296-13301.

Haak, W., Lazaridis, I., Patterson, N., Rohland, N., Mallick, S., Llamas, B., Brandt, G., *et al.*, « Massive Migration from the Steppe Was a Source for Indo-European Languages in Europe », *Nature*, 522, 7555 (2015), p. 207-211.

Hammer, M. F., Woerner, A. E., Mendez, F. L., Watkins, J. C., Wall, J. D., « Genetic Evidence for Archaic Admixture in Africa », *Proc. Natl Acad. Sci. USA*, 108, 37 (2011), p. 15123-15128.

Harris, K., Nielsen, R., « The Genetic Cost of Neanderthal Introgression », *Genetics*, 203, 2 (2016), p. 881-891.

Hellenthal, G., Busby, G. B. J., Band, G., Wilson, J. F., Capelli, C., Falush, D., Myers, S., « A Genetic Atlas of Human Admixture History », *Science*, 343, 6172 (2014), p. 747-751.

Henn, B. M., Botigue, L. R., Gravel, S., Wang, W., Brisbin, A., Byrnes, J. K., Fadhlaoui-Zid, K., *et al.*, « Genomic Ancestry of North Africans Supports Back-to-Africa Migrations », *PLoS Genet.*, 8,1 (Jan 2012), e1002397.

Henn, B. M., Cavalli-Sforza, L. L., Feldman, M. W., « The Great Human Expansion », *Proc. Natl Acad. Sci. USA*, 109,44 (2012), p. 17758-17764.

Henn, B. M., Steele, T. E., Weaver, T. D., « Clarifying Distinct Models of Modern Human Origins in Africa », *Curr. Opin. Genet. Dev.*, 53 (2018), p. 48-56.

Hershkovitz, I., Weber, G. W., Quam, R., Duval, M., Grun, R., Kinsley, L., Ayalon, A., *et al.*, « The Earliest Modern Humans Outside Africa », *Science*, 359, 6374 (2018), p. 456-459.

Holden, C. J., « Bantu Language Trees Reflect the Spread of Farming across Sub-Saharan Africa : A Maximum-Parsimony Analysis », *Proc. Biol. Sci.*, 269, 1493 (2002), p. 793-799.

Hsieh, P., Veeramah, K. R., Lachance, J., Tishkoff, S. A., Wall, J. D., Hammer, M. F., Gutenkunst, R. N., « Whole-Genome Sequence Analyses of Western Central African Pygmy Hunter-Gatherers Reveal a Complex Demographic History and Identify Candidate Genes under Positive Natural Selection », *Genome Res.*, 26, 3 (2016), p. 279-290.

Hsieh, P., Woerner, A. E., Wall, J. D., Lachance, J., Tishkoff, S. A., Gutenkunst, R. N., Hammer, M. F., « Model-Based Analyses of Whole-Genome Data Reveal a Complex Evolutionary History Involving Archaic Introgression in Central African Pygmies », *Genome Res.*, 26, 3 (2016), p. 291-300.

Hudjashov, G., Karafet, T. M., Lawson, D. J., Downey, S., Savina, O., Sudoyo, H., Lansing, J. S., Hammer, M. F., Cox, M. P., « Complex Patterns of Admixture across the Indonesian Archipelago », *Mol. Biol. Evol.*, 34, 10 (2017), p. 2439-2452.

Ingman, M., Kaessmann, H., Pääbo, S., Gyllensten, U., « Mitochondrial Genome Variation and the Origin of Modern Humans », *Nature*, 408, 6813 (2000), p. 708-713.

Ioannidis, A. G., Blanco-Portillo, J., Sandoval, K., Hagelberg, E., Miquel-Poblete, J. F., Moreno-Mayar, J. V., Rodriguez-Rodriguez, J. E., *et al.*, « Native American Gene Flow into Polynesia Predating Easter Island Settlement », *Nature*, 583, 7817 (2020), p. 572-577.

Jacobs, G. S., Hudjashov, G., Saag, L., Kusuma, P., Darusallam, C. C., Lawson, D. J., Mondal, M., *et al.*, « Multiple Deeply Divergent Denisovan Ancestries in Papuans », *Cell*, 177, 4 (2019), p. 1010-1021, e32.

Jakobsson, M., Scholz, S. W., Scheet, P., Gibbs, J. R., VanLiere, J. M., Fung, H. C., Szpiech, Z. A., *et al.*, « Genotype, Haplotype and Copy-Number Variation in Worldwide Human Populations », *Nature*, 451, 7181 (2008), p. 998-1003.

Jarvis, J. P., Scheinfeldt, L. B., Soi, S., Lambert, C., Omberg, L., Ferwerda, B., Froment, A., *et al.*, « Patterns of Ancestry, Signatures of Natural Selection, and Genetic Association with Stature in Western African Pygmies », *PLoS Genet.*, 8, 4 (2012), e1002641.

Jeong, C., Balanovsky, O., Lukianova, E., Kahbatkyzy, N., Flegontov, P., Zaporozhchenko, V., Immel, A., *et al.*, « The Genetic History of Admixture across Inner Eurasia », *Nat. Ecol. Evol.*, 3, 6 (2019), 966-976.

Jobling, M. A., Hollox, E., Kivisild, T., Tyler-Smith, C., *Human Evolutionary Genetics*, New York, Taylor & Francis, Garland Science, 2013.

Lachance, J., Vernot, B., Elbers, C. C., Ferwerda, B., Froment, A., Bodo, J. M., Lema, G., *et al.*, « Evolutionary History and Adaptation from High-Coverage Whole-Genome Sequences of Diverse African Hunter-Gatherers », *Cell*, 150, 3 (2012), p. 457-469.

Laval, G., Patin, E., Barreiro, L. B., Quintana-Murci, L., « Formulating a Historical and Demographic Model of Recent Human Evolution Based on Resequencing Data from Noncoding Regions », *PLoS One*, 5, 4 (2010), e10284.

Lazaridis, I., « The Evolutionary History of Human Populations in Europe », *Curr. Opin. Genet. Dev.*, 53 (2018), p. 21-27.

Lazaridis, I., Patterson, N., Mittnik, A., Renaud, G., Mallick, S., Kirsanow, K., Sudmant, P. H., *et al.*, « Ancient Human Genomes Suggest Three Ancestral Populations for Present-Day Europeans », *Nature*, 513, 7518 (2014), p. 409-413.

Leslie, S., Winney, B., Hellenthal, G., Davison, D., Boumertit, A., Day, T., Hutnik, K., *et al.*, « The Fine-Scale Genetic Structure of the British Population », *Nature*, 519, 7543 (2015), p. 309-314.

Li, S., Schlebusch, C., Jakobsson, M., « Genetic Variation Reveals Large-Scale Population Expansion and Migration During the Expansion of Bantu-Speaking Peoples », *Proc. Biol. Sci.*, 281, 1793 (2014).

Lipson, M., Cheronet, O., Mallick, S., Rohland, N., Oxenham, M., Pietrusewsky, M., Pryce, T. O., *et al.*, « Ancient Genomes Document Multiple Waves of Migration in Southeast Asian Prehistory », *Science*, 361, 6397 (2018), p. 92-95.

Lipson, M., Loh, P. R., Patterson, N., Moorjani, P., Ko, Y. C., Stoneking, M., Berger, B., Reich, D., « Reconstructing Austronesian Population History in Island Southeast Asia », *Nat. Commun.*, 5 (2014), p. 4689.

Lipson, M., Skoglund, P., Spriggs, M., Valentin, F., Bedford, S., Shing, R., Buckley, H., *et al.*, « Population Turnover in Remote Oceania Shortly after Initial Settlement », *Curr. Biol.*, 28, 7 (2018), p. 1157-1165, e7.

Malaspinas, A. S., Westaway, M. C., Muller, C., Sousa, V. C., Lao, O., Alves, I., Bergstrom, A., *et al.*, « A Genomic History of Aboriginal Australia », *Nature*, 538, 7624 (2016), p. 207-214.

Mallick, S., Li, H., Lipson, M., Mathieson, I., Gymrek, M., Racimo, F., Zhao, M., *et al.*, « The Simons Genome Diversity Project : 300 Genomes from 142 Diverse Populations », *Nature*, 538, 7624 (2016), p. 201-206.

McColl, H., Racimo, F., Vinner, L., Demeter, F., Gakuhari, T., Moreno-Mayar, J. V., Van Driem, G., *et al.*, « The Prehistoric Peopling of Southeast Asia », *Science*, 361, 6397 (2018), p. 88-92.

McDougall, I., Brown, F. H., Fleagle, J. G., « Stratigraphic Placement and Age of Modern Humans from Kibish, Ethiopia », *Nature*, 433, 7027 (2005), p. 733-736.

Mendes, M., Alvim, I., Borda, V., Tarazona-Santos, E., « The History Behind the Mosaic of the Americas », *Curr. Opin. Genet. Dev.*, 62 (2020), p. 72-77.

Metspalu, M., Mondal, M., Chaubey, G., « The Genetic Makings of South Asia », *Curr. Opin. Genet. Dev.*, 53 (2018), p. 128-133.

Molinaro, L., Pagani, L., « Human Evolutionary History of Eastern Africa », *Curr. Opin. Genet. Dev.*, 53 (2018), p. 134-139.

Montano, V., Ferri, G., Marcari, V., Batini, C., Anyaele, O., Destro-Bisol, G., Comas, D., « The Bantu Expansion Revisited : A New Analysis of Y Chromosome Variation in Central Western Africa », *Mol. Ecol.*, 20, 13 (2011), p. 2693-2708.

Moreno-Mayar, J. V., Vinner, L., de Barros Damgaard, P., de la Fuente, C., Chan, J., Spence, J. P., Allentoft, M. E., *et al.*, « Early Human Dispersals within the Americas », *Science*, 362, 6419 (2018).

Nielsen, R., Akey, J. M., Jakobsson, M., Pritchard, J. K., Tishkoff, S., Willerslev, E., « Tracing the Peopling of the World through Genomics », *Nature*, 541, 7637 (2017), p. 302-310.

Novembre, J., Johnson, T., Bryc, K., Kutalik, Z., Boyko, A. R., Auton, A., Indap, A., *et al.*, « Genes Mirror Geography within Europe », *Nature*, 456, 7218 (2008), p. 98-101.

Novembre, J., Ramachandran, S., « Perspectives on Human Population Structure at the Cusp of the Sequencing Era », *Annu. Rev. Genomics Hum. Genet.*, 12 (2011), p. 245-274.

Pagani, L., Lawson, D. J., Jagoda, E., Morseburg, A., Eriksson, A., Mitt, M., Clemente, F., *et al.*, « Genomic Analyses Inform on Migration Events During the Peopling of Eurasia », *Nature*, 538, 7624 (2016), p. 238-242.

Patin, E., Laval, G., Barreiro, L. B., Salas, A., Semino, O., Santachiara-Benerecetti, S., Kidd, K. K., *et al.*, « Inferring the Demographic History of African Farmers and Pygmy Hunter-Gatherers Using a Multilocus Resequencing Data Set », *PLoS Genet.*, 5, 4 (2009), e1000448.

Patin, E., Lopez, M., Grollemund, R., Verdu, P., Harmant, C., Quach, H., Laval, G., *et al.*, « Dispersals and Genetic Adaptation of Bantu-Speaking Populations in Africa and North America », *Science*, 356, 6337 (2017), p. 543-546.

Patin, E., Quintana-Murci, L., « The Demographic and Adaptive History of Central African Hunter-Gatherers and Farmers », *Curr. Opin. Genet. Dev.*, 53 (2018), p. 90-97.

Patin, E., Siddle, K. J., Laval, G., Quach, H., Harmant, C., Becker, N., Froment, A., *et al.*, « The Impact of Agricultural Emergence on the Genetic History of African Rainforest Hunter-Gatherers and Agriculturalists », *Nat. Commun.*, 5 (2014), p. 3163.

Patterson, N., Moorjani, P., Luo, Y., Mallick, S., Rohland, N., Zhan, Y., Genschoreck, T., Webster, T., Reich, D., « Ancient Admixture in Human History », *Genetics*, 192, 3 (2012), p. 1065-1093.

Petersen, D. C., Libiger, O., Tindall, E. A., Hardie, R. A., Hannick, L. I., Glashoff, R. H., Mukerji, M., *et al.*, « Complex Patterns of Genomic Admixture within Southern Africa », *PLoS Genet.*, 9, 3 (2013), e1003309.

Phillipson, D. W., *African Archaeology*, Cambridge, Cambridge University Press, 1993.

Phillipson, D. W., « The Chronology of the Iron Age in Bantu Africa », *J. Afr. Hist.*, 16 (1975), p. 321-342.

Pickrell, J. K., Patterson, N., Barbieri, C., Berthold, F., Gerlach, L., Guldemann, T., Kure, B., *et al.*, « The Genetic Prehistory of Southern Africa », *Nat. Commun.*, 3 (2012), p. 1143.

Posth, C., Nägele, K., Colleran, H., Valentin, F., Bedford, S., Kami, K. W., Shing, R., *et al.*, « Language continuity despite population replacement in remote Oceania », *Nat. Ecol. Evol.*, 2, 4 (2018), p. 731-740.

Posth, C., Nakatsuka, N., Lazaridis, I., Skoglund, P., Mallick, S., Lamnidis, T. C., Rohland, N., *et al.*, « Reconstructing the Deep Population History of Central and South America », *Cell*, 175, 5 (2018), p. 1185-1197, e22.

Pugach, I., Duggan, A. T., Merriwether, D. A., Friedlaender, F. R., Friedlaender, J. S., Stoneking, M., « The Gateway from near into Remote Oceania : New Insights from Genome-Wide Data », *Mol. Biol. Evol.*, 35, 4 (2018), p. 871-886.

Qin, P., Stoneking, M., « Denisovan Ancestry in East Eurasian and Native American Populations », *Mol. Biol. Evol.*, 32, 10 (2015), p. 2665-2674.

Quintana-Murci, L., Harmant, C., Quach, H., Balanovsky, O., Zaporozhchenko, V., Bormans, C., van Helden, P. D., Hoal, E. G., Behar, D. M., « Strong Maternal Khoisan Contribution to the South African Coloured Population : A Case of Gender-Biased Admixture », *Am. J. Hum. Genet.*, 86, 4 (2010), p. 611-620.

Quintana-Murci, L., Quach, H., Harmant, C., Luca, F., Massonnet, B., Patin, E., Sica, L., *et al.*, « Maternal Traces of Deep Common Ancestry and Asymmetric Gene Flow between Pygmy Hunter-Gatherers and Bantu-Speaking Farmers », *Proc. Natl Acad. Sci. USA*, 105, 5 (2008), p. 1596-1601.

Quintana-Murci, L., Semino, O., Bandelt, H. J., Passarino, G., McElreavey, K., Santachiara-Benerecetti, A. S., « Genetic Evidence of an Early Exit of H*omo Sapiens Sapiens* from Africa through Eastern Africa », *Nat. Genet.*, 23, 4 (1999), p. 437-441.

Raghavan, M., Skoglund, P., Graf, K. E., Metspalu, M., Albrechtsen, A., Moltke, I., Rasmussen, S., *et al.*, « Upper Palaeolithic Siberian Genome Reveals Dual Ancestry of Native Americans », *Nature*, 505, 7481 (2014), p. 87-91.

Rasmussen, M., Anzick, S. L., Waters, M. R., Skoglund, P., DeGiorgio, M., Stafford, T. W., Jr., Rasmussen, S., *et al.*, « The Genome of a Late Pleistocene Human from a Clovis Burial Site in Western Montana », *Nature*, 506, 7487 (2014), p. 225-229.

Reich, D., Patterson, N., Campbell, D., Tandon, A., Mazieres, S., Ray, N., Parra, M. V., *et al.*, « Reconstructing Native American Population History », *Nature*, 488, 7411 (2012), p. 370-374.

Reich, D., Patterson, N., Kircher, M., Delfin, F., Nandineni, M. R., Pugach, I., Ko, A. M., *et al.*, « Denisova Admixture and the First Modern Human Dispersals into Southeast Asia and Oceania », *Am. J. Hum. Genet.*, 89, 4 (2011), p. 516-528.

Richter, D., Grun, R., Joannes-Boyau, R., Steele, T. E., Amani, F., Rue, M., Fernandes, P., *et al.*, « The Age of the Hominin Fossils from Jebel Irhoud, Morocco, and the Origins of the Middle Stone Age », *Nature*, 546, 7657 (2017), p. 293-296.

Saint Pierre, A., Giemza, J., Alves, I., Karakachoff, M., Gaudin, M., Amouyel, P., Dartigues, J. F., *et al.*, « The Genetic History of France », *Eur. J. Hum. Genet.*, 28, 7 (2020), p. 853-865.

Sankararaman, S., Mallick, S., Dannemann, M., Prufer, K., Kelso, J., Pääbo, S., Patterson, N., Reich, D., « The Genomic Landscape of Neanderthal Ancestry in Present-Day Humans », *Nature*, 507, 7492 (2014), p. 354-357.

Sankararaman, S., Mallick, S., Patterson, N., Reich, D., « The Combined Landscape of Denisovan and Neanderthal Ancestry in Present-Day Humans », *Curr. Biol.*, 26,9 (2016), p. 1241-1247.

Schlebusch, C. M., Jakobsson, M., « Tales of Human Migration, Admixture, and Selection in Africa », *Annu. Rev. Genomics Hum. Genet.*, 19 (2018), p. 405-428.

Schlebusch, C. M., Skoglund, P., Sjodin, P., Gattepaille, L. M., Hernandez, D., Jay, F., Li, S., *et al.*, « Genomic Variation in Seven Khoe-San Groups Reveals Adaptation and Complex African History », *Science*, 338, 6105 (2012), p. 374-379.

Schuster, S. C., Miller, W., Ratan, A., Tomsho, L. P., Giardine, B., Kasson, L. R., Harris, R. S., *et al.*, « Complete Khoisan and Bantu Genomes from Southern Africa », *Nature*, 463, 7283 (2010), p. 943-947.

Serra-Vidal, G., Lucas-Sanchez, M., Fadhlaoui-Zid, K., Bekada, A., Zalloua, P., Comas, D., « Heterogeneity in Palaeolithic Population Continuity and Neolithic Expansion in North Africa », *Curr. Biol.*, 29, 22 (2019), p. 3953-3959, e4.

Sirugo, G., Williams, S. M., Tishkoff, S. A., « The Missing Diversity in Human Genetic Studies », *Cell*, 177, 4 (2019), p. 1080.

Skoglund, P., Jakobsson, M., « Archaic Human Ancestry in East Asia », *Proc. Natl Acad. Sci. USA*, 108, 45 (2011), p. 18301-18306.

Skoglund, P., Mallick, S., Bortolini, M. C., Chennagiri, N., Hunemeier, T., Petzl-Erler, M. L., Salzano, F. M., Patterson, N., Reich, D., « Genetic Evidence for Two Founding Populations of the Americas », *Nature*, 525, 7567 (2015), p. 104-108.

Skoglund, P., Malmstrom, H., Raghavan, M., Stora, J., Hall, P., Willerslev, E., Gilbert, M. T., Gotherstrom, A., Jakobsson, M., « Origins and Genetic Legacy of Neolithic Farmers and Hunter-Gatherers in Europe », *Science*, 336, 6080 (2012), p. 466-469.

Skoglund, P., Mathieson, I., « Ancient Genomics of Modern Humans : The First Decade », *Annu. Rev. Genomics Hum. Genet.*, 19 (2018), p. 381-404.

Skoglund, P., Posth, C., Sirak, K., Spriggs, M., Valentin, F., Bedford, S., Clark, G. R., *et al.*, « Genomic Insights into the Peopling of the Southwest Pacific », *Nature*, 538, 7626 (2016), p. 510-513.

Skoglund, P., Reich, D., « A Genomic View of the Peopling of the Americas », *Curr. Opin. Genet. Dev.*, 41 (2016), p. 27-35.

Skoglund, P., Thompson, J. C., Prendergast, M. E., Mittnik, A., Sirak, K., Hajdinjak, M., Salie, T., *et al.*, « Reconstructing Prehistoric African Population Structure », *Cell*, 171, 1 (S2017), p. 59-71, e21.

Stringer, C. B., Andrews, P., « Genetic and Fossil Evidence for the Origin of Modern Humans », *Science*, 239, 4845 (1988), p. 1263-1268.

Stringer, C. B., Grun, R., Schwarcz, H. P., Goldberg, P., « Esr Dates for the Hominid Burial Site of Es Skhul in Israel », *Nature*, 338, 6218 (1989), p. 756-758.

Tishkoff, S. A., Reed, F. A., Friedlaender, F. R., Ehret, C., Ranciaro, A., Froment, A., Hirbo, J. B., *et al.*, « The Genetic Structure and History of Africans and African Americans », *Science*, 324, 5930 (2009), p. 1035-1044.

Tishkoff, S. A., Williams, S. M., « Genetic Analysis of African Populations : Human Evolution and Complex Disease », *Nat. Rev. Genet.*, 3, 8 (2002), p. 611-621.

Underhill, P. A., Shen, P., Lin, A. A., Jin, L., Passarino, G., Yang, W. H., Kauffman, E., *et al.*, « Y Chromosome Sequence Variation and the History of Human Populations », *Nat. Genet.*, 26, 3 (2000), p. 358-361.

Vansina, J., « Western Bantu Expansion », *J. Afr. Hist.*, 25 (1984), p. 129-145.

Veeramah, K. R., Hammer, M. F., « The Impact of Whole-Genome Sequencing on the Reconstruction of Human Population History », *Nat. Rev. Genet.*, 15, 3 (2014), p. 149-162.

Veeramah, K. R., Novembre, J., « Demographic Events and Evolutionary Forces Shaping European Genetic Diversity », *Cold Spring Harb. Perspect. Biol.*, 6, 9 (2014), a008516.

Veeramah, K. R., Wegmann, D., Woerner, A., Mendez, F. L., Watkins, J. C., Destro-Bisol, G., Soodyall, H., Louie, L., Hammer, M. F., « An Early Divergence of Khoesan Ancestors from Those of Other Modern Humans Is Supported by an Abc-Based Analysis of Autosomal Resequencing Data », *Mol. Biol. Evol.*, 29, 2 (2012), p. 617-630.

Verdu, P., « African Pygmies », *Curr. Biol.*, 26, 1 (2016), R12-14.

Verdu, P., Austerlitz, F., Estoup, A., Vitalis, R., Georges, M., Thery, S., Froment, A., *et al.*, « Origins and Genetic Diversity of Pygmy Hunter-Gatherers from Western Central Africa », *Curr. Biol.*, 19, 4 (2009), p. 312-318.

Verdu, P., Becker, N. S., Froment, A., Georges, M., Grugni, V., Quintana-Murci, L., Hombert, J. M., *et al.*, « Sociocultural Behavior, Sex-Biased Admixture, and Effective Population Sizes in Central African Pygmies and Non-Pygmies », *Mol. Biol. Evol.*, 30, 4 (2013), p. 918-937.

Vernot, B., Tucci, S., Kelso, J., Schraiber, J. G., Wolf, A. B., Gittelman, R. M., Dannemann, M., *et al.*, « Excavating Neandertal and Denisovan DNA from the Genomes of Melanesian Individuals », *Science*, 352, 6282 (2016), p. 235-239.

Wang, C. C., Yeh, H. Y., Popov, A. N., Zhang, H. Q., Matsumura, H., Sirak, K., Cheronet, O., *et al.*, « Genomic Insights into the Formation of Human Populations in East Asia », *Nature*, 591, 7850 (2021), p. 413-419.

Wolpoff, M. H., Wu, X. Z., Thorne, A. G., « Modern *Homo Sapiens* Origins : A General Theory of Hominid Evolution Involving the Fossil Evidence from East Asia », *in* F. H. Smith and F. Spencer (dir.), *The Origins of Modern Humans : A World Survey of the Fossil Evidence.*, New York, Alan Liss, 1984, p. 41-483.

Yang, M. A., Gao, X., Theunert, C., Tong, H., Aximu-Petri, A., Nickel, B., Slatkin, M., *et al.*, « 40,000-Year-Old Individual from Asia Provides Insight into Early Population Structure in Eurasia », *Curr. Biol.*, 27, 20 (2017), p. 3202-3208, e9.

Yang, M. A., Fan, X., Sun, B., Chen, C., Lang, J., Ko, Y. C., Tsang, C. H., *et al.*, « Ancient DNA Indicates Human Population Shifts and Admixture in Northern and Southern China », *Science*, 369, 6501 (2020), p. 282-288.

Partie III – ADAPTATION À L'ENVIRONNEMENT

Alkorta-Aranburu, G., Beall, C. M., Witonsky, D. B., Gebremedhin, A., Pritchard, J. K., Di Rienzo, A., « The Genetic Architecture of Adaptations to High Altitude in Ethiopia », *PLoS Genet.*, 8, 12 (2012), e1003110.

Allison, A. C., « Protection Afforded by Sickle-Cell Trait against Subtertian Malareal Infection », *Br. Med. J.*, 1, 4857 (1954), p. 290-294.

Andrés, A. M. « Balancing Selection in the Human Genome », *in Encyclopedia of Life Sciences*, Chichester, John Wiley and Sons, 2011.

Asthana, S., Schmidt, S., Sunyaev, S., « A Limited Role for Balancing Selection », *Trends Genet.*, 21, 1 (2005), p. 30-32.

Beall, C. M., « Detecting Natural Selection in High-Altitude Human Populations », *Respir. Physiol. Neurobiol.*, 158, 2-3 (2007), p. 161-171.

Becker, N. S., Verdu, P., Froment, A., Le Bomin, S., Pagezy, H., Bahuchet, S., Heyer, E., « Indirect Evidence for the Genetic Determination of Short Stature in African Pygmies », *Am. J. Phys. Anthropol.*, 145, 3 (2011), p. 390-401.

Becker, N. S., Verdu, P., Georges, M., Duquesnoy, P., Froment, A., Amselem, S., Le Bouc, Y., Heyer, E., « The Role of Ghr and Igf1 Genes in the Genetic Determination of African Pygmies' Short Stature », *Eur. J. Hum. Genet.*, 21, 6 (2013), p. 653-658.

Berg, J. J., Coop, G., « A Population Genetic Signal of Polygenic Adaptation », *PLoS Genet.*, 10, 8 (2014), e1004412.

Berg, J. J., Harpak, A., Sinnott-Armstrong, N. A., Joergensen, A. M., Mostafavi, H., Field, Y., Boyle, E. A., *et al.*, « Reduced Signal for Polygenic Adaptation of Height in Uk Biobank », *Elife*, 8 (2019), e39725.

Bergey, C. M., Lopez, M., Harrison, G. F., Patin, E., Cohen, J. A., Quintana-Murci, L., Barreiro, L. B., Perry, G. H., « Polygenic Adaptation and Convergent Evolution on Growth and Cardiac Genetic Pathways in African and Asian Rainforest Hunter-Gatherers », *Proc. Natl Acad. Sci. USA*, 115, 48 (2018), E11256-E11263.

Bersaglieri, T., Sabeti, P. C., Patterson, N., Vanderploeg, T., Schaffner, S. F., Drake, J. A., Rhodes, M., Reich, D. E., Hirschhorn, J. N., « Genetic Signatures of Strong Recent Positive Selection at the Lactase Gene », *Am. J. Hum. Genet.*, 74, 6 (2004), p. 1111-1120.

Bigham, A., Bauchet, M., Pinto, D., Mao, X., Akey, J. M., Mei, R., Scherer, S. W., *et al.*, « Identifying Signatures of Natural Selection in Tibetan and Andean Populations Using Dense Genome Scan Data », *PLoS Genet.*, 6, 9 (2010), e1001116.

Bitarello, B. D., de Filippo, C., Teixeira, J. C., Schmidt, J. M., Kleinert, P., Meyer, D., Andres, A. M., « Signatures of Long-Term Balancing Selection in Human Genomes », *Genome Biol. Evol.*, 10, 3 (2018), p. 939-955.

Bustamante, C. D., Fledel-Alon, A., Williamson, S., Nielsen, R., Hubisz, M. T., Glanowski, S., Tanenbaum, D. M., *et al.*, « Natural Selection on Protein-Coding Genes in the Human Genome », *Nature*, 437, 7062 (2005), p. 1153-1157.

Bycroft, C., Freeman, C., Petkova, D., Band, G., Elliott, L. T., Sharp, K., Motyer, A., *et al.*, « The Uk Biobank Resource with Deep Phenotyping and Genomic Data », *Nature*, 562, 7726 (2018), p. 203-209.

Charlesworth, D., « Balancing Selection and Its Effects on Sequences in Nearby Genome Regions », *PLoS Genet.*, 2, 4 (2006), e64.

Clemente, F. J., Cardona, A., Inchley, C. E., Peter, B. M., Jacobs, G., Pagani, L., Lawson, D. J., *et al.*, « A Selective Sweep on a Deleterious Mutation in Cpt1a in Arctic Populations », *Am. J. Hum. Genet.*, 95, 5 (2014), p. 584-589.

Crawford, N. G., Kelly, D. E., Hansen, M. E. B., Beltrame, M. H., Fan, S., Bowman, S. L., Jewett, E., *et al.*, « Loci Associated with Skin Pigmentation Identified in African Populations », *Science*, 358, 6365 (2017).

de Filippo, C., Key, F. M., Ghirotto, S., Benazzo, A., Meneu, J. R., Weihmann, A., Program, Nisc Comparative Sequence, *et al.*, « Recent Selection Changes in Human Genes under Long-Term Balancing Selection », *Mol. Biol. Evol.*, 33, 6 (2016), p. 1435-1447.

DeGiorgio, M., Lohmueller, K. E., Nielsen, R., « A Model-Based Approach for Identifying Signatures of Ancient Balancing Selection in Genetic Data », *PLoS Genet.*, 10, 8 (2014), e1004561.

Enard, W., Przeworski, M., Fisher, S. E., Lai, C. S., Wiebe, V., Kitano, T., Monaco, A. P., Pääbo, S., « Molecular Evolution of Foxp2, a Gene Involved in Speech and Language », *Nature*, 418, 6900 (2002), p. 869-872.

Enattah, N. S., Jensen, T. G., Nielsen, M., Lewinski, R., Kuokkanen, M., Rasinpera, H., El-Shanti, H., *et al.*, « Independent Introduction of Two Lactase-Persistence Alleles into Human Populations Reflects Different History of Adaptation to Milk Culture », *Am. J. Hum. Genet.*, 82, 1 (2008), p. 57-72.

Enattah, N. S., Sahi, T., Savilahti, E., Terwilliger, J. D., Peltonen, L., Jarvela, I., « Identification of a Variant Associated with Adult-Type Hypolactasia », *Nat. Genet.*, 30, 2 (2002), p. 233-237.

Fan, S., Hansen, M. E., Lo, Y., Tishkoff, S. A., « Going Global by Adapting Local : A Review of Recent Human Adaptation », *Science*, 354, 6308 (2016), p. 54-59.

Ferrer-Admetlla, A., Liang, M., Korneliussen, T., Nielsen, R., « On Detecting Incomplete Soft or Hard Selective Sweeps Using Haplotype Structure », *Mol. Biol. Evol.*, 31, 5 (2014), p. 1275-1291.

Field, Y., Boyle, E. A., Telis, N., Gao, Z., Gaulton, K. J., Golan, D., Yengo, L., *et al.*, « Detection of Human Adaptation During the Past 2000 Years », *Science*, 354, 6313 (2016), p. 760-764.

Fisher, R. A, Ford, E. B., Huxley, J., « Taste-Testing the Anthropoid Apes », *Nature*, 144 (1939), p. 750.

Fumagalli, M., Moltke, I., Grarup, N., Racimo, F., Bjerregaard, P., Jorgensen, M. E., Korneliussen, T. S., *et al.*, « Greenlandic Inuit Show Genetic Signatures of Diet and Climate Adaptation », *Science*, 349, 6254 (2015), p. 1343-1347.

Han, J., Kraft, P., Nan, H., Guo, Q., Chen, C., Qureshi, A., Hankinson, S. E., *et al.*, « A Genome-Wide Association Study Identifies Novel Alleles Associated with Hair Color and Skin Pigmentation », *PLoS Genet.*, 4, 5 (2008), e1000074.

Hancock, A. M., Witonsky, D. B., Gordon, A. S., Eshel, G., Pritchard, J. K., Coop, G., Di Rienzo, A., « Adaptations to Climate in Candidate Genes for Common Metabolic Disorders », *PLoS Genet.*, 4, 2 (2008), e32.

Harris, E. E., Meyer, D., « The Molecular Signature of Selection Underlying Human Adaptations », *Am. J. Phys. Anthropol.*, Suppl. 43 (2006), p. 89-130.

Hernandez, R. D., Kelley, J. L., Elyashiv, E., Melton, S. C., Auton, A., McVean, G., Sella, G., Przeworski, M., « Classic Selective Sweeps Were Rare in Recent Human Evolution », *Science*, 331, 6019 (2011), p. 920-924.

Hsieh, P., Veeramah, K. R., Lachance, J., Tishkoff, S. A., Wall, J. D., Hammer, M. F., Gutenkunst, R. N., « Whole-Genome Sequence Analyses of Western Central African Pygmy Hunter-Gatherers Reveal a Complex Demographic History and Identify Candidate Genes under Positive Natural Selection », *Genome Res.*, 26, 3 (2016), p. 279-290.

Huerta-Sanchez, E., Jin, X., Asan Bianba, Z., Peter, B. M., Vinckenbosch, N., Liang, Y., *et al.*, « Altitude Adaptation in Tibetans Caused by Introgression of Denisovan-Like DNA », *Nature*, 512, 7513 (2014), p. 194-197.

Ilardo, M. A., Moltke, I., Korneliussen, T. S., Cheng, J., Stern, A. J., Racimo, F., de Barros Damgaard, P., *et al.*, « Physiological and Genetic Adaptations to Diving in Sea Nomads », *Cell*, 173, 3 (2018), p. 569-80, e15.

Ilardo, M., Nielsen, R., « Human Adaptation to Extreme Environmental Conditions », *Curr. Opin. Genet. Dev.*, 53 (2018), p. 77-82.

Itan, Y., Jones, B. L., Ingram, C. J., Swallow, D. M., Thomas, M. G., « A Worldwide Correlation of Lactase Persistence Phenotype and Genotypes », *BMC Evol. Biol.*, 10 (2010), p. 36.

Itan, Y., Powell, A., Beaumont, M. A., Burger, J., Thomas, M. G., « The Origins of Lactase Persistence in Europe », *PLoS Comput. Biol.*, 5, 8 (2009), e1000491.

Jablonski, N. G., Chaplin, G., « The Colours of Humanity : The Evolution of Pigmentation in the Human Lineage », *Philos. Trans. R. Soc. Lond. B. Biol. Sci.*, 372, 1724 (2017).

Jablonski, N. G., Chaplin, G., « The Evolution of Human Skin Coloration », *J. Hum. Evol.*, 39, 1 (2000), p. 57-106.

Jablonski, N. G., Chaplin, G. « Human Skin Pigmentation, Migration and Disease Susceptibility », *Philos. Trans. R. Soc. Lond. B. Biol. Sci.*, 367, 1590 (2012), p. 785-792.

Jarvis, J. P., Scheinfeldt, L. B., Soi, S., Lambert, C., Omberg, L., Ferwerda, B., Froment, A., *et al.*, « Patterns of Ancestry, Signatures of Natural Selection, and Genetic Association with Stature in Western African Pygmies », *PLoS Genet.*, 8, 4 (2012), e1002641.

Jeong, C., Alkorta-Aranburu, G., Basnyat, B., Neupane, M., Witonsky, D. B., Pritchard, J. K., Beall, C. M., Di Rienzo, A., « Admixture Facilitates Genetic Adaptations to High Altitude in Tibet », *Nat. Commun.*, 5 (2014), p. 3281.

Jeong, C., Di Rienzo, A., « Adaptations to Local Environments in Modern Human Populations », *Curr. Opin. Genet. Dev.*, 29 (2014), p. 1-8.

Key, F. M., Abdul-Aziz, M. A., Mundry, R., Peter, B. M., Sekar, A., D'Amato, M., Dennis, M. Y., Schmidt, J. M., Andres, A. M., « Human Local Adaptation of the Trpm8 Cold Receptor Along a Latitudinal Cline », *PLoS Genet.*, 14, 5 (2018), e1007298.

Key, F. M., Teixeira, J. C., de Filippo, C., Andres, A. M., « Advantageous Diversity Maintained by Balancing Selection in Humans », *Curr. Opin. Genet. Dev.*, 29C (2014), p. 45-51.

Lachance, J., Tishkoff, S. A., « Population Genomics of Human Adaptation », *Annu. Rev. Ecol. Evol. Syst.*, 44 (2013), p. 123-143.

Lachance, J., Vernot, B., Elbers, C. C., Ferwerda, B., Froment, A., Bodo, J. M., Lema, G., *et al.*, « Evolutionary History and Adaptation from High-Coverage Whole-Genome Sequences of Diverse African Hunter-Gatherers », *Cell*, 150, 3 (2012), p. 457-469.

Lango Allen, H., Estrada, K., Lettre, G., Berndt, S. I., Weedon, M. N., Rivadeneira, F., Willer, C. J., *et al.*, « Hundreds of Variants Clustered in Genomic Loci and Biological Pathways Affect Human Height », *Nature*, 467, 7317 (2010), p. 832-838.

Leffler, E. M., Gao, Z., Pfeifer, S., Segurel, L., Auton, A., Venn, O., Bowden, R., *et al.*, « Multiple Instances of Ancient Balancing Selection Shared between Humans and Chimpanzees », *Science*, 339, 6127 (2013), p. 1578-1582.

Lohmueller, K. E., « The Distribution of Deleterious Genetic Variation in Human Populations », *Curr. Opin. Genet. Dev.*, 29 (2014), p. 139-146.

Lohmueller, K. E., Indap, A. R., Schmidt, S., Boyko, A. R., Hernandez, R. D., Hubisz, M. J., Sninsky, J. J., *et al.*, « Proportionally More Deleterious Genetic Variation in European Than in African Populations », *Nature*, 451, 7181 (2008), p. 994-997.

Lopez, M., Choin, J., Sikora, M., Siddle, K., Harmant, C., Costa, H. A., Silvert, M., *et al.*, « Genomic Evidence for Local Adaptation of Hunter-Gatherers to the African Rainforest », *Curr. Biol.*, 29, 17 (2019), p. 2926-2935, e4.

Lopez, M., Kousathanas, A., Quach, H., Harmant, C., Mouguiama-Daouda, P., Hombert, J. M., Froment, A., *et al.*, « The Demographic History and Mutational Load of African Hunter-Gatherers and Farmers », *Nat. Ecol. Evol.*, 2, 4 (2018), p. 721-730.

Martin, A. R., Lin, M., Granka, J. M., Myrick, J. W., Liu, X., Sockell, A., Atkinson, E. G., *et al.*, « An Unexpectedly Complex Architecture for Skin Pigmentation in Africans », *Cell*, 171, 6 (2017), p. 1340-1353, e14.

McEvoy, B., Beleza, S., Shriver, M. D., « The Genetic Architecture of Normal Variation in Human Pigmentation : An Evolutionary Perspective and Model », *Hum. Mol. Genet.*, 15, 2 (2006), R176-R181.

Mendizabal, I., Marigorta, U. M., Lao, O., Comas, D., « Adaptive Evolution of Loci Covarying with the Human African Pygmy Phenotype », *Hum. Genet.*, 131, 8 (2012), p. 1305-1317.

Myles, S., Somel, M., Tang, K., Kelso, J., Stoneking, M., « Identifying Genes Underlying Skin Pigmentation Differences among Human Populations », *Hum. Genet.*, 120, 5 (2007), p. 613-621.

Nielsen, R., « Molecular Signatures of Natural Selection », *Annu. Rev. Genet.*, 39 (2005), p. 197-218.

Nielsen, R., Hellmann, I., Hubisz, M., Bustamante, C., Clark, A. G., « Recent and Ongoing Selection in the Human Genome », *Nat. Rev. Genet.*, 8, 11 (2007), p. 857-868.

Nielsen, R., Williamson, S., Kim, Y., Hubisz, M. J., Clark, A. G., Bustamante, C., « Genomic Scans for Selective Sweeps Using Snp Data », *Genome Res.*, 15, 11 (2005), p. 1566-1575.

Norton, H. L., Kittles, R. A., Parra, E., McKeigue, P., Mao, X., Cheng, K., Canfield, V. A., *et al.*, « Genetic Evidence for the Convergent Evolution of Light Skin in Europeans and East Asians », *Mol. Biol. Evol.*, 24, 3 (2007), p. 710-722.

Olalde, I., Allentoft, M. E., Sanchez-Quinto, F., Santpere, G., Chiang, C. W., DeGiorgio, M., Prado-Martinez, J., *et al.*, « Derived Immune and Ancestral Pigmentation Alleles in a 7,000-Year-Old Mesolithic European », *Nature*, 507, 7491 (2014), p. 225-228.

Patin, E., Quintana-Murci, L., « Demeter's Legacy : Rapid Changes to Our Genome Imposed by Diet », *Trends Ecol. Evol.*, 23, 2 (2008), p. 56-59.

Pavan, W. J., Sturm, R. A., « The Genetics of Human Skin and Hair Pigmentation », *Annu. Rev. Genomics Hum. Genet.*, 20 (2019), p. 41-72.

Pemberton, T. J., Verdu, P., Becker, N. S., Willer, C. J., Hewlett, B. S., Le Bomin, S., Froment, A., Rosenberg, N. A., Heyer, E., « A Genome Scan for Genes Underlying Adult Body Size Differences between Central African Hunter-Gatherers and Farmers », *Hum. Genet.*, 137, 6-7 (2018), p. 487-509.

Peng, Y., Yang, Z., Zhang, H., Cui, C., Qi, X., Luo, X., Tao, X., *et al.*, « Genetic Variations in Tibetan Populations and High-Altitude Adaptation at the Himalayas », *Mol. Biol. Evol.*, 28, 2 (2011), p. 1075-1081.

Perry, G. H., Dominy, N. J., « Evolution of the Human Pygmy Phenotype », *Trends Ecol. Evol.*, 24, 4 (2009), p. 218-225.

Perry, G. H., Foll, M., Grenier, J. C., Patin, E., Nedelec, Y., Pacis, A., Barakatt, M., *et al.*, « Adaptive, Convergent Origins of the Pygmy Phenotype in African Rainforest Hunter-Gatherers », *Proc. Natl Acad. Sci. USA*, 111, 35 (2014), E3596-E3603.

Peter, B. M., Huerta-Sanchez, E., Nielsen, R., « Distinguishing between Selective Sweeps from Standing Variation and from a De Novo Mutation », *PLoS Genet.*, 8, 10 (2012), e1003011.

Pritchard, J. K., Di Rienzo, A., « Adaptation – Not by Sweeps Alone », *Nat. Rev. Genet.*, 11, 10 (2010), p. 665-667.

Pritchard, J. K., Pickrell, J. K., Coop, G., « The Genetics of Human Adaptation : Hard Sweeps, Soft Sweeps, and Polygenic Adaptation », *Curr. Biol.*, 20, 4 (2010), R208-R215.

Przeworski, M., Coop, G., Wall, J. D., « The Signature of Positive Selection on Standing Genetic Variation », *Evolution*, 59, 11 (2005), p. 2312-2323.

Quach, H., Quintana-Murci, L., « Living in an Adaptive World : Genomic Dissection of the Genus Homo and Its Immune Response », *J. Exp. Med.*, 214, 4 (2017), p. 877-894.

Quintana-Murci, L., « Genetic and Epigenetic Variation of Human Populations : An Adaptive Tale », *C. R. Biol.*, 339, 7-8 (2016), p. 278-283.

Ranciaro, A., Campbell, M. C., Hirbo, J. B., Ko, W. Y., Froment, A., Anagnostou, P., Kotze, M. J., *et al.*, « Genetic Origins of Lactase Persistence and the Spread of Pastoralism in Africa », *Am. J. Hum. Genet.*, 94, 4 (2014), p. 496-510.

Robinson, M. R., Hemani, G., Medina-Gomez, C., Mezzavilla, M., Esko, T., Shakhbazov, K., Powell, J. E., *et al.*, « Population Genetic Differentiation of Height and Body Mass Index across Europe », *Nat. Genet.*, 47, 11 (2015), p. 1357-1362.

Sabeti, P. C., Reich, D. E., Higgins, J. M., Levine, H. Z., Richter, D. J., Schaffner, S. F., Gabriel, S. B., *et al.*, « Detecting Recent Positive Selection in the Human Genome from Haplotype Structure », *Nature*, 419, 6909 (2002), p. 832-837.

Sabeti, P. C., Schaffner, S. F., Fry, B., Lohmueller, J., Varilly, P., Shamovsky, O., Palma, A., *et al.*, « Positive Natural Selection in the Human Lineage », *Science*, 312, 5780 (2006), p. 1614-1620.

Sabeti, P. C., Varilly, P., Fry, B., Lohmueller, J., Hostetter, E., Cotsapas, C., Xie, X., *et al.*, « Genome-Wide Detection and Characterization of Positive Selection in Human Populations », *Nature*, 449, 7164 (2007), p. 913-918.

Scheinfeldt, L. B., Soi, S., Thompson, S., Ranciaro, A., Woldemeskel, D., Beggs, W., Lambert, C., *et al.*, « Genetic Adaptation to High Altitude in the Ethiopian Highlands », *Genome Biol.*, 13, 1 (2012), R1.

Scheinfeldt, L. B., Tishkoff, S. A., « Recent Human Adaptation : Genomic Approaches, Interpretation and Insights », *Nat. Rev. Genet.*, 14, 10 (2013), p. 692-702.

Segurel, L., Bon, C., « On the Evolution of Lactase Persistence in Humans », *Annu. Rev. Genomics Hum. Genet.*, 18 (2017), p. 297-319.

Segurel, L., Gao, Z., Przeworski, M., « Ancestry Runs Deeper Than Blood : The Evolutionary History of Abo Points to Cryptic Variation of Functional Importance », *Bioessays*, 35, 10 (2013), p. 862-867.

Segurel, L., Thompson, E. E., Flutre, T., Lovstad, J., Venkat, A., Margulis, S. W., Moyse, J., *et al.*, « The Abo Blood Group Is a Trans-Species Polymorphism in Primates », *Proc. Natl Acad. Sci. USA*, 109, 45 (2012), p. 18493-18498.

Simons, Y. B., Sella, G., « The Impact of Recent Population History on the Deleterious Mutation Load in Humans and Close Evolutionary Relatives », *Curr. Opin. Genet. Dev.*, 41 (2016), p. 150-158.

Simons, Y. B., Turchin, M. C., Pritchard, J. K., Sella, G., « The Deleterious Mutation Load Is Insensitive to Recent Population History », *Nat. Genet.*, 46, 3 (2014), p. 220-224.

Simonson, T. S., Yang, Y., Huff, C. D., Yun, H., Qin, G., Witherspoon, D. J., Bai, Z., *et al.*, « Genetic Evidence for High-Altitude Adaptation in Tibet », *Science*, 329, 5987 (2010), p. 72-75.

Sohail, M., Maier, R. M., Ganna, A., Bloemendal, A., Martin, A. R., Turchin, M. C., Chiang, C. W., *et al.*, « Polygenic Adaptation on Height Is Overestimated Due to Uncorrected Stratification in Genome-Wide Association Studies », *Elife*, 8 (2019).

Sulem, P., Gudbjartsson, D. F., Stacey, S. N., Helgason, A., Rafnar, T., Magnusson, K. P., Manolescu, A., *et al.*, « Genetic Determinants of Hair, Eye and Skin Pigmentation in Europeans », *Nat. Genet.*, 39, 12 (2007), p. 1443-1452.

Swallow, D. M., « Genetics of Lactase Persistence and Lactose Intolerance », *Annu. Rev. Genet.*, 37 (2003), p. 197-219.

Takahata, N., Satta, Y., Klein, J., « Polymorphism and Balancing Selection at Major Histocompatibility Complex Loci », *Genetics*, 130, 4 (1992), p. 925-938.

Tishkoff, S. A., Reed, F. A., Ranciaro, A., Voight, B. F., Babbitt, C. C., Silverman, J. S., Powell, K., *et al.*, « Convergent Adaptation of Human Lactase Persistence in Africa and Europe », *Nat. Genet.*, 39, 1 (2007), p. 31-40.

Tucci, S., Vohr, S. H., McCoy, R. C., Vernot, B., Robinson, M. R., Barbieri, C., Nelson, B. J., *et al.*, « Evolutionary History and Adaptation of a Human Pygmy Population of Flores Island, Indonesia », *Science*, 361, 6401 (2018), p. 511-516.

Turchin, M. C., Chiang, C. W., Palmer, C. D., Sankararaman, S., Reich, D., Hirschhorn, J. N., « Evidence of Widespread Selection on Standing Variation in Europe at Height-Associated Snps », *Nat. Genet.*, 44, 9 (2012), p. 1015-1019.

Vitti, J. J., Grossman, S. R., Sabeti, P. C., « Detecting Natural Selection in Genomic Data », *Annu. Rev. Genet.*, 47 (2013), p. 97-120.

Wooding, S., Bufe, B., Grassi, C., Howard, M. T., Stone, A. C., Vazquez, M., Dunn, D. M., *et al.*, « Independent Evolution of Bitter-Taste Sensitivity in Humans and Chimpanzees », *Nature*, 440, 7086 (2006), p. 930-934.

Wooding, S., Kim, U. K., Bamshad, M. J., Larsen, J., Jorde, L. B., Drayna, D., « Natural Selection and Molecular Evolution in Ptc, a Bitter-Taste Receptor Gene », *Am. J. Hum. Genet.*, 74, 4 (2004), p. 637-646.

Yengo, L., Sidorenko, J., Kemper, K. E., Zheng, Z., Wood, A. R., Weedon, M. N., Frayling, T. M., *et al.*, « Meta-Analysis of Genome-Wide Association Studies for Height and Body Mass Index in Approximately 700000 Individuals of European Ancestry », *Hum. Mol. Genet.*, 27, 20 (2018), p. 3641-3649.

Yi, X., Liang, Y., Huerta-Sanchez, E., Jin, X., Cuo, Z. X., Pool, J. E., Xu, X., *et al.*, « Sequencing of 50 Human Exomes Reveals Adaptation to High Altitude », *Science*, 329, 5987 (2010), p. 75-78.

Partie IV – HOMMES ET MICROBES

Abecasis, G. R., Altshuler, D., Auton, A., Brooks, L. D., Durbin, R. M., Gibbs, R. A., Hurles, M. E., McVean, G. A., « A Map of Human Genome Variation from Population-Scale Sequencing », *Nature*, 467, 7319 (2010), p. 1061-1073.

Abecasis, G. R., Auton, A., Brooks, L. D., DePristo, M. A., Durbin, R. M., Handsaker, R. E., Kang, H. M., Marth, G. T., McVean, G. A., « An Integrated Map of Genetic Variation from 1,092 Human Genomes », *Nature*, 491, 7422 (2012), p. 56-65.

Abel, L., Alcais, A., Schurr, E., « The Dissection of Complex Susceptibility to Infectious Disease : Bacterial, Viral and Parasitic Infections », *Curr. Opin. Immunol.*, 30 (2014), p. 72-78.

Agarwal, A., Guindo, A., Cissoko, Y., Taylor, J. G., Coulibaly, D., Kone, A., Kayentao, K., *et al.*, « Hemoglobin C Associated with Protection from Severe Malaria in the Dogon of Mali, a West African Population with a Low Prevalence of Hemoglobin S », *Blood*, 96, 7 (2000), p. 2358-2363.

Aitman, T. J., Cooper, L. D., Norsworthy, P. J., Wahid, F. N., Gray, J. K., Curtis, B. R., McKeigue, P. M., *et al.*, « Malaria Susceptibility and Cd36 Mutation », *Nature*, 405, 6790 (2000), p. 1015-1016.

Alcais, A., Abel, L., Casanova, J. L., « Human Genetics of Infectious Diseases : Between Proof of Principle and Paradigm », *J. Clin. Invest.*, 119, 9 (2009), p. 2506-2514.

Alcais, A., Quintana-Murci, L., Thaler, D. S., Schurr, E., Abel, L., Casanova, J. L., « Life-Threatening Infectious Diseases of Childhood : Single-Gene Inborn Errors of Immunity ? », *Ann. NY Acad. Sci.*, 1214 (2010), p. 18-33.

Allison, A. C., « Protection Afforded by Sickle-Cell Trait against Subtertian Malareal Infection », *Br. Med. J.*, 1, 4857 (1954), p. 290-294.

Arenzana-Seisdedos, F., Parmentier, M., « Genetics of Resistance to Hiv Infection : Role of Co-Receptors and Co-Receptor Ligands », *Semin. Immunol.*, 18, 6 (2006), p. 387-403.

Auton, A., Brooks, L. D., Durbin, R. M., Garrison, E. P., Kang, H. M., Korbel, J. O., Marchini, J. L., *et al.*, « A Global Reference for Human Genetic Variation », *Nature*, 526, 7571 (2015), p. 68-74.

Bakewell, M. A., Shi, P., Zhang, J., « More Genes Underwent Positive Selection in Chimpanzee Evolution Than in Human Evolution », *Proc. Natl Acad. Sci. USA*, 104, 18 (2007), p. 7489-7494.

Bamshad, M. J., Mummidi, S., Gonzalez, E., Ahuja, S. S., Dunn, D. M., Watkins, W. S., Wooding, S., *et al.*, « A Strong Signature of Balancing Selection in the 5' Cis-Regulatory Region of Ccr5 », *Proc. Natl Acad. Sci. USA*, 99, 16 (2002), p. 10539-10544.

Barreiro, L. B., Ben-Ali, M., Quach, H., Laval, G., Patin, E., Pickrell, J. K., Bouchier, C., *et al.*, « Evolutionary Dynamics of Human Toll-Like Receptors and Their Different Contributions to Host Defense », *PLoS Genet.*, 5, 7 (2009), e1000562.

Barreiro, L. B., Patin, E., Neyrolles, O., Cann, H. M., Gicquel, B., Quintana-Murci, L., « The Heritage of Pathogen Pressures and Ancient Demography in the Human Innate-Immunity Cd209/Cd209l Region », *Am. J. Hum. Genet.*, 77, 5 (2005), p. 869-886.

Barreiro, L. B., Quintana-Murci, L., « From Evolutionary Genetics to Human Immunology : How Selection Shapes Host Defence Genes », *Nat. Rev. Genet.*, 11, 1 (2010), p. 17-30.

Blekhman, R., Man, O., Herrmann, L., Boyko, A. R., Indap, A., Kosiol, C., Bustamante, C. D., Teshima, K. M., Przeworski, M., « Natural Selection on Genes That Underlie Human Disease Susceptibility », *Curr. Biol.*, 18, 12 (2008), p. 883-889.

Boisson-Dupuis, S., Ramirez-Alejo, N., Li, Z., Patin, E., Rao, G., Kerner, G., Lim, C. K., *et al.*, « Tuberculosis and Impaired Il-23-Dependent Ifn-Gamma Immunity in Humans Homozygous for a Common Tyk2 Missense Variant », *Sci. Immunol.*, 3, 30 (2018).

Brinkworth, J. F., Barreiro, L. B., « The Contribution of Natural Selection to Present-Day Susceptibility to Chronic Inflammatory and Autoimmune Disease », *Curr. Opin. Immunol.*, 31 (2014), p. 66-78.

Bustamante, C. D., Fledel-Alon, A., Williamson, S., Nielsen, R., Hubisz, M. T., Glanowski, S., Tanenbaum, D. M., *et al.*, « Natural Selection on Protein-Coding Genes in the Human Genome », *Nature*, 437, 7062 (2005), p. 1153-1157.

Cairns, J., *Matters of Life and Death*, Princeton, Princeton University Press, 1997.

Carrington, M., Martin, M. P., Van Bergen, J., « Kir-Hla Intercourse in Hiv Disease », *Trends Microbiol.*, 16, 12 (2008), p. 620-627.

Casanova, J. L., « Human Genetic Basis of Interindividual Variability in the Course of Infection », *Proc. Natl Acad. Sci. USA*, 112, 51 (2015), E7118-E7127.

Casanova, J. L., Abel, L., « The Human Model : A Genetic Dissection of Immunity to Infection in Natural Conditions », *Nat. Rev. Immunol.*, 4, 1 (2004), p. 55-66.

Casanova, J. L., Abel, L., « Inborn Errors of Immunity to Infection : The Rule Rather Than the Exception », *J. Exp. Med.*, 202, 2 (2005), p. 197-201.

Casanova, J. L., Abel, L., « Human Genetics of Infectious Diseases : A Unified Theory », *Embo. J.*, 26, 4 (2007), p. 915-922.

Casanova, J. L., Abel, L., « Human Genetics of Infectious Diseases : Unique Insights into Immunological Redundancy », *Semin. Immunol.*, 36 (2018), p. 1-12.

Casanova, J. L., Abel, L., Quintana-Murci, L., « Human Tlrs and Il-1rs in Host Defense : Natural Insights from Evolutionary, Epidemiological, and Clinical Genetics », *Annu. Rev. Immunol.*, 29 (2011), p. 447-91.

Casanova, J. L., Abel, L., Quintana-Murci, L., « Immunology Taught by Human Genetics », *Cold Spring Harb. Symp. Quant. Biol.*, 78 (2013), p. 157-172.

Chaix, R., Cao, C., Donnelly, P., « Is Mate Choice in Humans Mhc-Dependent ? », *PLoS Genet.*, 4, 9 (2008), e1000184.

Chapman, S. J., Hill, A. V., « Human Genetic Susceptibility to Infectious Disease », *Nat. Rev. Genet.*, 13, 3 (2012), p. 175-188.

Chimpanzee, Sequencing, and Analysis, Consortium, « Initial Sequence of the Chimpanzee Genome and Comparison with the Human Genome », *Nature*, 437, 7055 (2005), p. 69-87.

Chitnis, C. E., Miller, L. H., « Identification of the Erythrocyte Binding Domains of Plasmodium Vivax and Plasmodium Knowlesi Proteins Involved in Erythrocyte Invasion », *J. Exp. Med.*, 180, 2 (1994), p. 497-506.

Comas, I., Coscolla, M., Luo, T., Borrell, S., Holt, K. E., Kato-Maeda, M., Parkhill, J., *et al.*, « Out-of-Africa Migration and Neolithic Coexpansion of Mycobacterium Tuberculosis with Modern Humans », *Nat. Genet.*, 45, 10 (2013), p. 1176-1182.

Cooke, G. S., Hill, A. V., « Genetics of Susceptibility to Human Infectious Disease », *Nat. Rev. Genet.*, 2, 12 (2001), p. 967-977.

Dandine-Roulland, C., Laurent, R., Dall'Ara, I., Toupance, B., Chaix, R., « Genomic Evidence for Mhc Disassortative Mating in Humans », *Proc. R. Soc. B.*, 286, 1899 (2019), 20182664.

Daub, J. T., Hofer, T., Cutivet, E., Dupanloup, I., Quintana-Murci, L., Robinson-Rechavi, M., Excoffier, L., « Evidence for Polygenic Adaptation to Pathogens in the Human Genome », *Mol. Biol. Evol.*, 30, 7 (2013), p. 1544-1558.

Dausset, J., « The Hla Adventure », *Transplant. Proc.*, 31, 1-2 (1999), p. 22-24.

Degenhardt, J. D., de Candia, P., Chabot, A., Schwartz, S., Henderson, L., Ling, B., Hunter, M., *et al.*, « Copy Number Variation of Ccl3-Like Genes Affects Rate of Progression to Simian-Aids in Rhesus Macaques (*Macaca Mulatta*) », *PLoS Genet.*, 5, 1 (2009), e1000346.

Deschamps, M., Laval, G., Fagny, M., Itan, Y., Abel, L., Casanova, J. L., Patin, E., Quintana-Murci, L., « Genomic Signatures of Selective Pressures and Introgression from Archaic Hominins at Human Innate Immunity Genes », *Am. J. Hum. Genet.*, 98, 1 (2016), p. 5-21.

Elvin, S. J., Williamson, E. D., Scott, J. C., Smith, J. N., Perez De Lema, G., Chilla, S., Clapham, P., *et al.*, « Evolutionary Genetics : Ambiguous Role of Ccr5 in Y. Pestis Infection », *Nature*, 430, 6998 (2004), p. 417.

Enard, D., Depaulis, F., Roest Crollius, H., « Human and Non-Human Primate Genomes Share Hotspots of Positive Selection », *PLoS Genet.*, 6, 2 (2010), e1000840.

Fagny, M., Patin, E., Enard, D., Barreiro, L. B., Quintana-Murci, L., Laval, G., « Exploring the Occurrence of Classic Selective Sweeps in Humans Using Whole-Genome Sequencing Data Sets », *Mol. Biol. Evol.*, 31, 7 (2014), p. 1850-1868.

Ferrer-Admetlla, A., Sikora, M., Laayouni, H., Esteve, A., Roubinet, F., Blancher, A., Calafell, F., Bertranpetit, J., Casals, F., « A Natural History of Fut2 Polymorphism in Humans », *Mol. Biol. Evol.*, 26, 9 (2009), p. 1993-2003.

Fry, A. E., Ghansa, A., Small, K. S., Palma, A., Auburn, S., Diakite, M., Green, A., *et al.*, « Positive Selection of a Cd36 Nonsense Variant in Sub-Saharan Africa, but No Association with Severe Malaria Phenotypes », *Hum. Mol. Genet.*, 18, 14 (2009), p. 2683-2692.

Fumagalli, M., Cagliani, R., Pozzoli, U., Riva, S., Comi, G. P., Menozzi, G., Bresolin, N., Sironi, M., « Widespread Balancing Selection and Pathogen-Driven Selection at Blood Group Antigen Genes », *Genome Res.*, 19, 2 (2009), p. 199-212.

Fumagalli, M., Pozzoli, U., Cagliani, R., Comi, G. P., Bresolin, N., Clerici, M., Sironi, M., « The Landscape of Human Genes Involved in the Immune Response to Parasitic Worms », *BMC Evol. Biol.*, 10 (2010), p. 264.

Fumagalli, M., Pozzoli, U., Cagliani, R., Comi, G. P., Riva, S., Clerici, M., Bresolin, N., Sironi, M., « Parasites Represent a Major Selective Force for Interleukin Genes and Shape the Genetic Predisposition to Autoimmune Conditions », *J. Exp. Med.*, 206, 6 (2009), p. 1395-1408.

Fumagalli, M., Sironi, M., « Human Genome Variability, Natural Selection and Infectious Diseases », *Curr. Opin. Immunol.*, 30C (2014), p. 9-16.

Fumagalli, M., Sironi, M., Pozzoli, U., Ferrer-Admetlla, A., Pattini, L., Nielsen, R., « Signatures of Environmental Genetic Adaptation Pinpoint Pathogens as the Main Selective Pressure through Human Evolution », *PLoS Genet.*, 7, 11 (2011), e1002355.

Galvani, A. P., Novembre, J., « The Evolutionary History of the Ccr5-Delta32 Hiv-Resistance Mutation », *Microbes Infect.*, 7, 2 (2005), p. 302-309.

Galvani, A. P., Slatkin, M., « Evaluating Plague and Smallpox as Historical Selective Pressures for the Ccr5-Delta 32 Hiv-Resistance Allele », *Proc. Natl Acad. Sci. USA*, 100, 25 (2003), p. 15276-15279.

Gomez, F., Hirbo, J., Tishkoff, S. A., « Genetic Variation and Adaptation in Africa : Implications for Human Evolution and Disease », *Cold Spring Harb. Perspect. Biol.*, 6, 7 (2014), a008524.

Gouy, A., Daub, J. T., Excoffier, L., « Detecting Gene Subnetworks under Selection in Biological Pathways », *Nucleic Acids Res.*, 45, 16 (2017), e149.

Gouy, A., Excoffier, L., « Polygenic Patterns of Adaptive Introgression in Modern Humans Are Mainly Shaped by Response to Pathogens », *Mol. Biol. Evol.*, 37, 5 (2020), p. 1420-1433.

Gunalan, K., Lo, E., Hostetler, J. B., Yewhalaw, D., Mu, J., Neafsey, D. E., Yan, G., Miller, L. H., « Role of Plasmodium Vivax Duffy-Binding Protein 1 in Invasion of Duffy-Null Africans », *Proc. Natl Acad. Sci. USA*, 113, 22 (2016), p. 6271-6276.

Hahn, M. W., Demuth, J. P., Han, S. G., « Accelerated Rate of Gene Gain and Loss in Primates », *Genetics*, 177, 3 (2007), p. 1941-1949.

Haldane, J. B. S., « Disease and Evolution », *Ric. Sci.*, 19 (Suppl. A) (1949), p. 68-76.

Hamblin, M. T., Thompson, E. E., Di Rienzo, A., « Complex Signatures of Natural Selection at the Duffy Blood Group Locus », *Am. J. Hum. Genet.*, 70, 2 (2002), p. 369-383.

Hill, A. V., « Aspects of Genetic Susceptibility to Human Infectious Diseases », *Annu. Rev. Genet.*, 40 (2006), p. 469-486.

Hodgson, J. A., Pickrell, J. K., Pearson, L. N., Quillen, E. E., Prista, A., Rocha, J., Soodyall, H., Shriver, M. D., Perry, G. H., « Natural Selection for the Duffy-Null Allele in the Recently Admixed People of Madagascar », *Proc. Biol. Sci.*, 281, 1789 (2014), 20140930.

Hutagalung, R., Wilairatana, P., Looareesuwan, S., Brittenham, G. M., Aikawa, M., Gordeuk, V. R., « Influence of Hemoglobin E Trait on the Severity of Falciparum Malaria », *J. Infect. Dis.*, 179, 1 (1999), p. 283-286.

Idaghdour, Y., Quinlan, J., Goulet, J. P., Berghout, J., Gbeha, E., Bruat, V., de Malliard, T., *et al.*, « Evidence for Additive and Interaction Effects of Host Genotype and Infection in Malaria », *Proc. Natl Acad. Sci. USA*, 109, 42 (2012), p. 16786-16793.

Jallow, M., Teo, Y. Y., Small, K. S., Rockett, K. A., Deloukas, P., Clark, T. G., Kivinen, K., *et al.*, « Genome-Wide and Fine-Resolution Association Analysis of Malaria in West Africa », *Nat. Genet.*, 41, 6 (2009), p. 657-665.

Jin, W., Xu, S., Wang, H., Yu, Y., Shen, Y., Wu, B., Jin, L., « Genome-Wide Detection of Natural Selection in African Americans Pre- and Post-Admixture », *Genome Res.*, 22, 3 (2012), p. 519-527.

Joy, D. A., Feng, X., Mu, J., Furuya, T., Chotivanich, K., Krettli, A. U., Ho, M., *et al.*, « Early Origin and Recent Expansion of Plasmodium Falciparum », *Science*, 300, 5617 (2003), p. 318-321.

Karlsson, E. K., Harris, J. B., Tabrizi, S., Rahman, A., Shlyakhter, I., Patterson, N., O'Dushlaine, C., *et al.*, « Natural Selection in a Bangladeshi Population from the Cholera-Endemic Ganges River Delta », *Sci. Transl Med.*, 5, 192 (2013), 192ra86.

Karlsson, E. K., Kwiatkowski, D. P., Sabeti, P. C., « Natural Selection and Infectious Disease in Human Populations », *Nat. Rev. Genet.*, 15, 6 (2014), p. 379-393.

Keele, B. F., Jones, J. H., Terio, K. A., Estes, J. D., Rudicell, R. S., Wilson, M. L., Li, Y., *et al.*, « Increased Mortality and Aids-Like Immunopathology in Wild Chimpanzees Infected with Sivcpz », *Nature*, 460, 7254 (2009), p. 515-519.

Kerner, G., Laval, G., Patin, E., Boisson-Dupuis, S., Abel, L., Casanova, J. L., Quintana-Murci, L., « Human Ancient DNA Analyses Reveal the High Burden of Tuberculosis in Europeans over the Last 2,000 Years », *Am. J. Hum. Genet.*, 108, 3 (2021), p. 517-524.

Kerner, G., Patin, E., Quintana-Murci, L., « New Insights into Human Immunity from Ancient Genomics », *Curr. Opin. Immunol.*, 72 (2021), p. 116-125.

Kerner, G., Ramirez-Alejo, N., Seeleuthner, Y., Yang, R., Ogishi, M., Cobat, A., Patin, E., *et al.*, « Homozygosity for Tyk2 P1104a Underlies Tuberculosis in About 1% of Patients in a Cohort of European Ancestry », *Proc. Natl Acad. Sci. USA*, 116, 21 (2019), p. 10430-10434.

Klein, J., Satta, Y., O'HUigin, C., Takahata, N., « The Molecular Descent of the Major Histocompatibility Complex », *Annu. Rev. Immunol.*, 11 (1993), p. 269-295.

Koda, Y., Tachida, H., Pang, H., Liu, Y., Soejima, M., Ghaderi, A. A., Takenaka, O., Kimura, H., « Contrasting Patterns of Polymorphisms at the Abo-Secretor Gene (Fut2) and Plasma Alpha(1,3)Fucosyltransferase Gene (Fut6) in Human Populations », *Genetics*, 158, 2 (2001), p. 747-756.

Kulkarni, S., Martin, M. P., Carrington, M., « The Yin and Yang of Hla and Kir in Human Disease », *Semin. Immunol.*, 20, 6 (2008), p. 343-352.

Kwiatkowski, D. P., « How Malaria Has Affected the Human Genome and What Human Genetics Can Teach Us About Malaria », *Am. J. Hum. Genet.*, 77, 2 (2005), p. 171-192.

Laayouni, H., Oosting, M., Luisi, P., Ioana, M., Alonso, S., Ricano-Ponce, I., Trynka, G., *et al.*, « Convergent Evolution in European and Rroma Populations Reveals Pressure Exerted by Plague on Toll-Like Receptors », *Proc. Natl Acad. Sci. USA*, 111, 7 (2014), p. 2668-2673.

Lalani, A. S., Masters, J., Zeng, W., Barrett, J., Pannu, R., Everett, H., Arendt, C. W., McFadden, G., « Use of Chemokine Receptors by Poxviruses », *Science*, 286, 5446 (1999), p. 1968-1971.

Laso-Jadart, R., Harmant, C., Quach, H., Zidane, N., Tyler-Smith, C., Mehdi, Q., Ayub, Q., Quintana-Murci, L., Patin, E., « The Genetic Legacy of the Indian Ocean Slave Trade : Recent Admixture and Post-Admixture Selection in the Makranis of Pakistan », *Am. J. Hum. Genet.*, 101, 6 (2017), p. 977-984.

Laval, G., Peyregne, S., Zidane, N., Harmant, C., Renaud, F., Patin, E., Prugnolle, F., Quintana-Murci, L., « Recent Adaptive Acquisition by African Rainforest Hunter-Gatherers of the Late Pleistocene Sickle-Cell Mutation Suggests Past Differences in Malaria Exposure », *Am. J. Hum. Genet.*, 104, 3 (2019), p. 553-561.

Leffler, E. M., Gao, Z., Pfeifer, S., Segurel, L., Auton, A., Venn, O., Bowden, R., *et al.*, « Multiple Instances of Ancient Balancing Selection Shared between Humans and Chimpanzees », *Science*, 339, 6127 (2013), p. 1578-1582.

Libert, F., Cochaux, P., Beckman, G., Samson, M., Aksenova, M., Cao, A., Czeizel, A., *et al.*, « The Deltaccr5 Mutation Conferring Protection against Hiv-1 in Caucasian Populations Has a Single and Recent Origin in Northeastern Europe », *Hum. Mol. Genet.*, 7, 3 (1998), p. 399-406.

Lindesmith, L., Moe, C., Marionneau, S., Ruvoen, N., Jiang, X., Lindblad, L., Stewart, P., LePendu, J., Baric, R., « Human Susceptibility and Resistance to Norwalk Virus Infection », *Nat. Med.*, 9, 5 (2003), p. 548-553.

Lindo, J., Huerta-Sanchez, E., Nakagome, S., Rasmussen, M., Petzelt, B., Mitchell, J., Cybulski, J. S., *et al.*, « A Time Transect of Exomes from a Native American Population before and after European Contact », *Nat. Commun.*, 7 (2016), p. 13175.

Livingstone, F. B., « The Duffy Blood Groups, Vivax Malaria, and Malaria Selection in Human Populations : A Review », *Hum. Biol.*, 56, 3 (1984), p. 413-425.

Lopez, M., Choin, J., Sikora, M., Siddle, K., Harmant, C., Costa, H. A., Silvert, M., *et al.*, « Genomic Evidence for Local Adaptation of Hunter-Gatherers to the African Rainforest », *Curr. Biol.*, 29, 17 (2019), p. 2926-2935, e4.

Louicharoen, C., Patin, E., Paul, R., Nuchprayoon, I., Witoonpanich, B., Peerapittayamongkol, C., Casademont, I., *et al.*, « Positively Selected G6pd-Mahidol Mutation Reduces Plasmodium Vivax Density in Southeast Asians », *Science*, 326, 5959 (2009), p. 1546-1549.

MacArthur, D. G., Balasubramanian, S., Frankish, A., Huang, N., Morris, J., Walter, K., Jostins, L., *et al.*, « A Systematic Survey of Loss-of-Function Variants in Human Protein-Coding Genes », *Science*, 335, 6070 (2012), p. 823-828.

Manry, J., Laval, G., Patin, E., Fornarino, S., Itan, Y., Fumagalli, M., Sironi, M., *et al.*, « Evolutionary Genetic Dissection of Human Interferons », *J. Exp. Med.*, 208, 13 (2011), p. 2747-2759.

Martin, M. P., Dean, M., Smith, M. W., Winkler, C., Gerrard, B., Michael, N. L., Lee, B., *et al.*, « Genetic Acceleration of Aids Progression by a Promoter Variant of Ccr5 », *Science*, 282, 5395 (1998), p. 1907-1911.

Mathieson, I., Lazaridis, I., Rohland, N., Mallick, S., Patterson, N., Roodenberg, S. A., Harney, E., *et al.*, « Genome-Wide Patterns of Selection in 230 Ancient Eurasians », *Nature*, 528, 7583 (2015), p. 499-503.

McManus, K. F., Taravella, A. M., Henn, B. M., Bustamante, C. D., Sikora, M., Cornejo, O. E., « Population Genetic Analysis of the Darc Locus (Duffy) Reveals Adaptation from Standing Variation Associated with Malaria Resistance in Humans », *PLoS Genet.*, 13, 3 (2017), e1006560.

Mecsas, J., Franklin, G., Kuziel, W. A., Brubaker, R. R., Falkow, S., Mosier, D. E., « Evolutionary Genetics : Ccr5 Mutation and Plague Protection », *Nature*, 427, 6975 (2004), p. 606.

Menard, D., Barnadas, C., Bouchier, C., Henry-Halldin, C., Gray, L. R., Ratsimbasoa, A., Thonier, V., *et al.*, « Plasmodium Vivax Clinical Malaria Is Commonly Observed in Duffy-Negative Malagasy People », *Proc. Natl Acad. Sci. USA*, 107, 13 (2010), p. 5967-5971.

Michon, P., Woolley, I., Wood, E. M., Kastens, W., Zimmerman, P. A., Adams, J. H., « Duffy-Null Promoter Heterozygosity Reduces Darc Expression and Abrogates Adhesion of the P. Vivax Ligand Required for Blood-Stage Infection », *FEBS Lett.*, 495, 1-2 (2001), p. 111-114.

Modiano, D., Luoni, G., Sirima, B. S., Simpore, J., Verra, F., Konate, A., Rastrelli, E., *et al.*, « Haemoglobin C Protects against Clinical Plasmodium Falciparum Malaria », *Nature*, 414, 6861 (2001), p. 305-308.

Morens, D. M., Folkers, G. K., Fauci, A. S., « Emerging Infections : A Perpetual Challenge », *Lancet Infect. Dis.*, 8, 11 (2008), p. 710-719.

Network, Malaria Genomic Epidemiology, « Reappraisal of Known Malaria Resistance Loci in a Large Multicenter Study », *Nat. Genet.*, 46, 11 (2014), p. 1197-204.

Novembre, J., Galvani, A. P., Slatkin, M., « The Geographic Spread of the Ccr5 Delta32 Hiv-Resistance Allele », *PLoS Biol.*, 3, 11 (2005), e339.

Ober, C., Weitkamp, L. R., Cox, N., Dytch, H., Kostyu, D., Elias, S., « Hla and Mate Choice in Humans », *Am. J. Hum. Genet.*, 61, 3 (1997), p. 497-504.

O'Brien, S. J., Moore, J. P., « The Effect of Genetic Variation in Chemokines and Their Receptors on Hiv Transmission and Progression to Aids », *Immunol. Rev.*, 177 (2000), p. 99-111.

Ohashi, J., Naka, I., Patarapotikul, J., Hananantachai, H., Brittenham, G., Looareesuwan, S., Clark, A. G., Tokunaga, K., « Extended Linkage Disequilibrium Surrounding the Hemoglobin E Variant Due to Malarial Selection », *Am. J. Hum. Genet.*, 74, 6 (2004), p. 1198-1208.

Olalde, I., Allentoft, M. E., Sanchez-Quinto, F., Santpere, G., Chiang, C. W., DeGiorgio, M., Prado-Martinez, J., *et al.*, « Derived Immune and Ancestral Pigmentation Alleles in a 7,000-Year-Old Mesolithic European », *Nature*, 507, 7491 (2014), p. 225-228.

Olson, M. V., « When Less Is More : Gene Loss as an Engine of Evolutionary Change », *Am. J. Hum. Genet.*, 64, 1 (1999), p. 18-23.

Parkes, M., Cortes, A., Van Heel, D. A., Brown, M. A., « Genetic Insights into Common Pathways and Complex Relationships among Immune-Mediated Diseases », *Nat. Rev. Genet.*, 14, 9 (2013), p. 661-673.

Perry, G. H., Yang, F., Marques-Bonet, T., Murphy, C., Fitzgerald, T., Lee, A. S., Hyland, C., *et al.*, « Copy Number Variation and Evolution in Humans and Chimpanzees », *Genome Res.*, 18, 11 (2008), p. 1698-1710.

Pierron, D., Heiske, M., Razafindrazaka, H., Pereda-Loth, V., Sanchez, J., Alva, O., Arachiche, A., *et al.*, « Strong Selection During the Last Millennium for African Ancestry in the Admixed Population of Madagascar », *Nat. Commun.*, 9, 1 (2018), p. 932.

Prugnolle, F., Manica, A., Charpentier, M., Guegan, J. F., Guernier, V., Balloux, F., « Pathogen-Driven Selection and Worldwide Hla Class I Diversity », *Curr. Biol.*, 15, 11 (2005), p. 1022-1027.

Quach, H., Quintana-Murci, L., « Living in an Adaptive World : Genomic Dissection of the Genus Homo and Its Immune Response », *J. Exp. Med.*, 214, 4 (2017), p. 877-894.

Quintana-Murci, L., « Human Immunology through the Lens of Evolutionary Genetics », *Cell*, 177, 1 (2019), p. 184-199.

Quintana-Murci, L., Alcais, A., Abel, L., Casanova, J. L., « Immunology in Natura : Clinical, Epidemiological and Evolutionary Genetics of Infectious Diseases », *Nat. Immunol.*, 8, 11 (2007), p. 1165-1171.

Quintana-Murci, L., Barreiro, L. B., « The Role Played by Natural Selection on Mendelian Traits in Humans », *Ann. NY Acad. Sci.*, 1214 (2010), p. 1-17.

Quintana-Murci, L., Clark, A. G., « Population Genetic Tools for Dissecting Innate Immunity in Humans », *Nat. Rev. Immunol.*, 13, 4 (2013), p. 280-293.

Rajagopalan, S., Long, E. O., « Understanding How Combinations of Hla and Kir Genes Influence Disease », *J. Exp. Med.*, 201, 7 (2005), p. 1025-1029.

Ruwende, C., Hill, A., « Glucose-6-Phosphate Dehydrogenase Deficiency and Malaria », *J. Mol. Med.*, 76, 8 (1998), p. 581-588.

Ruwende, C., Khoo, S. C., Snow, R. W., Yates, S. N., Kwiatkowski, D., Gupta, S., Warn, P., *et al.*, « Natural Selection of Hemi- and Heterozygotes for G6pd Deficiency in Africa by Resistance to Severe Malaria », *Nature*, 376, 6537 (1995), p. 246-249.

Ryan, J. R., Stoute, J. A., Amon, J., Dunton, R. F., Mtalib, R., Koros, J., Owour, B., *et al.*, « Evidence for Transmission of Plasmodium Vivax among a Duffy Antigen Negative Population in Western Kenya », *The American Journal of Tropical Medicine and Hygiene*, 75, 4 (2006), p. 575-581.

Sabeti, P. C., Walsh, E., Schaffner, S. F., Varilly, P., Fry, B., Hutcheson, H. B., Cullen, M., *et al.*, « The Case for Selection at Ccr5-Delta32 », *PLoS Biol.*, 3, 11 (2005), e378.

Sabeti, P., Usen, S., Farhadian, S., Jallow, M., Doherty, T., Newport, M., Pinder, M., Ward, R., Kwiatkowski, D., « Cd40l Association with Protection from Severe Malaria », *Genes Immun.*, 3, 5 (2002), p. 286-291.

Sanz, J., Randolph, H. E., Barreiro, L. B., « Genetic and Evolutionary Determinants of Human Population Variation in Immune Responses », *Curr. Opin. Genet. Dev.*, 53 (2018), p. 28-35.

Segurel, L., Gao, Z., Przeworski, M., « Ancestry Runs Deeper Than Blood : The Evolutionary History of Abo Points to Cryptic Variation of Functional Importance », *Bioessays*, 35, 10 (2013), p. 862-867.

Segurel, L., Quintana-Murci, L., « Preserving Immune Diversity through Ancient Inheritance and Admixture », *Curr. Opin. Immunol.*, 30C (2014), p. 79-84.

Segurel, L., Thompson, E. E., Flutre, T., Lovstad, J., Venkat, A., Margulis, S. W., Moyse, J., *et al.*, « The Abo Blood Group Is a Trans-Species Polymorphism in Primates », *Proc. Natl Acad. Sci. USA*, 109, 45 (2012), p. 18493-18498.

Sharp, P. M., Shaw, G. M., Hahn, B. H., « Simian Immunodeficiency Virus Infection of Chimpanzees », *J. Virol.*, 79, 7 (2005), p. 3891-3902.

Siddle, K. J., Quintana-Murci, L., « The Red Queen's Long Race : Human Adaptation to Pathogen Pressure », *Curr. Opin. Genet. Dev.*, 29 (2014), p. 31-38.

Single, R. M., Martin, M. P., Gao, X., Meyer, D., Yeager, M., Kidd, J. R., Kidd, K. K., Carrington, M., « Global Diversity and Evidence for Coevolution of Kir and Hla », *Nat. Genet.*, 39, 9 (2007), p. 1114-1119.

Stephens, J. C., Reich, D. E., Goldstein, D. B., Shin, H. D., Smith, M. W., Carrington, M., Winkler, C., *et al.*, « Dating the Origin of the Ccr5-Delta32 Aids-Resistance Allele by the Coalescence of Haplotypes », *Am. J. Hum. Genet.*, 62, 6 (1998), p. 1507-1515.

Thorven, M., Grahn, A., Hedlund, K. O., Johansson, H., Wahlfrid, C., Larson, G., Svensson, L., « A Homozygous Nonsense Mutation (428g-->a) in the Human Secretor (Fut2) Gene Provides Resistance to Symptomatic Norovirus (Ggii) Infections », *J. Virol.*, 79, 24 (2005), p. 15351-15355.

Tishkoff, S. A., Varkonyi, R., Cahinhinan, N., Abbes, S., Argyropoulos, G., Destro-Bisol, G., Drousiotou, A., *et al.*, « Haplotype Diversity and Linkage Disequilibrium at Human G6pd : Recent Origin of Alleles That Confer Malarial Resistance », *Science*, 293, 5529 (2001), p. 455-462.

Tournamille, C., Colin, Y., Cartron, J. P., Le Van Kim, C., « Disruption of a Gata Motif in the Duffy Gene Promoter Abolishes Erythroid Gene Expression in Duffy-Negative Individuals », *Nat. Genet.*, 10, 2 (1995), p. 224-228.

Van Valen, L., « A New Evolutionary Law », *Evolutionary Theory*, 1 (1973), p. 1-30.

Varki, A., « A Chimpanzee Genome Project Is a Biomedical Imperative », *Genome Res.*, 10, 8 (2000), p. 1065-1070.

Varki, A., Altheide, T. K., « Comparing the Human and Chimpanzee Genomes : Searching for Needles in a Haystack », *Genome Res.*, 15, 12 (2005), p. 1746-1758.

Vasseur, E., Boniotto, M., Patin, E., Laval, G., Quach, H., Manry, J., Crouau-Roy, B., Quintana-Murci, L., « The Evolutionary Landscape of Cytosolic Microbial Sensors in Humans », *Am. J. Hum. Genet.*, 91, 1 (2012), p. 27-37.

Vasseur, E., Patin, E., Laval, G., Pajon, S., Fornarino, S., Crouau-Roy, B., Quintana-Murci, L., « The Selective Footprints of Viral Pressures at the Human Rig-I-Like Receptor Family », *Hum. Mol. Genet.*, 20, 22 (2011), p. 4462-4474.

Verdu, P., Barreiro, L. B., Patin, E., Gessain, A., Cassar, O., Kidd, J. R., Kidd, K. K., *et al.*, « Evolutionary Insights into the High Worldwide Prevalence of Mbl2 Deficiency Alleles », *Hum. Mol. Genet.*, 15, 17 (2006), p. 2650-2658.

Walsh, E. C., Sabeti, P., Hutcheson, H. B., Fry, B., Schaffner, S. F., de Bakker, P. I., Varilly, P., *et al.*, « Searching for Signals of Evolutionary Selection in 168 Genes Related to Immune Function », *Hum. Genet.*, 119, 1-2 (2006), p. 92-102.

Wang, X., Grus, W. E., Zhang, J., « Gene Losses During Human Origins », *PLoS Biol.*, 4, 3 (2006), e52.

Wedekind, C., Seebeck, T., Bettens, F., Paepke, A. J., « Mhc-Dependent Mate Preferences in Humans », *Proc. Biol. Sci.*, 260, 1359 (1995), p. 245-249.

Wooding, S., Stone, A. C., Dunn, D. M., Mummidi, S., Jorde, L. B., Weiss, R. K., Ahuja, S., Bamshad, M. J., « Contrasting Effects of Natural Selection on Human and Chimpanzee Cc Chemokine Receptor 5 », *Am. J. Hum. Genet.*, 76, 2 (2005), p. 291-301.

Xue, Y., Daly, A., Yngvadottir, B., Liu, M., Coop, G., Kim, Y., Sabeti, P., *et al.*, « Spread of an Inactive Form of Caspase-12 in Humans Is Due to Recent Positive Selection », *Am. J. Hum. Genet.*, 78, 4 (2006), p. 659-670.

Zhernakova, A., Elbers, C. C., Ferwerda, B., Romanos, J., Trynka, G., Dubois, P. C., de Kovel, C. G., *et al.*, « Evolutionary and Functional Analysis of Celiac Risk Loci Reveals Sh2b3 as a Protective Factor against Bacterial Infection », *Am. J. Hum. Genet.*, 86, 6 (2010), p. 970-977.

Partie V – MÉTISSAGE, CULTURE ET MÉDECINE

Abi-Rached, L., Jobin, M. J., Kulkarni, S., McWhinnie, A., Dalva, K., Gragert, L., Babrzadeh, F., *et al.*, « The Shaping of Modern Human Immune Systems by Multiregional Admixture with Archaic Humans », *Science*, 334, 6052 (2011), p. 89-94.

Adhikari, K., Chacon-Duque, J. C., Mendoza-Revilla, J., Fuentes-Guajardo, M., Ruiz-Linares, A., « The Genetic Diversity of the Americas », *Annu. Rev. Genomics Hum. Genet.*, 18 (2017), p. 277-296.

Aime, C., Laval, G., Patin, E., Verdu, P., Segurel, L., Chaix, R., Hegay, T., *et al.*, « Human Genetic Data Reveal Contrasting Demographic Patterns between Sedentary and Nomadic Populations That Predate the Emergence of Farming », *Mol. Biol. Evol.*, 30, 12 (2013), p. 2629-2644.

Albert, F. W., Kruglyak, L., « The Role of Regulatory Variation in Complex Traits and Disease », *Nat. Rev. Genet.*, 16, 4 (2015), p. 197-212.

Ammerman, A. J., Cavalli-Sforza, L. L., *The Neolithic Transition and the Genetics of Populations in Europe*, Princeton, Princeton University Press, 1984.

Bach, J. F., « The Effect of Infections on Susceptibility to Autoimmune and Allergic Diseases », *N. Engl. J. Med.*, 347, 12 (2002), p. 911-920.

Bamshad, M. J., Watkins, W. S., Dixon, M. E., Jorde, L. B., Rao, B. B., Naidu, J. M., Prasad, B. V., Rasanayagam, A., Hammer, M. F., « Female Gene Flow Stratifies Hindu Castes », *Nature*, 395, 6703 (1998), p. 651-652.

Bastard, P., Rosen, L. B., Zhang, Q., Michailidis, E., Hoffmann, H. H., Zhang, Y., Dorgham, K., *et al.*, « Autoantibodies against Type I Ifns in Patients with Life-Threatening COVID-19 », *Science*, 370, 6515 (2020).

Bell, J. T., Pai, A. A., Pickrell, J. K., Gaffney, D. J., Pique-Regi, R., Degner, J. F., Gilad, Y., Pritchard, J. K., « DNA Methylation Patterns Associate with Genetic and Gene Expression Variation in Hapmap Cell Lines », *Genome Biol*, 12, 1 (2011), R10.

Bergman, Y., Cedar, H., « DNA Methylation Dynamics in Health and Disease », *Nat. Struct. Mol. Biol.*, 20, 3 (2013), p. 274-281.

Bonder, M. J., Luijk, R., Zhernakova, D. V., Moed, M., Deelen, P., Vermaat, M., Van Iterson, M., *et al.*, « Disease Variants Alter Transcription Factor Levels and Methylation of Their Binding Sites », *Nat. Genet.*, 49, 1 (2017), p. 131-138.

Browning, S. R., Browning, B. L., Zhou, Y., Tucci, S., Akey, J. M., « Analysis of Human Sequence Data Reveals Two Pulses of Archaic Denisovan Admixture », *Cell*, 173, 1 (2018), p. 53-61, e9.

Bryc, K., Auton, A., Nelson, M. R., Oksenberg, J. R., Hauser, S. L., Williams, S., Froment, A., *et al.*, « Genome-Wide Patterns of Population Structure and Admixture in West Africans and African Americans », *Proc. Natl Acad. Sci. USA*, 107, 2 (2010), p. 786-791.

Busby, G. B., Band, G., Si Le, Q., Jallow, M., Bougama, E., Mangano, V. D., Amenga-Etego, L. N., *et al.*, « Admixture into and within Sub-Saharan Africa », *Elife*, 5 (2016).

Buzbas, E. O., Verdu, P., « Inference on Admixture Fractions in a Mechanistic Model of Recurrent Admixture », *Theor. Popul. Biol.*, 122 (2018), p. 149-157.

Carja, O., MacIsaac, J. L., Mah, S. M., Henn, B. M., Kobor, M. S., Feldman, M. W., Fraser, H. B., « Worldwide Patterns of Human Epigenetic Variation », *Nat. Ecol. Evol.*, 1, 10 (2017), p. 1577-1583.

Cavalli, G., Heard, E., « Advances in Epigenetics Link Genetics to the Environment and Disease », *Nature*, 571, 7766 (2019), p. 489-499.

Cavalli-Sforza, L. L., Menozzi, P., Piazza, A., *The History and Geography of Human Genes*, Princeton, Princeton University Press, 1994.

Chacon-Duque, J. C., Adhikari, K., Avendano, E., Campo, O., Ramirez, R., Rojas, W., Ruiz-Linares, A., Restrepo, B. N., Bedoya, G., « African Genetic Ancestry Is Associated with a Protective Effect on Dengue Severity in Colombian Populations », *Infect. Genet. Evol.*, 27 (2014), p. 89-95.

Chaix, R., Austerlitz, F., Khegay, T., Jacquesson, S., Hammer, M. F., Heyer, E., Quintana-Murci, L., « The Genetic or Mythical Ancestry of Descent Groups: Lessons from the Y Chromosome », *Am. J. Hum. Genet.*, 75, 6 (2004), p. 1113-1116.

Chen, L., Ge, B., Casale, F. P., Vasquez, L., Kwan, T., Garrido-Martin, D., Watt, S., *et al.*, « Genetic Drivers of Epigenetic and Transcriptional Variation in Human Immune Cells », *Cell*, 167, 5 (2016), p. 1398-1414, e24.

Choin, J., Mendoza-Revilla, J., Arauna, L. R., Cuadros-Espinoza, S., Cassar, O., Larena, M., Ko, A. M., *et al.*, « Genomic Insights into Population History and Biological Adaptation in Oceania », *Nature*, 592, 7855 (2021), p. 583-589.

Dannemann, M., Andres, A. M., Kelso, J., « Introgression of Neandertal- and Denisovan-Like Haplotypes Contributes to Adaptive Variation in Human Toll-Like Receptors », *Am. J. Hum. Genet.*, 98, 1 (2016), p. 22-33.

Dannemann, M., Kelso, J., « The Contribution of Neanderthals to Phenotypic Variation in Modern Humans », *Am. J. Hum. Genet.*, 101, 4 (2017), p. 578-589.

Dannemann, M., Prufer, K., Kelso, J., « Functional Implications of Neandertal Introgression in Modern Humans », *Genome Biol.*, 18, 1 (2017), p. 61.

Dannemann, M., Racimo, F., « Something Old, Something Borrowed : Admixture and Adaptation in Human Evolution », *Curr. Opin. Genet. Dev.*, 53 (2018), p. 1-8.

Dermitzakis, E. T., « Cellular Genomics for Complex Traits », *Nat. Rev. Genet.*, 13, 3 (2012), p. 215-220.

Deschamps, M., Laval, G., Fagny, M., Itan, Y., Abel, L., Casanova, J. L., Patin, E., Quintana-Murci, L., « Genomic Signatures of Selective Pressures and Introgression from Archaic Hominins at Human Innate Immunity Genes », *Am. J. Hum. Genet.*, 98, 1 (2016), p. 5-21.

Dobzhansky, T. H., « Nothing in Biology Makes Sense except in the Light of Evolution », *American Biology Teacher*, 35 (1973), p. 125-129.

Duffy, D., Rouilly, V., Libri, V., Hasan, M., Beitz, B., David, M., Urrutia, A., *et al.*, « Functional Analysis Via Standardized Whole-Blood Stimulation Systems Defines the Boundaries of a Healthy Immune Response to Complex Stimuli », *Immunity*, 40, 3 (2014), p. 436-450.

Enard, D., Cai, L., Gwennap, C., Petrov, D. A., « Viruses Are a Dominant Driver of Protein Adaptation in Mammals », *Elife*, 5 (2016), e12469.

Enard, D., Petrov, D. A., « Evidence That Rna Viruses Drove Adaptive Introgression between Neanderthals and Modern Humans », *Cell*, 175, 2 (2018), p. 360-371, e13.

Fagny, M., Patin, E., MacIsaac, J. L., Rotival, M., Flutre, T., Jones, M. J., Siddle, K. J., *et al.*, « The Epigenomic Landscape of African Rainforest Hunter-Gatherers and Farmers », *Nat. Commun.*, 6 (2015), p. 10047.

Fairfax, B. P., Humburg, P., Makino, S., Naranbhai, V., Wong, D., Lau, E., Jostins, L., *et al.*, « Innate Immune Activity Conditions the Effect of Regulatory Variants Upon Monocyte Gene Expression », *Science*, 343, 6175 (2014), 1246949.

Fairfax, B. P., Knight, J. C., « Genetics of Gene Expression in Immunity to Infection », *Curr. Opin. Immunol.*, 30 (2014), p. 63-71.

Feil, R., Fraga, M. F., « Epigenetics and the Environment : Emerging Patterns and Implications », *Nat. Rev. Genet.*, 13, 2 (2011), p. 97-109.

Fortes-Lima, C., Laurent, R., Thouzeau, V., Toupance, B., Verdu, P., « Complex Genetic Admixture Histories Reconstructed with Approximate Bayesian Computations », *Mol. Ecol. Resour.*, 21 (2021), p. 1098-1117.

Fraser, H. B., Lam, L. L., Neumann, S. M., Kobor, M. S., « Population-Specificity of Human DNA Methylation », *Genome Biol.*, 13, 2 (2012), R8.

Gat-Viks, I., Chevrier, N., Wilentzik, R., Eisenhaure, T., Raychowdhury, R., Steuerman, Y., Shalek, A. K., *et al.*, « Deciphering Molecular Circuits from Genetic Variation Underlying Transcriptional Responsiveness to Stimuli », *Nat. Biotechnol.*, 31, 4 (2013), p. 342-349.

Gittelman, R. M., Schraiber, J. G., Vernot, B., Mikacenic, C., Wurfel, M. M., Akey, J. M., « Archaic Hominin Admixture Facilitated Adaptation to out-of-Africa Environments », *Curr. Biol.*, 26, 24 (2016), p. 3375-3382.

Gopalan, S., Carja, O., Fagny, M., Patin, E., Myrick, J. W., McEwen, L. M., Mah, S. M., *et al.*, « Trends in DNA Methylation with Age Replicate across Diverse Human Populations », *Genetics*, 206, 3 (2017), p. 1659-1674.

Gosling, A. L., Buckley, H. R., Matisoo-Smith, E., Merriman, T. R., « Pacific Populations, Metabolic Disease and "Just-So Stories" : A Critique of the "Thrifty Genotype" Hypothesis in Oceania », *Ann Hum. Genet.*, 79, 6 (2015), p. 470-480.

Gosling, A. L., Matisoo-Smith, E., Merriman, T. R., « Hyperuricaemia in the Pacific : Why the Elevated Serum Urate Levels ? », *Rheumatol. Int.*, 34, 6 (2014), p. 743-757.

Haber, M., Doumet-Serhal, C., Scheib, C. L., Xue, Y., Mikulski, R., Martiniano, R., Fischer-Genz, B., *et al.*, « A Transient Pulse of Genetic Admixture from the Crusaders in the near East Identified from Ancient Genome Sequences », *Am. J. Hum. Genet.*, 104, 5 (2019), p. 977-984.

Hammer, M. F., Mendez, F. L., Cox, M. P., Woerner, A. E., Wall, J. D., « Sex-Biased Evolutionary Forces Shape Genomic Patterns of Human Diversity », *PLoS Genet.*, 4, 9 (2008), e1000202.

Harris, K., Nielsen, R., « The Genetic Cost of Neanderthal Introgression », *Genetics*, 203, 2 (2016), p. 881-891.

Harrison, G. F., Sanz, J., Boulais, J., Mina, M. J., Grenier, J. C., Leng, Y., Dumaine, A., *et al.*, « Natural Selection Contributed to Immunological Differences between Hunter-Gatherers and Agriculturalists », *Nat. Ecol. Evol.*, 3, 8 (2019), p. 1253-1264.

Hedrick, P. W., « Adaptive Introgression in Animals : Examples and Comparison to New Mutation and Standing Variation as Sources of Adaptive Variation », *Mol. Ecol.*, 22, 18 (2013), p. 4606-4618.

Hellenthal, G., Busby, G. B., Band, G., Wilson, J. F., Capelli, C., Falush, D., Myers, S., « A Genetic Atlas of Human Admixture History », *Science*, 343, 6172 (2014), p. 747-751.

Henn, B. M., Cavalli-Sforza, L. L., Feldman, M. W., « The Great Human Expansion », *Proc. Natl Acad. Sci. USA*, 109, 44 (2012), p. 17758-17764.

Heyer, E., Chaix, R., Pavard, S., Austerlitz, F., « Sex-Specific Demographic Behaviours That Shape Human Genomic Variation », *Mol. Ecol.*, 21, 3 (2012), p. 597-612.

Heyn, H., Esteller, M., « DNA Methylation Profiling in the Clinic : Applications and Challenges », *Nat. Rev. Genet.*, 13, 10 (2012), p. 679-692.

Heyn, H., Moran, S., Hernando-Herraez, I., Sayols, S., Gomez, A., Sandoval, J., Monk, D., *et al.*, « DNA Methylation Contributes to Natural Human Variation », *Genome Res.*, 23, 9 (2013), p. 1363-1372.

Hodgson, J. A., Pickrell, J. K., Pearson, L. N., Quillen, E. E., Prista, A., Rocha, J., Soodyall, H., Shriver, M. D., Perry, G. H., « Natural Selection for the Duffy-Null

Allele in the Recently Admixed People of Madagascar », *Proc. Biol. Sci.*, 281, 1789 (2014), 20140930.

Horvath, S., Gurven, M., Levine, M. E., Trumble, B. C., Kaplan, H., Allayee, H., Ritz, B. R., *et al.*, « An Epigenetic Clock Analysis of Race/Ethnicity, Sex, and Coronary Heart Disease », *Genome Biol.*, 17, 1 (2016), p. 171.

Hudjashov, G., Karafet, T. M., Lawson, D. J., Downey, S., Savina, O., Sudoyo, H., Lansing, J. S., Hammer, M. F., Cox, M. P., « Complex Patterns of Admixture across the Indonesian Archipelago », *Mol. Biol. Evol.*, 34, 10 (2017), p. 2439-2452.

Huerta-Sanchez, E., Jin, X., Asan, Bianba, Z., Peter, B. M., Vinckenbosch, N., Liang, Y., *et al.*, « Altitude Adaptation in Tibetans Caused by Introgression of Denisovan-Like DNA », *Nature*, 512, 7513 (2014), p. 194-197.

Husquin, L. T., Rotival, M., Fagny, M., Quach, H., Zidane, N., McEwen, L. M., MacIsaac, J. L., *et al.*, « Exploring the Genetic Basis of Human Population Differences in DNA Methylation and Their Causal Impact on Immune Gene Regulation », *Genome Biol.*, 19, 1 (2018), p. 222.

Idaghdour, Y., Czika, W., Shianna, K. V., Lee, S. H., Visscher, P. M., Martin, H. C., Miclaus, K., *et al.*, « Geographical Genomics of Human Leukocyte Gene Expression Variation in Southern Morocco », *Nat. Genet.*, 42, 1 (2010), p. 62-67.

Idaghdour, Y., Storey, J. D., Jadallah, S. J., Gibson, G., « A Genome-Wide Gene Expression Signature of Environmental Geography in Leukocytes of Moroccan Amazighs », *PLoS Genet.*, 4, 4 (2008), e1000052.

Jacobs, G. S., Hudjashov, G., Saag, L., Kusuma, P., Darusallam, C. C., Lawson, D. J., Mondal, M., *et al.*, « Multiple Deeply Divergent Denisovan Ancestries in Papuans », *Cell*, 177, 4 (2019), p. 1010-1021, e32.

Jeong, C., Balanovsky, O., Lukianova, E., Kahbatkyzy, N., Flegontov, P., Zaporozhchenko, V., Immel, A., *et al.*, « The Genetic History of Admixture across Inner Eurasia », *Nat. Ecol. Evol.*, 3, 6 (2019), p. 966-976.

Jin, W., Xu, S., Wang, H., Yu, Y., Shen, Y., Wu, B., Jin, L., « Genome-Wide Detection of Natural Selection in African Americans Pre- and Post-Admixture », *Genome Res.*, 22, 3 (2012), p. 519-527.

Kaminsky, Z. A., Tang, T., Wang, S. C., Ptak, C., Oh, G. H., Wong, A. H., Feldcamp, L. A., *et al.*, « DNA Methylation Profiles in Monozygotic and Dizygotic Twins », *Nat. Genet.*, 41, 2 (2009), p. 240-245.

Kerner, G., Patin, E., Quintana-Murci, L., « New Insights into Human Immunity from Ancient Genomics », *Curr. Opin. Immunol.*, 72 (2021), p. 116-125.

Kim-Hellmuth, S., Bechheim, M., Putz, B., Mohammadi, P., Nedelec, Y., Giangreco, N., Becker, J., *et al.*, « Genetic Regulatory Effects Modified by Immune Activation Contribute to Autoimmune Disease Associations », *Nat. Commun.*, 8, 1 (2017), p. 266.

Kittler, R., Kayser, M., Stoneking, M., « Molecular Evolution of Pediculus Humanus and the Origin of Clothing », *Curr. Biol.*, 13, 16 (2003), p. 1414-1417.

Kudaravalli, S., Veyrieras, J. B., Stranger, B. E., Dermitzakis, E. T., Pritchard, J. K., « Gene Expression Levels Are a Target of Recent Natural Selection in the Human Genome », *Mol. Biol. Evol.*, 26, 3 (2009), p. 649-658.

Kulis, M., Esteller, M., « DNA Methylation and Cancer », *Adv. Genet.*, 70 (2010), p. 27-56.

Lam, L. L., Emberly, E., Fraser, H. B., Neumann, S. M., Chen, E., Miller, G. E., Kobor, M. S., « Factors Underlying Variable DNA Methylation in a Human Community Cohort », *Proc. Natl Acad. Sci. USA*, 109, Suppl. 2 (2012), p. 17253-17260.

Laso-Jadart, R., Harmant, C., Quach, H., Zidane, N., Tyler-Smith, C., Mehdi, Q., Ayub, Q., Quintana-Murci, L., Patin, E., « The Genetic Legacy of the Indian Ocean Slave

Trade : Recent Admixture and Post-Admixture Selection in the Makranis of Pakistan », *Am. J. Hum. Genet.*, 101, 6 (2017), p. 977-984.

Laval, G., Peyregne, S., Zidane, N., Harmant, C., Renaud, F., Patin, E., Prugnolle, F., Quintana-Murci, L., « Recent Adaptive Acquisition by African Rainforest Hunter-Gatherers of the Late Pleistocene Sickle-Cell Mutation Suggests Past Differences in Malaria Exposure », *Am. J. Hum. Genet.*, 104, 3 (2019), p. 553-561.

Lazaridis, I., Patterson, N., Mittnik, A., Renaud, G., Mallick, S., Kirsanow, K., Sudmant, P. H., *et al.*, « Ancient Human Genomes Suggest Three Ancestral Populations for Present-Day Europeans », *Nature*, 513, 7518 (2014), p. 409-413.

Lee, M. N., Ye, C., Villani, A. C., Raj, T., Li, W., Eisenhaure, T. M., Imboywa, S. H., *et al.*, « Common Genetic Variants Modulate Pathogen-Sensing Responses in Human Dendritic Cells », *Science*, 343, 6175 (2014), 1246980.

Lindo, J., Huerta-Sanchez, E., Nakagome, S., Rasmussen, M., Petzelt, B., Mitchell, J., Cybulski, J. S., *et al.*, « A Time Transect of Exomes from a Native American Population before and after European Contact », *Nat. Commun.*, 7 (2016), p. 13175.

Lipson, M., Loh, P. R., Patterson, N., Moorjani, P., Ko, Y. C., Stoneking, M., Berger, B., Reich, D., « Reconstructing Austronesian Population History in Island Southeast Asia », *Nat. Commun.*, 5 (2014), p. 4689.

Loh, P. R., Lipson, M., Patterson, N., Moorjani, P., Pickrell, J. K., Reich, D., Berger, B., « Inferring Admixture Histories of Human Populations Using Linkage Disequilibrium », *Genetics*, 193, 4 (2013), p. 1233-1254.

Lokki, A. I., Jarvela, I., Israelsson, E., Maiga, B., Troye-Blomberg, M., Dolo, A., Doumbo, O. K., Meri, S., Holmberg, V., « Lactase Persistence Genotypes and Malaria Susceptibility in Fulani of Mali », *Malar. J.*, 10 (2011), p. 9.

Marchi, N., Mennecier, P., Georges, M., Lafosse, S., Hegay, T., Dorzhu, C., Chichlo, B., Segurel, L., Heyer, E., « Close Inbreeding and Low Genetic Diversity in Inner Asian Human Populations Despite Geographical Exogamy », *Scientific Reports*, 8, 1 (2018), p. 9397.

Martin, S. H., Jiggins, C. D., « Interpreting the Genomic Landscape of Introgression », *Curr. Opin. Genet. Dev.*, 47 (2017), p. 69-74.

Matisoo-Smith, E., Gosling, A. L., « Walking Backwards into the Future : The Need for a Holistic Evolutionary Approach in Pacific Health Research », *Ann. Hum. Biol.*, 45, 3 (2018), p. 175-187.

McCoy, R. C., Wakefield, J., Akey, J. M., « Impacts of Neanderthal-Introgressed Sequences on the Landscape of Human Gene Expression », *Cell*, 168, 5 (2017), p. 916-927, e12.

Mendez, F. L., Watkins, J. C., Hammer, M. F., « Global Genetic Variation at Oas1 Provides Evidence of Archaic Admixture in Melanesian Populations », *Mol. Biol. Evol.*, 29, 6 (2012), p. 1513-1520.

Mendez, F. L., Watkins, J. C., Hammer, M. F., « Neandertal Origin of Genetic Variation at the Cluster of Oas Immunity Genes », *Mol. Biol. Evol.*, 30, 4 (2013), p. 798-801.

Minster, R. L., Hawley, N. L., Su, C. T., Sun, G., Kershaw, E. E., Cheng, H., Buhule, O. D., *et al.*, « A Thrifty Variant in Crebrf Strongly Influences Body Mass Index in Samoans », *Nat. Genet.*, 48, 9 (2016), p. 1049-1054.

Montgomery, S. B., Dermitzakis, E. T., « From Expression Qtls to Personalized Transcriptomics », *Nat. Rev. Genet.*, 12, 4 (2011), p. 277-282.

Narang, A., Jha, P., Rawat, V., Mukhopadhyay, A., Dash, D., Basu, A., Mukerji, M., « Recent Admixture in an Indian Population of African Ancestry », *Am. J. Hum. Genet.*, 89, 1 (2011), p. 111-120.

Nedelec, Y., Sanz, J., Baharian, G., Szpiech, Z. A., Pacis, A., Dumaine, A., Grenier, J. C., *et al.*, « Genetic Ancestry and Natural Selection Drive Population Differences in Immune Responses to Pathogens », *Cell*, 167, 3 (2016), p. 657-669, e21.

Neel, J. V., « Diabetes Mellitus : A “Thrifty” Genotype Rendered Detrimental by “Progress” ? », *Am. J. Hum. Genet.*, 14 (1962), p. 353-362.

Nica, A. C., Dermitzakis, E. T., « Expression Quantitative Trait Loci : Present and Future », *Philos. Trans. R. Soc. Lond. B. Biol. Sci.*, 368, 1620 (2013), 20120362.

Ongaro, L., Scliar, M. O., Flores, R., Raveane, A., Marnetto, D., Sarno, S., Gnecchi-Ruscone, G. A., *et al.*, « The Genomic Impact of European Colonization of the Americas », *Curr. Biol.*, 29, 23 (2019), p. 3974-3986, e4.

Oota, H., Settheetham-Ishida, W., Tiwawech, D., Ishida, T., Stoneking, M., « Human Mtdna and Y-Chromosome Variation Is Correlated with Matrilocal Versus Patrilocal Residence », *Nat. Genet.*, 29, 1 (2001), p. 20-21.

Owers, K. A., Sjodin, P., Schlebusch, C. M., Skoglund, P., Soodyall, H., Jakobsson, M., « Adaptation to Infectious Disease Exposure in Indigenous Southern African Populations », *Proc. Biol. Sci.*, 284, 1852 (2017).

Pagani, L., Kivisild, T., Tarekegn, A., Ekong, R., Plaster, C., Gallego Romero, I., Ayub, Q., *et al.*, « Ethiopian Genetic Diversity Reveals Linguistic Stratification and Complex Influences on the Ethiopian Gene Pool », *Am. J. Hum. Genet.*, 91, 1 (2012), p. 83-96.

Patin, E., Hasan, M., Bergstedt, J., Rouilly, V., Libri, V., Urrutia, A., Alanio, C., *et al.*, « Natural Variation in the Parameters of Innate Immune Cells Is Preferentially Driven by Genetic Factors », *Nat. Immunol.*, 19, 3 (2018), p. 302-314.

Patin, E., Lopez, M., Grollemund, R., Verdu, P., Harmant, C., Quach, H., Laval, G., *et al.*, « Dispersals and Genetic Adaptation of Bantu-Speaking Populations in Africa and North America », *Science*, 356, 6337 (2017), p. 543-546.

Patin, E., Siddle, K. J., Laval, G., Quach, H., Harmant, C., Becker, N., Froment, A., *et al.*, « The Impact of Agricultural Emergence on the Genetic History of African Rainforest Hunter-Gatherers and Agriculturalists », *Nat. Commun.*, 5 (2014), p. 3163.

Patterson, N., Moorjani, P., Luo, Y., Mallick, S., Rohland, N., Zhan, Y., Genschoreck, T., Webster, T., Reich, D., « Ancient Admixture in Human History », *Genetics*, 192, 3 (2012), p. 1065-1093.

Petersen, D. C., Libiger, O., Tindall, E. A., Hardie, R. A., Hannick, L. I., Glashoff, R. H., Mukerji, M., *et al.*, « Complex Patterns of Genomic Admixture within Southern Africa », *PLoS Genet.*, 9, 3 (2013), e1003309.

Piasecka, B., Duffy, D., Urrutia, A., Quach, H., Patin, E., Posseme, C., Bergstedt, J., *et al.*, « Distinctive Roles of Age, Sex, and Genetics in Shaping Transcriptional Variation of Human Immune Responses to Microbial Challenges », *Proc. Natl Acad. Sci. USA*, 115, 3 (2018), E488-E497.

Pickrell, J. K., Patterson, N., Barbieri, C., Berthold, F., Gerlach, L., Guldemann, T., Kure, B., *et al.*, « The Genetic Prehistory of Southern Africa », *Nat. Commun.*, 3 (2012), p. 1143.

Pickrell, J. K., Pritchard, J. K., « Inference of Population Splits and Mixtures from Genome-Wide Allele Frequency Data », *PLoS Genet.*, 8, 11 (2012), e1002967.

Pierron, D., Heiske, M., Razafindrazaka, H., Pereda-Loth, V., Sanchez, J., Alva, O., Arachiche, A., *et al.*, « Strong Selection During the Last Millennium for African Ancestry in the Admixed Population of Madagascar », *Nat. Commun.*, 9, 1 (2018), p. 932.

Pierron, D., Heiske, M., Razafindrazaka, H., Rakoto, I., Rabetokotany, N., Ravololomanga, B., Rakotozafy, L. M., *et al.*, « Genomic Landscape of Human Diversity across Madagascar », *Proc. Natl Acad. Sci. USA*, 114, 32 (2017), E6498-E6506.

Pierron, D., Razafindrazaka, H., Pagani, L., Ricaut, F. X., Antao, T., Capredon, M., Sambo, C., *et al.*, « Genome-Wide Evidence of Austronesian-Bantu Admixture and Cultural Reversion in a Hunter-Gatherer Group of Madagascar », *Proc. Natl Acad. Sci. USA*, 111, 3 (2014), p. 936-941.

Pugach, I., Matveyev, R., Wollstein, A., Kayser, M., Stoneking, M., « Dating the Age of Admixture Via Wavelet Transform Analysis of Genome-Wide Data », *Genome Biol.*, 12, 2 (2011), R19.

Qin, P., Stoneking, M., « Denisovan Ancestry in East Eurasian and Native American Populations », *Mol. Biol. Evol.*, 32, 10 (2015), p. 2665-2674.

Quach, H., Rotival, M., Pothlichet, J., Loh, Y. E., Dannemann, M., Zidane, N., Laval, G., *et al.*, « Genetic Adaptation and Neandertal Admixture Shaped the Immune System of Human Populations », *Cell*, 167, 3 (2016), p. 643-656, e17.

Quintana-Murci, L., Harmant, C., Quach, H., Balanovsky, O., Zaporozhchenko, V., Bormans, C., van Helden, P. D., Hoal, E. G., Behar, D. M., « Strong Maternal Khoisan Contribution to the South African Coloured Population : A Case of Gender-Biased Admixture », *Am. J. Hum. Genet.*, 86, 4 (2010), p. 611-620.

Racimo, F., Gokhman, D., Fumagalli, M., Ko, A., Hansen, T., Moltke, I., Albrechtsen, A., *et al.*, « Archaic Adaptive Introgression in Tbx15/Wars2 », *Mol. Biol. Evol.*, 34, 3 (2017), p. 509-524.

Racimo, F., Marnetto, D., Huerta-Sanchez, E., « Signatures of Archaic Adaptive Introgression in Present-Day Human Populations », *Mol. Biol. Evol.*, 34, 2 (2017), p. 296-317.

Racimo, F., Sankararaman, S., Nielsen, R., Huerta-Sanchez, E., « Evidence for Archaic Adaptive Introgression in Humans », *Nat. Rev. Genet.*, 16, 6 (2015), p. 359-371.

Racimo, F., Sikora, M., Vander Linden, M., Schroeder, H., Lalueza-Fox, C., « Beyond Broad Strokes : Sociocultural Insights from the Study of Ancient Genomes », *Nat. Rev. Genet.*, 21, 6 (2020), p. 355-366.

Raj, T., Kuchroo, M., Replogle, J. M., Raychaudhuri, S., Stranger, B. E., De Jager, P. L., « Common Risk Alleles for Inflammatory Diseases Are Targets of Recent Positive Selection », *Am. J. Hum. Genet.*, 92, 4 (2013), p. 517-529.

Ranciaro, A., Campbell, M. C., Hirbo, J. B., Ko, W. Y., Froment, A., Anagnostou, P., Kotze, M. J., *et al.*, « Genetic Origins of Lactase Persistence and the Spread of Pastoralism in Africa », *Am. J. Hum. Genet.*, 94, 4 (2014), p. 496-510.

Reich, D., Patterson, N., Kircher, M., Delfin, F., Nandineni, M. R., Pugach, I., Ko, A. M., *et al.*, « Denisova Admixture and the First Modern Human Dispersals into Southeast Asia and Oceania », *Am. J. Hum. Genet.*, 89, 4 (2011), p. 516-528.

Richerson, P. J., Boyd, R., Henrich, J., « Colloquium Paper : Gene-Culture Coevolution in the Age of Genomics », *Proc. Natl Acad. Sci. USA*, 107, Suppl. 2 (2010), p. 8985-8992.

Rishishwar, L., Conley, A. B., Wigington, C. H., Wang, L., Valderrama-Aguirre, A., Jordan, I. K., « Ancestry, Admixture and Fitness in Colombian Genomes », *Sci. Rep.*, 5 (2015), p. 12376.

Robinson, M. R., Kleinman, A., Graff, M., Vinkhuyzen, A. E., Couper, D., Miller, M. B., Peyrot, W. J., *et al.*, « Genetic Evidence of Assortative Mating in Humans », *Nat. Hum. Behav.*, 1, 1 (2017), p. 0016.

Rotival, M., Quach, H., Quintana-Murci, L., « Defining the Genetic and Evolutionary Architecture of Alternative Splicing in Response to Infection », *Nat. Commun.*, 10, 1 (2019), p. 1671.

Rotival, M., Siddle, K. J., Silvert, M., Pothlichet, J., Quach, H., Quintana-Murci, L., « Population Variation in Mirnas and Isomirs and Their Impact on Human Immunity to Infection », *Genome Biol.*, 21, 1 (2020), p. 187.

Sams, A. J., Dumaine, A., Nedelec, Y., Yotova, V., Alfieri, C., Tanner, J. E., Messer, P. W., Barreiro, L. B., « Adaptively Introgressed Neandertal Haplotype at the Oas Locus Functionally Impacts Innate Immune Responses in Humans », *Genome Biol.*, 17, 1 (2016), p. 246.

Sankararaman, S., Mallick, S., Patterson, N., Reich, D., « The Combined Landscape of Denisovan and Neanderthal Ancestry in Present-Day Humans », *Curr. Biol.*, 26, 9 (2016), p. 1241-1247.

Scepanovic, P., Alanio, C., Hammer, C., Hodel, F., Bergstedt, J., Patin, E., Thorball, C. W., *et al.*, « Human Genetic Variants and Age Are the Strongest Predictors of Humoral Immune Responses to Common Pathogens and Vaccines », *Genome Med.*, 10, 1 (2018), p. 59.

Schlebusch, C. M., Jakobsson, M., « Tales of Human Migration, Admixture, and Selection in Africa », *Annu. Rev. Genomics Hum. Genet.*, 19 (2018), p. 405-428.

Schlebusch, C. M., Skoglund, P., Sjodin, P., Gattepaille, L. M., Hernandez, D., Jay, F., Li, S., *et al.*, « Genomic Variation in Seven Khoïsan Groups Reveals Adaptation and Complex African History », *Science*, 338, 6105 (012), p. 374-379.

Seielstad, M. T., Minch, E., Cavalli-Sforza, L. L., « Genetic Evidence for a Higher Female Migration Rate in Humans », *Nat. Genet.*, 20, 3 (1998), p. 278-280.

Severe Covid, Gwas Group, Ellinghaus, D., Degenhardt, F., Bujanda, L., Buti, M., Albillos, A., Invernizzi, P., *et al.*, « Genomewide Association Study of Severe COVID-19 with Respiratory Failure », *N. Engl. J. Med.*, 383, 16 (2020), p. 1522-1534.

Shah, A. M., Tamang, R., Moorjani, P., Rani, D. S., Govindaraj, P., Kulkarni, G., Bhattacharya, T., *et al.*, « Indian Siddis : African Descendants with Indian Admixture », *Am. J. Hum. Genet.*, 89, 1 (2011), p. 154-161.

Shelton, J. F., Shastri, A. J., Ye, C., Weldon, C. H., Filshtein-Sonmez, T., Coker, D., Symons, A., *et al.*, « Trans-Ancestry Analysis Reveals Genetic and Nongenetic Associations with COVID-19 Susceptibility and Severity », *Nat. Genet.*, 53, 6 (2021), p. 801-808.

Siddle, K. J., Deschamps, M., Tailleux, L., Nedelec, Y., Pothlichet, J., Lugo-Villarino, G., Libri, V., *et al.*, « A Genomic Portrait of the Genetic Architecture and Regulatory Impact of Microrna Expression in Response to Infection », *Genome Res.*, 24, 5 (2014), p. 850-859.

Sierra, B., Triska, P., Soares, P., Garcia, G., Perez, A. B., Aguirre, E., Oliveira, M., *et al.*, « Osbpl10, Rxra and Lipid Metabolism Confer African-Ancestry Protection against Dengue Haemorrhagic Fever in Admixed Cubans », *PLoS Pathog.*, 13, 2 (2017), e1006220.

Simonti, C. N., Vernot, B., Bastarache, L., Bottinger, E., Carrell, D. S., Chisholm, R. L., Crosslin, D. R., *et al.*, « The Phenotypic Legacy of Admixture between Modern Humans and Neandertals », *Science*, 351, 6274 (2016), p. 737-741.

Sironi, M., Clerici, M., « The Hygiene Hypothesis : An Evolutionary Perspective », *Microbes Infect.*, 12, 6 (2010), p. 421-427.

Skoglund, P., Malmstrom, H., Raghavan, M., Stora, J., Hall, P., Willerslev, E., Gilbert, M. T., Gotherstrom, A., Jakobsson, M., « Origins and Genetic Legacy of Neolithic Farmers and Hunter-Gatherers in Europe », *Science*, 336, 6080 (2012), p. 466-469.

Skoglund, P., Mathieson, I., « Ancient Genomics of Modern Humans : The First Decade », *Annu. Rev. Genomics Hum. Genet.*, 19 (2018), p. 381-404.

Skoglund, P., Thompson, J. C., Prendergast, M. E., Mittnik, A., Sirak, K., Hajdinjak, M., Salie, T., *et al.*, « Reconstructing Prehistoric African Population Structure », *Cell*, 171, 1 (2017), p. 59-71, e21.

Smith, M. W., O'Brien, S. J., « Mapping by Admixture Linkage Disequilibrium : Advances, Limitations and Guidelines », *Nat. Rev. Genet.*, 6, 8 (2005), p. 623-632.

Snyder-Mackler, N., Sanz, J., Kohn, J. N., Brinkworth, J. F., Morrow, S., Shaver, A. O., Grenier, J. C., *et al.*, « Social Status Alters Immune Regulation and Response to Infection in Macaques », *Science*, 354, 6315 (2016), p. 1041-1045.

Snyder-Mackler, N., Sanz, J., Kohn, J. N., Voyles, T., Pique-Regi, R., Wilson, M. E., Barreiro, L. B., Tung, J., « Social Status Alters Chromatin Accessibility and the Gene Regulatory Response to Glucocorticoid Stimulation in Rhesus Macaques », *Proc. Natl Acad. Sci. USA* (2018).

Souilmi, Y., Lauterbur, M. E., Tobler, R., Huber, C. D., Johar, A. S., Moradi, S. V., Johnston, W. A., *et al.*, « An Ancient Viral Epidemic Involving Host Coronavirus Interacting Genes More Than 20,000 Years Ago in East Asia », *Curr. Biol.* (2021).

Strachan, D. P., « Hay Fever, Hygiene, and Household Size », *BMJ*, 299, 6710 (1989), p. 1259-1260.

Stranger, B. E., Montgomery, S. B., Dimas, A. S., Parts, L., Stegle, O., Ingle, C. E., Sekowska, M., *et al.*, « Patterns of Cis Regulatory Variation in Diverse Human Populations », *PLoS Genet.*, 8, 4 (2012), e1002639.

Stranger, B. E., Nica, A. C., Forrest, M. S., Dimas, A., Bird, C. P., Beazley, C., Ingle, C. E., *et al.*, « Population Genomics of Human Gene Expression », *Nat. Genet.*, 39, 10 (2007), p. 1217-1224.

Tang, H., Choudhry, S., Mei, R., Morgan, M., Rodriguez-Cintron, W., Burchard, E. G., Risch, N. J., « Recent Genetic Selection in the Ancestral Admixture of Puerto Ricans », *Am. J. Hum. Genet.*, 81, 3 (2007), p. 626-633.

Thomas, S., Rouilly, V., Patin, E., Alanio, C., Dubois, A., Delval, C., Marquier, L. G., *et al.*, « The Milieu Interieur Study – An Integrative Approach for Study of Human Immunological Variance », *Clinical Immunology*, 157, 2 (2015), p. 277-293.

Thornton, R., « Aboriginal North American Population and Rates of Decline, Ca. A.D. 1500-1901 », *Curr. Anthropol.*, 38 (1997), p. 310-315.

Tung, J., Barreiro, L. B., Johnson, Z. P., Hansen, K. D., Michopoulos, V., Toufexis, D., Michelini, K., Wilson, M.E., Gilad, Y., « Social Environment Is Associated with Gene Regulatory Variation in the Rhesus Macaque Immune System », *Proc. Natl Acad. Sci. USA*, 109 (2012), p. 6490-6495.

Vattathil, S., Akey, J. M., « Small Amounts of Archaic Admixture Provide Big Insights into Human History », *Cell*, 163, 2 (2015), p. 281-284.

Verdu, P., Becker, N. S., Froment, A., Georges, M., Grugni, V., Quintana-Murci, L., Hombert, J. M., *et al.*, « Sociocultural Behavior, Sex-Biased Admixture, and Effective Population Sizes in Central African Pygmies and Non-Pygmies », *Mol. Biol. Evol.*, 30, 4 (2013), p. 918-937.

Verdu, P., Pemberton, T. J., Laurent, R., Kemp, B. M., Gonzalez-Oliver, A., Gorodezky, C., Hughes, C. E., *et al.*, « Patterns of Admixture and Population Structure in Native Populations of Northwest North America », *PLoS Genet.*, 10, 8 (2014), e1004530.

Vernot, B., Akey, J. M., « Complex History of Admixture between Modern Humans and Neandertals », *Am. J. Hum. Genet.*, 96, 3 (2015), p. 448-453.

Vernot, B., Tucci, S., Kelso, J., Schraiber, J. G., Wolf, A. B., Gittelman, R. M., Dannemann, M., *et al.*, « Excavating Neandertal and Denisovan DNA from the Genomes of Melanesian Individuals », *Science*, 352, 6282 (2016), p. 235-239.

Vicente, M., Priehodova, E., Diallo, I., Podgorna, E., Poloni, E. S., Cerny, V., Schlebusch, C. M., « Population History and Genetic Adaptation of the Fulani Nomads : Inferences from Genome-Wide Data and the Lactase Persistence Trait », *BMC Genomics*, 20, 1 (2019), p. 915.

Webster, T. H., Wilson Sayres, M. A., « Genomic Signatures of Sex-Biased Demography : Progress and Prospects », *Curr. Opin. Genet. Dev.*, 41 (2016), p. 62-71.

Wen, B., Li, H., Lu, D., Song, X., Zhang, F., He, Y., Li, F., *et al.*, « Genetic Evidence Supports Demic Diffusion of Han Culture », *Nature*, 431, 7006 (2004), p. 302-305.

Zeberg, H., Pääbo, S., « A Genomic Region Associated with Protection against Severe COVID-19 Is Inherited from Neandertals », *Proc. Natl Acad. Sci. USA*, 118, 9 (2021), e2026309118.

Zeberg, H., Pääbo, S., « The Major Genetic Risk Factor for Severe COVID-19 Is Inherited from Neanderthals », *Nature*, 587, 7835 (2020), p. 610-612.

Zhang, Q., Bastard, P., Liu, Z., Le Pen, J., Moncada-Velez, M., Chen, J., Ogishi, M., *et al.*, « Inborn Errors of Type I Ifn Immunity in Patients with Life-Threatening COVID-19 », *Science*, 370, 6515 (2020).

Zhernakova, A., Elbers, C. C., Ferwerda, B., Romanos, J., Trynka, G., Dubois, P. C., de Kovel, C. G., *et al.*, « Evolutionary and Functional Analysis of Celiac Risk Loci Reveals Sh2b3 as a Protective Factor against Bacterial Infection », *Am. J. Hum. Genet.*, 86, 6 (2010), p. 970-7.

Zhou, Q., Zhao, L., Guan, Y., « Strong Selection at Mhc in Mexicans since Admixture », *PLoS Genet.*, 12, 2 (2016), e1005847.

ÉPILOGUE

Adhikari, K., Chacon-Duque, J. C., Mendoza-Revilla, J., Fuentes-Guajardo, M., Ruiz-Linares, A., « The Genetic Diversity of the Americas », *Annu. Rev. Genomics Hum. Genet.*, 18 (2017), p. 277-296.

Amariuta, T., Ishigaki, K., Sugishita, H., Ohta, T., Koido, M., Dey, K. K., Matsuda, K., *et al.*, « Improving the Trans-Ancestry Portability of Polygenic Risk Scores by Prioritizing Variants in Predicted Cell-Type-Specific Regulatory Elements », *Nat. Genet.*, 52, 12 (2020), p. 1346-1354.

Boyle, E. A., Li, Y. I., Pritchard, J. K., « An Expanded View of Complex Traits : From Polygenic to Omnigenic », *Cell*, 169, 7 (2017), p. 1177-1186.

Bycroft, C., Freeman, C., Petkova, D., Band, G., Elliott, L. T., Sharp, K., Motyer, A., *et al.*, « The Uk Biobank Resource with Deep Phenotyping and Genomic Data », *Nature*, 562, 7726 (2018), p. 203-209.

Cairns, J., *Matters of Life and Death*, Princeton, Princeton University Press, 1997.

Casanova, J. L., Abel, L., « Inborn Errors of Immunity to Infection : The Rule Rather Than the Exception », *J. Exp. Med.*, 202, 2 (2005), p. 197-201.

Fan, S., Hansen, M. E., Lo, Y., Tishkoff, S. A., « Going Global by Adapting Local : A Review of Recent Human Adaptation », *Science*, 354, 6308 (2016), p. 54-59.

Ge, D., Fellay, J., Thompson, A. J., Simon, J. S., Shianna, K. V., Urban, T. J., Heinzen, E. L., *et al.*, « Genetic Variation in Il28b Predicts Hepatitis C Treatment-Induced Viral Clearance », *Nature*, 461, 7262 (2009), p. 399-401.

Kerner, G., Patin, E., Quintana-Murci, L., « New Insights into Human Immunity from Ancient Genomics », *Curr. Opin. Immunol.*, 72 (2021), p. 116-125.

Krausz, C., Quintana-Murci, L., Rajpert-De Meyts, E., Jorgensen, N., Jobling, M. A., Rosser, Z. H., Skakkebaek, N. E., McElreavey, K., « Identification of a Y Chromosome Haplogroup Associated with Reduced Sperm Counts », *Hum. Mol. Genet.*, 10, 18 (2001), p. 1873-1877.

Martin, A. R., Gignoux, C. R., Walters, R. K., Wojcik, G. L., Neale, B. M., Gravel, S., Daly, M. J., Bustamante, C. D., Kenny, E. E., « Human Demographic History Impacts Genetic Risk Prediction across Diverse Populations », *Am. J. Hum. Genet.*, 100, 4 (2017), p. 635-649.

Martin, A. R., Kanai, M., Kamatani, Y., Okada, Y., Neale, B. M., Daly, M. J., « Clinical Use of Current Polygenic Risk Scores May Exacerbate Health Disparities », *Nat. Genet.*, 51, 4 (2019), p. 584-591.

Mostafavi, H., Berisa, T., Day, F. R., Perry, J. R. B., Przeworski, M., Pickrell, J. K., « Identifying Genetic Variants That Affect Viability in Large Cohorts », *PLoS Biol.*, 15, 9 (2017), e2002458.

Ochi, H., Maekawa, T., Abe, H., Hayashida, Y., Nakano, R., Imamura, M., Hiraga, N., *et al.*, « Il-28b Predicts Response to Chronic Hepatitis C Therapy – Fine-Mapping and Replication Study in Asian Populations », *J. Gen. Virol.*, 92, Pt 5 (2011), p. 1071-1081.

Pizzol, D., Foresta, C., Garolla, A., Demurtas, J., Trott, M., Bertoldo, A., Smith, L., « Pollutants and Sperm Quality : A Systematic Review and Meta-Analysis », *Environ. Sci. Pollut. Res. Int.*, 28, 4 (2021), p. 4095-40103.

Quintana-Murci, L., « Human Immunology through the Lens of Evolutionary Genetics », *Cell*, 177, 1 (2019), p. 184-199.

Sirugo, G., Williams, S. M., Tishkoff, S. A., « The Missing Diversity in Human Genetic Studies », *Cell*, 177, 4 (2019), p. 1080.

Thomas, D. L., Thio, C. L., Martin, M. P., Qi, Y., Ge, D., O'Huigin, C., Kidd, J., *et al.*, « Genetic Variation in Il28b and Spontaneous Clearance of Hepatitis C Virus », *Nature*, 461, 7265 (2009), p. 798-801.

Thomas, S., Rouilly, V., Patin, E., Alanio, C., Dubois, A., Delval, C., Marquier, L. G., *et al.*, « The Milieu Interieur Study – An Integrative Approach for Study of Human Immunological Variance », *Clinical Immunology*, 157, 2 (2015), p. 277-293.

Torkamani, A., Wineinger, N. E., Topol, E. J., « The Personal and Clinical Utility of Polygenic Risk Scores », *Nat. Rev. Genet.*, 19, 9 (2018), p. 581-590.

Zeberg, H., Pääbo, S., « A Genomic Region Associated with Protection against Severe COVID-19 Is Inherited from Neandertals », *Proc. Natl Acad. Sci. USA*, 118, 9 (2021), e2026309118.

Zeberg, H., Pääbo, S., « The Major Genetic Risk Factor for Severe COVID-19 Is Inherited from Neanderthals », *Nature*, 587, 7835 (2020), p. 610-612.

Remerciements

Ce livre est le fruit de vingt-cinq ans de recherche en génétique humaine, de questions, d'interrogations et, surtout, de curiosité. Curiosité pour nos différences, curiosité pour l'inconnu du passé de notre espèce et curiosité pour l'odyssée qui représente la recherche visant à répondre à la question : « Que sommes-nous ? » Cette curiosité, d'une façon inconsciente, m'a conduit à la génétique de populations, comme façon alternative de voyager vers la différence, vers la diversité biologique et culturelle de notre espèce, dans l'espace et dans le temps.

L'étude de notre passé évolutif nous permet de mieux comprendre non seulement ce *que nous sommes* aujourd'hui, avec nos ressemblances et nos différences, mais aussi nos relations avec les maladies. D'une façon naturelle, travailler à l'Institut Pasteur, temple de la microbiologie, m'a conduit à m'intéresser aux maladies infectieuses et à me pencher sur l'étude de la manière dont les pathogènes ont façonné le génome humain et la réponse immunitaire au cours de l'évolution. Ainsi, en utilisant une approche fondée sur la génétique de l'évolution, je me suis intéressé aux origines et migrations humaines, à la façon dont les différentes populations humaines se sont adaptées à un environnement changeant et, enfin, aux différentes façons dont notre espèce a pu, plus ou moins bien, se défendre contre les agents pathogènes responsables de maladies infectieuses.

Je me sens redevable vis-à-vis de beaucoup de personnes ou institutions, car sans elles ce voyage qu'est l'écriture d'un livre n'aurait pas été possible. Tout d'abord, je tiens à remercier l'Institut Pasteur, ma terre d'accueil depuis vingt-deux ans, pour la confiance et le soutien qu'il m'a toujours accordé, de la même façon que le CNRS et, plus récemment, le Collège de France. Merci également à mes mentors, officiels ou officieux, Silvana Santachiara-Benerecetti, Luca Cavalli-Sforza et Chris Tyler-Smith, des modèles à suivre pour leur passion scientifique, leur rigueur et leur bienveillance. Rien de tout cela n'aurait été possible sans mes collègues et collaborateurs. Tant scientifiquement qu'humainement, je me sens très redevable envers tous les membres, passés ou présents, du laboratoire de génétique évolutive humaine, pour leur travail passionné, leur patience (surtout envers moi) et leur dévouement à la science collective. Un grand merci à tous mes collaborateurs – je ne pourrai pas les citer tous sans prendre le risque d'en oublier, mais je ne peux pas ne pas nommer ceux dont je suis particulièrement proche comme Laurent Abel, Jean-Laurent Casanova, Antoine Gessain, Évelyne Heyer, Olivier Neyrolles, François Renaud et Paul Verdu. Merci également aux collègues qui ont accepté de lire ou de commenter cet ouvrage pendant la rédaction, dont Jean-Pierre Changeux, Alain Israël, Étienne Patin, Vinciane Pirenne, Maxime Rotival et Philippe Sansonetti, ainsi qu'à Aurélie Bisiaux et Marie-Thérèse Vicente pour les corrections de français. Enfin, ce livre n'aurait pas vu le jour sans le soutien constant de Jérôme Bon, l'aide éditoriale de Marc Kirsch et, *last but not least*, la patience, le talent et les encouragements toujours optimistes d'Odile Jacob.

Ma dernière pensée sera pour les véritables protagonistes de ce travail en génétique des populations – les populations humaines concernées –, notamment les fermiers et les chasseurs-cueilleurs de l'Afrique centrale ainsi que les différentes populations du Pacifique Sud. Sans elles, rien de tout cela n'aurait été possible, je leur dédie ce livre.

Table

PARTIE II

Conquêtes et peuplement

PARTIE III

Adaptation à l'environnement

PARTIE IV

Hommes et microbes

PARTIE V

Métissage, culture et médecine

Cet ouvrage a été composé
en Adobe Garamond Pro
par Nord Compo
à Villeneuve-d'Ascq (Nord).

Cet ouvrage
a été achevé d'imprimer
sur Roto-Page
par l'Imprimerie Floch à Mayenne
en septembre 2021

N° d'édition : 7381-5513-X – N° d'impression : 99056
Dépôt légal : octobre 2021

Imprimé en France